不同发酵方式下 4 种泡菜的品质分析

王芮东　著

中国纺织出版社有限公司

内 容 提 要

以甘蓝、萝卜、菊芋、莲藕为主要原料,分别采用自然发酵、自制泡菜菌发酵、老泡菜水发酵、直投式发酵剂发酵4种不同发酵方式制作泡菜,对发酵过程中微生物、主要营养成分、理化性质、滋味物质、质构参数、感官评分等进行分析测定,探讨它们在发酵过程中的变化规律,并对4种不同发酵方式制作的泡菜作差异性比较分析,进一步探明泡菜中的微生物菌相构成与代谢产物及泡菜品质的形成机理,能为泡菜品质的提高及加工工艺的改良提供一定的科学依据。

图书在版编目(CIP)数据

不同发酵方式下4种泡菜的品质分析 / 王芮东著. --北京:中国纺织出版社有限公司,2021.8

ISBN 978-7-5180-8644-3

Ⅰ.①不… Ⅱ.①王… Ⅲ.①泡菜—蔬菜加工 Ⅳ.①TS255.54

中国版本图书馆 CIP 数据核字(2021)第 120347 号

责任编辑:潘博闻 国 帅 责任校对:寇晨晨
责任印制:王艳丽

中国纺织出版社有限公司出版发行
地址:北京市朝阳区百子湾东里 A407 号楼 邮政编码:100124
销售电话:010— 67004422 传真:010— 87155801
http://www.c-textilep.com
中国纺织出版社天猫旗舰店
官方微博 http://weibo.com/2119887771
三河市宏盛印务有限公司印刷 各地新华书店经销
2021 年 8 月第 1 版第 1 次印刷
开本:710×1000 1/16 印张:17.75
字数:263 千字 定价:88.00 元

前　言

泡菜是中国最古老的发酵蔬菜制品之一,具有悠久的历史文化,它是以新鲜蔬菜为原料,添加一定浓度的食盐溶液和多种香辛料通过乳酸发酵而成,因其酸脆爽口、风味独特,富含膳食纤维、维生素、氨基酸和多种有机酸,以及具有开胃、促消化、降低胆固醇、抗衰老等多种保健功能,深受广大消费者喜爱。

目前,泡菜的发酵方法包括传统的自然发酵和人工接种发酵两大类,两大类方法各有优劣,传统发酵泡菜虽然风味较好,但存在发酵周期长、易被杂菌污染、亚硝酸盐含量高、产品品质不稳定等缺点;人工接种发酵泡菜虽然具有发酵周期短、亚硝酸盐含量低、产品质量稳定、安全性高等优点,但在产品风味、香气方面不及自然发酵泡菜,因此为解决不同发酵泡菜存在的不足,目前围绕泡菜不同发酵工艺条件的研究已成为泡菜研究的热点之一。

本专著是根据国内外研究的最新进展,结合本人近几年的科研工作编写而成,主要研究在自然发酵、乳酸菌制剂发酵、老泡菜水发酵、自制泡菜菌发酵等不同发酵方式下,甘蓝、萝卜、菊芋、莲藕 4 种泡菜发酵过程中的品质动态变化规律,对比分析不同发酵方式下 4 种泡菜发酵期间品质的特点、差异以及泡菜成品的感官品质。本专著共分为 7 章,分别对 4 种泡菜的化学指标(pH、总酸度、总糖、维生素 C 含量、盐含量、亚硝酸盐、氨基酸态氮等),微生物指标(乳酸菌、酵母菌、大肠菌群、菌落总数),物理特性(硬度、弹性、咀嚼性、黏附性、内聚性等质构参数以及亮度值、红度值、黄度值、总色差等色差参数)以及有机酸、香气成分进行了分析与研究,以期为改进泡菜的生产发酵工艺,提高泡菜产品品质质量,为泡菜的规模化生产提供理论依据与技术参考。

本专著的研究工作得到了山西省“1331 工程”重点学科建设计划优势特色学科建设项目(098-091704)、山西省“服务产业创新学科群建设计划”(特色农产品发展学科群)、山西省一流专业建设点(食品科学与工程,2019)等项目的资助,在此表示感谢。由于本人研究水平有限,若有错误之处,敬请读者谅解。

王芮东

运城学院

2021 年 5 月

目　录

第1章 文献综述

第1节 泡菜概论

1 泡菜概述

泡菜是一种独特而具有悠久历史的大众化乳酸发酵制品,中国泡菜的历史可追溯到 2000 多年以前,其中四川泡菜最为出名,和韩国泡菜、日本泡菜成为世界三大泡菜。泡菜是以白萝卜、胡萝卜、甘蓝、白菜、莲藕等纤维丰富的蔬菜为原料,浸入 3%~8%(W/V)混合各种调料成分的盐溶液中,放入泡菜坛,在常温或低温下条件下经乳酸发酵 6~10 d 而成。

泡菜是以微生物主导发酵进行制作加工的传统发酵食品,富含以乳酸菌为主的优势益生菌群。泡菜的泡渍发酵是对生鲜蔬菜进行"冷加工",常温或低温下微生物的新陈代谢活动贯穿始终,泡渍与发酵伴随着一系列复杂的物理、化学和生物反应的变化,由此赋予泡菜鲜明独特的滋味和风味,再加上制作工艺简单、原料丰富,能够极好地储存蔬菜以及保持蔬菜的营养成分,使得泡菜从古到今受到人们的喜爱。

近年来,对泡菜的安全性、营养价值和功能特性方面的研究已经成为一个热点。泡菜以"冷加工"的方式,保存了原料中大部分的营养成分,经过发酵其营养价值更高,可以满足人体所需。此外,发酵过程中乳酸菌及其代谢产物使得泡菜产品具有多种有益健康的功能特性。

1.1 泡菜的营养价值

泡菜的主要原料是各种营养丰富的蔬菜,包括萝卜、白菜、芹菜、莲藕等,蔬菜中含有丰富的维生素和钙、铁、铜、磷等矿物质以及丰富的纤维素。泡菜既保留了蔬菜原料中大部分营养成分,如维生素 B_1、维生素 B_2、维生素 C,同时吸收了调味品、香辛料中的营养成分,如生姜中的姜醇、姜酚、姜酮,大蒜中的蒜素以及辣椒中的辣椒素等;植物中的化学素类中的花青素、类胡萝卜素(包括胡萝卜素、叶黄素、类胡萝卜素酸等)、黄酮类化合物等许多植物生物活性得到保留。另外,泡菜富含膳食纤维、矿物质、氨基酸和少量碳水化合物等物质,可以满足人体需要的膳食营养平衡,是很好的低热量食品。

1.2 泡菜的功能特性

泡菜是以营养丰富的各种蔬菜为原料,通过乳酸菌制剂发酵形成富含不同菌群的微生态益生菌。无论是蔬菜本身含有的各种营养物质,如维生素、有机物、无机盐,还是发酵后产生的益生菌,对人体都有一定保健或生物学功能。现代研究表明,泡菜具有维持人体消化道健康、抗肿瘤、抗病毒、减肥、预防心脑血管疾病等多种保健和医疗功能。

1.2.1 改善胃肠功能,提高机体免疫力

泡菜在发酵过程中会产生大量的益生菌——乳酸菌,它是参与调节人体肠道微生态平衡的主要菌系,能够促进胃肠道蠕动,促进人体胃蛋白酶的分泌,使肠道内微生物分布正常化,有助于净化肠胃,从而改善胃肠道功能,提高食物消化率和生物价,抑制肠道内腐败微生物的生长,提高机体免疫力等。另外,作为泡菜原料的蔬菜自身含有大量的纤维素,也具有预防便秘及肠道疾病的功用。Ji Yoon Chang 等将大肠杆菌、伤寒杆菌和金黄色葡萄球菌接种于泡菜滤液中,结果表明泡菜中产生的细菌素能显著降低致病菌的数量。肖长青等研究发现泡菜汁对大肠杆菌和蜡状芽孢杆菌具有抑菌活性。

1.2.2 降胆固醇功效

泡菜多以萝卜、白菜等十字花科为主要原料,这类蔬菜中含有降低胆固醇的化合物,控制内毒素,并且能够有效抑制血栓的形成,防止动脉硬化、心肌梗死等心血管疾病的发生。邹华军等人使用泡菜加入 SPF 级大鼠高脂饲料中,7 周后测定大鼠腹腔血糖(FBG)、胆固醇(TC)、甘油三酯(TG)、高密度脂蛋白(HDL-C)、低密度脂蛋白(LDL-C)及极低密度脂蛋白(VLDL-C),结果发现与模型组相比,各泡菜组大鼠 FBG、TG、VLDL-C 均降低,而 6% 泡菜组大鼠 HDL-C 升高($p<$ 0.05),结果表明泡菜具有一定的降血脂作用。蒋和体等研究了泡菜对高血脂大鼠的影响,使用脂肪乳剂和泡菜匀浆给高脂血症 SD 大鼠灌胃,每天 1 次,10 d 后与模型对照组相比,大鼠血清中 TC、TG 水平显著下降($p<0.05$),20 d 后,HDL-C 水平显著增高,表明泡菜对大鼠血脂具有一定的调节作用。Heui Dong Park 等研究发现,泡菜中所含乳酸菌株具有较强的抗突变活性。尹军霞等从泡菜汁中筛选出了具有降解胆固醇能力的乳酸菌株。刘苏萌等人从泡菜中筛选出 6 株菌株,体外研究发现都具胆固醇降解性,其中 D_1 菌株在 48 h 的降解率达到 81.57%。

1.2.3 减肥作用

泡菜是一种高纤维、低热量的食品,保留了蔬菜中的膳食纤维成分,能够促

进肠道蠕动,减少脂肪积累,进而起到一定的减肥作用。Eun Kyoung Kim 等研究表明,长期食用泡菜具有调节心脏收缩和舒张压、空腹血糖、总胆固醇和体脂潜力,并且体重、体脂均有显著下降。

1.2.4　抗氧化、抗衰老作用

用于泡菜的蔬菜通常含有多种抗氧化活性成分,如类胡萝卜素、类黄酮、维生素 C 以及酚酸等,与乳酸菌一起赋予泡菜优良的抗氧化活性。Jong-Hyen Kim 等研究发现,泡菜能够影响小鼠大脑中抗氧化酶活性和自由基产生,表明泡菜有抗衰老的作用。Jung-Min Park 等研究发现泡菜提取物具有较强的抗氧化活性,该抗氧化剂可以清除人体自由基,延缓衰老。刘苏萌利用泡菜汁在 MRS 培养基上培养并分离得到 6 种不同菌株,结果显示 6 种菌株对二苯基-2-苦肼基自由基(DPPH)的清除能力为 22%~36%,具一定的抗氧化能力。凌洁玉等从泡菜中分离出 3 株乳酸菌,分别是植物乳杆菌、戊糖片球菌和干酪乳杆菌干酪亚种,结果显示 3 株乳酸菌均在厌氧条件下呈现出较高抗氧化能力,厌氧培养对清除羟自由基影响最大;戊糖片球菌清除羟自由基的能力最强,植物乳杆菌清除超氧阴离子自由基的能力最强,而干酪乳杆菌抗脂质过氧化能力比另外 2 株菌强。

1.2.5　防癌、抗癌作用

泡菜的原料蔬菜中本身含有的维生素 C 和胡萝卜素具有抗癌作用,同时泡菜中有益菌能够抑制细胞的突变以及干扰细胞物质的代谢突进,激活机体免疫系统、干扰肿瘤细胞代谢,阻止致癌物质的合成,而乳酸菌的一些代谢产物则结合肠道内致癌物质,促进肠胃蠕动,使致癌物质在较短的时间内随粪便排出体外。Keun Ok Jung 等研究发酵的韭菜汁对人体癌细胞和白血病细胞的影响,结果表明,服用发酵汁提取物 28 h 后,胃腺癌细胞和结肠癌细胞的存活率分别降低19% 和 37%。Woon Young Choi 等用发酵 6 d 后的卷心菜的提取物,喂养含有胃癌的小鼠,结果表明小鼠体内癌细胞的生成和生长受到了不同程度的抑制。

2　泡菜发酵机理

泡菜发酵的基本原理是利用食盐的防腐作用、微生物的发酵作用、蛋白质的水解作用以及一系列复杂的物理、化学和生物反应的作用,抑制有害微生物活动,增加产品风味,从而使产品得以长时间保存,并且具有独特的色、香、味。

食盐在泡菜发酵过程中起着非常重要的作用。首先,食盐可以降低原料中的有效水成分,从而抑制了有害微生物的活动;然后,细胞外的盐浓度高于细胞内的盐浓度时,细胞就会通过渗透作用,细胞内的水流向细胞外,从而抑制代谢;

最后,微生物体内的各种酶的活性在食盐溶液中也会遭受不同程度的破坏,细胞死亡。

泡菜在发酵过程中参与的微生物很多,作用也不相同,可以检测到的微生物有乳酸菌、酵母菌、醋酸菌、霉菌和一些杂菌,这些微生物在泡菜发酵过程中发生一系列的反应。因此,微生物发酵在泡菜发酵过程中起着十分重要的作用,它不仅能抑制有害微生物的活动,保证发酵产品的安全性,同时对泡菜制品的风味形成有重要作用。在发酵过程中以乳酸发酵为主,兼有酒精发酵和醋酸发酵。

乳酸菌是发酵过程中的主导菌群,乳酸反应是最核心的反应,而乳酸菌主导的乳酸发酵分为三个阶段。第一个阶段是异型乳酸发酵阶段,其主要菌群是可以进行异型乳酸发酵的乳酸菌,包括双歧杆菌、明串珠菌和部分乳杆菌,这个阶段是各种有害微生物活动最频繁的阶段。异型乳酸发酵可以迅速消耗发酵环境中的氧气,产生乳酸和二氧化碳,pH 迅速下降,抑制了有害微生物的生长,同时也抑制了自身的生长。第二个阶段是同型乳酸发酵为主的阶段,在这个阶段乳酸大量积累,异型发酵乳酸菌不耐酸,同型发酵乳酸菌耐酸性强,异型发酵乳酸菌生长受到抑制,同型发酵乳酸菌变成泡菜发酵过程中的主要乳酸菌群,同型发酵乳酸菌包括戊糖片球菌、乳链球菌、植物乳杆菌等。第三个阶段乳酸发酵结束,植物乳杆菌成为优势菌,产品的风味形成。泡菜发酵过程中,乳酸菌种类中以植物乳杆菌耐酸性最强。

泡菜在发酵过程中,酵母菌会以糖为生活基质,有氧条件下将糖完全氧化,产生二氧化碳和水,缺氧时,则将糖发酵成乙醇和二氧化碳,在发酵过程中产生大量的醇类风味物质。

在泡菜发酵初期,除乳酸菌、酵母菌等有益微生物的活动外,还有大肠杆菌和其他微生物参与,如丁酸菌进行丁酸发酵等,这些微生物发酵的产物可以作为产香物质,增加泡菜制品特殊混合香味。到发酵中期,乳酸不断积累,大肠杆菌等酸敏性微生物活动受到抑制,逐渐被乳酸杆菌所代替。

泡菜发酵过程中的有害菌会影响到泡菜制品的品质及安全性,主要是霉菌、腐败细菌。霉菌会使泡菜制品霉变和软化,产生不良气味;腐败细菌会使泡菜原料腐烂,使泡菜制品变臭、发黑、变软等,因此在发酵过程中严格控制条件,使乳酸杆菌成为优势菌来抑制杂菌生长,保证发酵成功。

蔬菜中还含有一定量的蛋白质和氨基酸,在泡菜发酵过程中,蔬菜自身的蛋白质被蛋白水解酶分解为氨基酸,这些氨基酸最后也成为泡菜独特风味的主要来源。

3　甘蓝泡菜概述

3.1　甘蓝概述

甘蓝,又名卷心菜、包菜、莲花白等,使十字花科芸薹属的一年生或两年生草本植物,质厚,层层包裹成球状体,扁球形,直径 10~30 cm 或更大,乳白色或淡绿色。

3.1.1　甘蓝的营养价值

甘蓝营养丰富,每 100 g 鲜重的甘蓝含碳水化合物 3.5 g,蛋白质 1.1 g,膳食纤维 0.5~1.1 g,维生素 C 30~45 μg,钙含量 30~50 mg,维生素 E 0.76 mg,胡萝卜素 120 μg 等。

(1)富含多种维生素。

甘蓝菜中富含维生素 C,所含维生素 C 的数量是柑橘的两倍;富含维生素 K,维生素 K 在维持骨骼密度上发挥着重要的作用;此外,还能够给人体提供一定数量的维生素 E 和 β-胡萝卜素(维生素 A 前身物质),其具有重要作用的抗氧化作用,能够保护身体免受自由基的损伤,并能有助于细胞的更新。

(2)富含矿物质与微量元素。

甘蓝含有丰富的矿物质与微量元素,其中钾元素能够调节体内水液的含量,将体内的有毒物质及代谢废物排出体外,并能代谢掉组织间隙多余的水分;含有的大量镁元素不但能够健脑提神,而且还能提高人的体能与精力;含有的铁元素能够提高血液中氧气的含量,有助于机体对脂肪的燃烧,从而对于减肥大有裨益。

(3)含大量的色氨酸。

色氨酸是一种蛋白质成分,能够镇静神经,促进快乐激素样物质(5-羟色胺)的产生。此外,甘蓝蔬菜中还含有微量元素硒,这种元素也具有提高人情绪的作用。

3.1.2　甘蓝功能特性

甘蓝是全球公认的保健蔬菜之一,且具有重要的保健作用,是一种天然防癌良药,曾为世界卫生组织推荐的最佳蔬菜之一,也被誉为天然"胃菜"。

(1)有效预防肿瘤。

甘蓝菜所含的植化素作为重要的抗氧化剂,可增强体内酶素系统的解毒能力,中和毒素对 DNA 产生的伤害,可预防癌细胞转移,对肿瘤细胞具有抑制作用。

（2）改善胃溃疡。

甘蓝菜富含甲硫丁氨酸,此成分可能有效帮助消化性溃疡的愈合。

（3）改善血糖、血脂。

经研究发现,甘蓝菜嫩芽可能改善第二型糖尿病的胰岛素阻抗,另外,一颗甘蓝菜约含 7.8 g 的纤维质,而足够的纤维摄取可以延缓饭后血糖上升、促进血脂肪的代谢。

（4）维持骨骼密度。

甘蓝含有丰富的钙和维生素 K,维生素 K 是协助酵素合成与钙结合蛋白的辅因子,对维持骨骼密度有重要作用。

（5）增强免疫系统的功能。

甘蓝含有丰富的维生素 E 与维生素 A 前身物质(β-胡萝卜素),这些抗氧化剂能够保护身体免受自由基的损伤,并能有助于细胞的更新。

3.2　甘蓝泡菜

甘蓝泡菜,是以新鲜甘蓝为原料,经乳酸菌制剂发酵而成的一种低盐发酵食品。它含有丰富的维生素、氨基酸,以其酸鲜纯正、脆嫩芳香等吸引众多消费者,具有增进食欲、助消化、改善肠道菌群、预防便秘、降低胆固醇和抗肿瘤等多种功效。

4　萝卜泡菜概述

4.1　萝卜概述

萝卜,又名莱菔、芦菔,十字花科萝卜属二年或一年生草本植物,长圆形、球形或圆锥形,外皮绿色、白色或红色,萝卜脆嫩、汁多,在中国民间素有“小人参”的美称,故有“十月萝卜赛人参”之说。

4.1.1　萝卜营养价值

现代营养学研究表明,萝卜营养非常丰富,含有丰富的碳水化合物和多种维生素,并含有丰富的粗纤维和芥子油,每 100 g 鲜萝卜含 83.6 kJ 能量,4.0 g 碳水化合物,0.9 g 蛋白质,0.1 g 脂肪,0.8 g 膳食纤维,3 mg 维生素 C,11 mg 钙,26 mg 磷等。

4.1.2　萝卜功效作用

中医认为,萝卜性凉,味辛甘,具有清热生津、消食化滞、开胃健脾、顺气化痰等功效。

（1）防癌抗癌。

萝卜含有异硫氰酸盐和多种酶,能通过代谢的一些复杂反应,从而消除人体内的致癌物质来阻止癌症的发生;并且含有的木质素能刺激机体的免疫力并提高巨噬细胞的活力,促使癌变细胞被巨型吞噬细胞吞噬。

(2)嫩肤抗衰。

萝卜中含有丰富的维生素 A、维生素 C 等各种维生素,能防止皮肤的老化,阻止黑色色斑的形成,保持皮肤的白嫩。

(3)增进食欲、帮助消化。

萝卜被称为人体自然消化剂,含有的淀粉酶及各种消化酶能分解食物的淀粉和脂肪;萝卜含有的芥子油能与酶作用,促进胃肠蠕动、增进食欲、帮助消化;另外,萝卜中含有大量的膳食纤维,可以促进新陈代谢,消除便秘。

4.2 萝卜泡菜

萝卜泡菜是以萝卜为原料,添加盐、糖等辅料经乳酸菌制剂发酵而成,具有清新爽脆、开胃解腻等特点。萝卜发酵过程中存在多种发酵作用,乳酸发酵是其中最主要的部分。乳酸菌将糖类物质分解转化为以乳酸为主的产物,在缺氧环境中,根据发酵产物和发酵过程差异,乳酸发酵分为正型乳酸发酵和异型乳酸发酵,正型乳酸发酵的主要产物为乳酸,异型乳酸发酵则会另外产生乙醇、乙酸、二氧化碳等物质。不仅如此,葡萄糖无氧发酵为酒精,淀粉、蛋白质在微生物作用下逐渐水解,使萝卜泡菜营养价值增高,口感丰厚,形成萝卜泡菜独特的风味。

5 菊芋泡菜概述

5.1 菊芋概述

菊芋,又名洋姜、鬼子姜等,是一种菊科向日葵属多年生草本植物。菊芋茎叶和块茎可入药,具有利水祛湿,清热凉血,益胃和中,提高免疫力等功效,块茎富含氨基酸、淀粉、维生素、低聚糖等营养物质。联合国粮农组织官员称菊芋为"21 世纪人畜共用作物",是一种十分具有开发潜力的半野生资源。

5.1.1 菊芋的营养价值

菊芋的营养价值非常高,含丰富的碳水化合物、氨基酸、维生素以及矿物质,每 100 g 新鲜块茎含碳水化合物 16.6 g,粗纤维 0.6 g,蛋白质 0.1 g,脂肪 0.1 g,钙 49 mg,铁 8.4 mg,维生素 C 6 mg 等,其中碳水化合物主要是菊糖、淀粉、多聚戊糖等物质,菊糖含量最高,占菊芋块茎干重的 50%~75%,鲜重的 15%~20%。

5.1.2 菊芋的功效作用

菊芋味甘、微苦、性凉,除了食用价值外,其富含的菊糖、低聚果糖、菊芋菊粉具有低热量,促进矿物质的吸收,提高身体免疫力,降低血脂,提升肠道功能等生物活性。

(1)增殖益生菌,促进肠道菌群平衡。

研究表明,每天摄食菊芋菊粉能使结肠中的有益菌大大增多(约10倍),减少病原菌和腐败菌,其机理是菊芋菊粉不被消化吸收而直接进入大肠优先被双歧杆菌利用,产生醋酸盐和乳酸盐,降低了大肠的pH,从而抑制有害菌的生长。

(2)减肥瘦身、控制三高。

摄取菊芋可以提高内容物的黏度,降低食物从胃进入小肠的速度,从而降低饥饿感,减少食物的摄食量,从而起到减肥作用。菊芋中含有大量膳食纤维,可以通过吸收肠内脂肪,形成脂肪—纤维复合物随粪便排出,从而降低血脂水平。

(3)双向调节血糖,改善糖尿病症状。

菊芋含有一种物质,有胰岛素作用,能调节血糖,平衡血糖值,日本人将菊芋广泛应用于糖尿病人身上,显著改善糖尿病人的病情;菊芋菊粉是一种不会导致尿中葡萄糖升高的碳水化合物,它在肠道的上部不会被水解成单糖,因此不会升高血糖水平和胰岛素含量。

(4)促进矿物质吸收、增强免疫力。

菊芋菊粉能大幅提高 Ca^{2+}、Mg^{2+}、Zn^{2+} 等矿物质的吸收,在消化道内能结合金属离子,并且与矿物质复合物在发酵中均被降解,释放出矿物质,因此使金属离子得到有效吸收;菊芋是提取高纯度低聚果糖的最佳原料,低聚果糖可有效增殖人体内双歧杆菌、降低血脂、改善脂质代谢,提高人体免疫功能。

5.2　菊芋泡菜

菊芋泡菜是选取新鲜菊芋,经过卤水泡制处理并在泡制过程中发生了以乳酸菌制剂发酵为主的微生物发酵后所形成的产品。菊芋泡菜营养丰富,口感脆嫩爽口,风味独特。菊芋泡菜脂肪含量较低,发酵过程中要消耗其碳水化合物的能量,因此其能量值比较低,对控制热量摄入而减肥的人是首选的低热能食品。菊芋经泡制加工后,利用食盐的防腐作用、有益微生物的发酵作用、添加各种辅料等来抑制有害微生物的生长与繁殖及其相关酶的活力,从而实现菊芋的防腐与保藏。

6　莲藕泡菜概述

6.1　莲藕概述

莲藕,又名玉节、荷、芙蓉等,属睡莲科水生草本植物,是一种组织脆嫩、含水量高的水生蔬菜,同时兼具蔬菜、水果的特性。由于莲藕微甜而脆,营养丰富,而且药用价值相当高,它的根、叶、花须、果实均可滋补入药。

6.1.1　莲藕的营养价值

莲藕作为药食同源食品,营养和风味俱佳,富含蛋白质、维生素、碳水化合物、矿物质等多种营养素,每 100 g 含热量 351.12 kJ、碳水化合物 19.8 g、粗纤维 0.5 g、蛋白质 1.0 g、灰分 0.7 g、钙 19 mg、铁 0.5 mg、抗坏血酸 25 mg 等。

6.1.2　莲藕的功效作用

莲藕除富含各种营养物质外,还含有黄酮、多酚、三萜、生物碱等多种生物活性物质。同时,莲藕也具有非常高的药用价值,中医认为莲藕具有开胃清热、滋补养性、健脾开胃、美容养颜等功效。

(1)通便止泻、健脾开胃。

莲藕中含有黏液蛋白和膳食纤维,能与人体内胆酸盐,食物中的胆固醇和甘油三酯结合,使其从粪便中排出,从而减少对脂类物质的吸收。莲藕含有一定量的鞣质,有健脾止泻作用,能增进食欲、促进消化、开胃健中等功效。

(2)益血生肌。

莲藕富含铁、钙等微量元素,植物蛋白质、维生素以及淀粉含量也很丰富,有明显的补益气血,增强人体免疫力作用。故中医称其:"主补中养神,益气力。"

(3)降血脂、胆固醇。

李慧娜等以莲藕渣为原料,利用碱结合蛋白酶的方法提取莲藕渣中的不溶性膳食纤维,结果表明:不溶性膳食纤维的得率可以达到 26%;严浪等采用碱法提取莲藕渣中不溶性膳食纤维,其得率为 26.97%。有实验表明膳食纤维可以改善血糖的生成、减轻糖尿病同时还有降低血脂和胆固醇等功效。

(4)延缓衰老。

王瑜等通过实验证明莲藕中的多糖有较好的抗衰老作用,他们通过体外实验证明莲藕中水溶性多糖对羟自由基具有很强的清除作用,并且可以有效抑制 H_2O_2 诱导的红细胞氧化溶血。

6.2　莲藕泡菜

莲藕泡菜是以莲藕为原料,以精盐、白糖、姜、大蒜、茴香为辅佐料,通过乳酸菌制剂发酵而制作成的泡菜。将莲藕发酵制作成泡菜可以在保证原有营养的基础上,通过微生物发酵作用来提高莲藕泡菜的营养价值和其他附加值,减少采后损失,延长贮藏时间。莲藕泡菜是对莲藕的"冷加工"一种过程,常温下或低温下微生物的新陈代谢活动贯穿始终,泡渍和发酵伴随着一系列复杂的物理、化学和生物反应的变化,由此赋予莲藕泡菜鲜明独特的色彩和风味。

第2节 泡菜中的理化品质研究

1 泡菜的理化品质概述

蔬菜在经过泡制后,所含有的各种化学成分的组成和含量都与新鲜蔬菜有很大不同,因为新鲜蔬菜在泡制过程中,既有物理性的渗透、扩散和吸收等造成原辅料之间的成分置换,又有微生物对蔬菜化学成分作用所产生的一系列生物化学变化,研究发酵蔬菜中总糖、还原糖、pH、总酸、盐浓度、维生素C、氨基酸态氮等主要成分的变化规律和动态变化能够为提升泡菜的工业化生产水平提供重要理论依据。

1.1 还原糖和总糖

还原糖是指具有还原性的糖类,在糖类中,分子中含有游离醛基或酮基的单糖和含有游离醛基的二糖都具有还原性,主要包括:葡萄糖、果糖、半乳糖、乳糖、麦芽糖等;总糖是具有还原性的糖和在测定条件下能水解为还原性单糖的蔗糖的总量,反映的是食品中可溶性单糖和低聚糖的总量,其含量高低对食品的色、香、味、组织形态、营养价值等有一定的影响,是许多食品重要的质量指标。在泡菜的制作中常会加入一定量的糖,用于调节泡菜的口感,使泡菜口感不会过酸,而且一定浓度糖含量能够增加泡菜风味,并且使乳酸菌可以很快得到碳源,迅速生长,进而发生一系列的生物化学变化。苏扬等对泡菜风味化学及呈味机理进行了探讨,经过微生物发酵后,蔬菜组织内的糖含量降低,酸含量增加,即糖和盐相互消长。张冬梅用筛选的发酵剂发酵萝卜时发现发酵萝卜感官品质最好时的糖含量为1%~3%,何玲等实验表明,加入3%的糖时,乳酸的生长速度最快,生成量最大,适宜的糖含量能够增加泡菜的风味。

1.2 总酸和pH

总酸和pH是泡菜发酵程度的两个重要指标,总酸是食品中所有酸性成分的总量,是最终能释放出的氢离子数,包括未离解的酸的浓度和已离解的酸的浓度,pH是指被测食品溶液中H^+的浓度,反映的是已离解的酸的浓度。泡菜发酵过程中pH是微生物在特定环境下代谢活动的综合指标,是一项重要的发酵参数,它对微生物的生长和代谢产物的形成有重要的影响。不同种类的微生物对pH的要求不同,一般真菌生长的pH范围广,而细菌较窄。同一种微生物在不同的生长阶段和不同的生理生化过程中,对环境的 pH 也有不同的要求,同一种微生物由于环境 pH 的不同,可能积累不同的代谢产物。因此 pH 的变化不仅会引起发酵过程中微生物的生长和种类消长,而且会影响菌体代谢途径的改变和代谢产物的产生,影响到泡菜的风味。当 pH 低于 4.0 时,泡菜会变酸,而乳酸菌生长的减少会导致各种不良微生物的生长和繁殖。

1.3　盐浓度

合适的盐浓度对于泡菜起着非常重要的作用。一方面,添加一定的盐有助于抑制有害微生物的生长繁殖,防止泡菜发软,食盐的渗透作用使蔬菜组织的汁液外渗,能供应乳酸菌制剂发酵所必需的养分;另一方面,盐浓度过高会抑制乳酸菌的生长,降低发酵速度,导致蔬菜维生素流失,而且会使泡菜成品含盐量过高,带来苦涩味,不符合人们对健康饮食的追求。

1.4　维生素 C

维生素 C 又称抗坏血酸,是一种含有 6 个碳原子的酸性多羟基化合物,是广泛存在于新鲜蔬菜及许多生物中的一种重要的维生素,是人体必需的主要维生素之一。在酸性环境中稳定,遇空气中氧、热、光、碱性物质,特别是由氧化酶及痕量铜、铁等金属离子存在时,可促进其氧化破坏。氧化酶一般在蔬菜中含量较多,故蔬菜贮存过程中都有不同程度流失。因此,维生素 C 含量作为衡量蔬菜产品品质和耐贮性的一个重要指标。

1.5　氨基酸态氮

氨基酸态氮指的是以氨基酸形式存在的氮元素的含量,是判定发酵产品发酵程度的特性指标,该指标越高说明样品中的氨基酸含量越高。泡菜中的鲜味主要来自发酵过程中蛋白质分解的肽和氨基酸,游离氨基酸含量为鉴定泡菜品质的重要指标。

1.6　亚硝酸盐

亚硝酸盐是一类无机化合物的总称,主要指亚硝酸钠,亚硝酸钠为白色至淡黄色粉末或颗粒状,味微咸,易溶于水,广泛存在于人类环境中,是自然界中最普遍的含氮化合物。人体内硝酸盐在微生物的作用下可还原为亚硝酸盐,N-亚硝基化合物的前体物质。

亚硝酸盐是一种公认的有毒有害物质,它对人体有两方面的危害,一方面它能使血液中正常携氧的低铁血红蛋白氧化成高铁血红蛋白,因而失去携氧能力而引起组织缺氧;另一方面,它在体内能和含氮化合物转化为强致癌的亚硝胺类化合物。

　　蔬菜是一种易富硝酸盐的植物性食品,一般蔬菜中的硝酸盐含量较高,就蔬菜的种类而言,叶菜中硝酸盐含量最高,根菜次之,果菜最低。新鲜蔬菜的表面附着有大量的附生微生物,即使经过反复清洗,附生微生物也不能被彻底清除,在对蔬菜进行加工处理和贮藏过程中,在这些微生物中含有硝酸盐还原酶作用下,蔬菜中的硝酸盐转化为亚硝酸盐。蔬菜中的亚硝酸盐主要来源于硝酸盐的转化,硝酸盐还原为亚硝酸盐的过程是由细胞质中的硝酸盐还原酶催化而成,在硝酸盐还原酶的作用下,硝酸盐获得电子还原为亚硝酸盐,亚硝酸盐再由亚硝酸盐还原酶催化生成氨。蔬菜贮藏过程中亚硝酸盐的产生,主要是由蔬菜自身的硝酸盐还原酶及蔬菜表面微生物分泌产生的硝酸盐还原酶催化诱导的。蔬菜中硝酸盐由硝酸盐还原酶作用还原成亚硝酸盐,亚硝酸盐被亚硝酸盐还原酶降解成氨,反应式为:

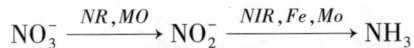

$$NO_3^- \xrightarrow{NR,MO} NO_2^- \xrightarrow{NIR,Fe,Mo} NH_3$$

　　在泡菜发酵过程中,主要是利用蔬菜自然带入的乳酸菌进行发酵,同时蔬菜上也有一些有害菌与乳酸菌共存的初期,在发酵初期,乳酸发酵缓慢,溶液 pH 较高,一些杂菌未被抑制,细菌产生的硝酸盐还原酶,是泡菜中硝酸盐被还原为亚硝酸盐的决定性因素。发酵初期亚硝酸盐含量较低,但由于发酵初期杂菌(肠杆菌科细菌和真菌等)的硝酸盐还原作用,蔬菜中的大量硝酸盐被还原为亚硝酸盐,使亚硝酸盐含量急剧增加;然后由于乳酸菌代谢产生的乳酸及乳酸菌自身的酶系统,使相当一部分亚硝酸盐被降解,且乳酸菌的生长也抑制了杂菌的生长,削弱了其还原硝酸盐的能力;至发酵结束时,亚硝酸盐含量降至最低点。所以整体上看泡菜发酵过程亚硝酸盐含量变化会出现一个亚硝峰,这一亚硝峰是不可消除的。

2　泡菜中理化品质的研究进展

　　甘弈等研究了韩国泡菜测定其在腌制、发酵过程中一系列理化指标,结果表明,在腌制过程中,水分含量由 96.23% 降低为 91.34%,pH 略微下降至 6.46,总酸含量上升至 2.91 g/kg,在发酵期间,水分含量持续降低,降至 82.54%,pH 下降至 3.87,而总酸含量上升至 7.02 g/kg。闫雅岚等测定了甘蓝自然发酵过程中总酸、总糖、还原糖、氨基酸态氮和亚硝酸盐含量变化规律,并指出总酸含量不断上升,总糖、还原糖和氨基酸态氮呈现下降趋势,而亚硝酸盐先增加,至峰值后缓慢下降至最小值。杨瑞等以市售白菜为原料对泡菜自然发酵过程中主要化学成分进行理化分析,找出其物质代谢规律,并研究讨论了不同食盐浓度、碘、花椒等对化学成分变化规律的影响。陈芸芸与李巧云研究了传统泡菜发酵过程中泡菜液的主要营养成分的动态变化规律,结果表明,在发酵过程中总酸度含量呈上升趋势,而总糖含量呈下降趋势,维生素 C 含量缓慢下降,氨基酸态氮含量有所上升,盐浓度稍高有利于产酸和维生素 C 的保存,亚硝酸盐含量会随着盐浓度和糖浓度的不同而变化,在不同条件下亚硝峰出现的时间和峰值有所不同。刘程惠等研究了几种辅料对甘蓝泡菜自然发酵过程中主要成分变化的影响,结果显示,糖和水果的添加使得泡菜总酸、维生素 C、还原糖和总糖含量增加,香辛料的添加对亚硝酸盐的产生有抑制作用,向泡菜中添加水果不仅可以改善泡菜的风味,还可以促进发酵,有利于营养成分的保持。李文婷等对比研究了自然发酵、乳酸菌制剂发酵、老坛水发酵的萝卜泡菜中相关理化指标的动态变化,结果表明,乳酸菌制剂发酵与其他两种发酵方式相比,在发酵后期,泡菜卤水中 pH 低、总酸度高,泡菜的总糖含量高、质构性优。齐海萍等分析了白菜泡菜发酵过程中的主要成分变化,并指出加碘、加花椒的方法有利于产酸,盐浓度对还原糖含量的变化有一定影响,白菜中维生素 C 含量随着发酵过程的进行而下降,整个发酵过程中泡白菜的亚硝酸盐含量随发酵时间在一定范围内波动,且含量很低。苏扬等研究了泡菜泡制过程中化学成分的变化及风味形成的机理,得出泡菜及泡菜液中的糖与酸彼此呈现消长的趋势,在隔绝氧气的泡菜中维生素 C 的损失较少,含氮物质也有所减少,食盐和含钙量明显较新鲜原料多,磷、铁的化合物则相反。

张素华等研究不同含盐量(2%、5%、8%)对腌泡菜亚硝酸盐和总酸生成的影响,认为食盐浓度对泡菜中乳酸菌的抑制效果非常明显,要使泡菜快速发酵,必须控制用盐量。杜晓华等利用正交设计实验确定了植物乳杆菌 P158 纯种半固态发酵泡菜的工艺条件,当盐 4%、糖 3%、接种量 0.1%、发酵温度 34℃时,制作的泡菜成品口味纯正、品质良好。Ballesteros 等研究了不同盐浓度(4%、6%、10%)对于乳酸菌接种发酵茄子的影响,并指出在盐浓度低于 6% 的情况下,接种乳酸菌能显著缩短发酵周期,泡菜品质质量也更好。Rodriguez-Gomez 等用氯化钠(NaCl)、氯化钾(KCl)、氯化钙(CaCl$_2$)的混合物发酵橄榄,结果表明,用三者混合物代替单独使用氯化钠发酵不仅可以降低泡菜成品的盐含量,而且钾的存在能够有效促进乳酸的生成。刘俊红等将泡菜原料预先用微波照射进行前处理,然后在制作泡菜的过程中加入还原型谷胱甘肽,两者协同进行消减泡菜中的亚硝酸盐含量,对影响亚硝酸盐含量的几个重要因素进行研究,确定了消减泡菜中亚硝酸盐含量的最佳工艺。

第3节　泡菜的感官品质研究

泡菜的质地是一个综合性概念,是用于评价泡菜品质的重要指标,包括泡菜的组织状态和口感及美味感觉等。IFT(Instiute of Food Technologist of USA,美国食品科学技术学会)委员会规定:食品的质地是指眼睛、口中的黏膜及肌肉所感觉到的食品的性质,包括粗细、爽滑、颗粒感等。食品质地是与三方面感觉相关的物理性质,一是用手或手指对食品的触摸感;二是目视的外观感觉;三是口腔摄入时的综合感觉,包括咀嚼时感到的软硬、黏稠、酥脆、滑爽等。

目前,国内外主要以感官评价和仪器测定两种方法对泡菜质地进行研究,感官评价应用较多且较为成熟,但感官评价法存在人为因素影响、无法排除主观任意性以及不能定向描述等缺陷,近年来利用质构仪评价泡菜质地已成为科研人员使用最为广泛的新兴技术手段。

1　泡菜的感官评价

感官评价,又称感官检验,是一种传统的和具有明确含义的测定方法,是人们利用感觉器官对食品质量特征的感觉(如视觉、味觉、嗅觉等),用文字、语言、符号对相关数据进行记录,然后分析数据,从而得出相应的结论。感官评价一直是分析和评价果蔬质地的主要方法,是评价泡菜发酵品质的一个重要的综合性指标。采用感官评价泡菜发酵品质具有迅速、简单等诸多优点,而且大多数情况下可以不受时间、地点的限制,能够比较完整地描述泡菜的感官特征。但感官评价常常因为选择不当或受到自受嗜好等一些方面因素的影响而难以做出准确的评价,导致感官评价结果的可比性、可靠性差,或者主观评价的人为误差大。

目前对泡菜的评价以分数评判为主要方式,由于评判者的从业经验和主观因素的影响,感官特性的描述难以划分清晰的界限,其评价结果会存在一定的局限性和误差,因此采用模糊数学评价方法可以对这些属性进行数学化和定量化的描述和处理,对感官质量中多因素的制约关系进行数学化的抽象,建立一个反映其本质和动态过程的理想化评价模式,减少感官评价指标间的主观评价误差,得到较为准确、客观与科学的评价结果。

2　泡菜的质构分析法(TPA)

Procter 等 1955 年利用接近于口中感触的形式分析研究食品物理特性并提

出了食品的标准咀嚼条件,后来,Szczeniak 等于 1963 年确定了综合描述食品质地特性的"质构曲面解析法(TPA)"。Bourne 明确定义了 TPA 质地特性参数并详细解释了测定曲线,至今 TPA 质构曲线解析法被广泛应用于食品质地研究领域,该方法已经成为对各种不同食品质地测定通用的经典方法。

质构分析法是采用质构仪(又称物性分析仪)模拟口腔对固体、半固体食品的两次压缩的咀嚼运动,得到 TPA 质构曲线,获得与感官评价相似的各种质地特性参数:硬度、脆性、内聚性、胶黏性、弹性和回复性等,具有花费时间少、易操作等优点,测定出的结果具有高度灵敏性、重复性好、误差小,并可对分析测定的结果进行准确的数量化处理,通过量化质地参数客观且全面评价食品的质地特性,从而避免了人为因素对食品质地评价结果的主观影响。由于泡菜具有短时发酵的工艺特点,因此泡菜的质构物性对口感的影响比较大,质构特性变化是泡菜品质变化的综合体现。在研究泡菜时,用质构仪测定的结果与感官评价的结果具有较高的相关性和一致性。

3 泡菜的色差分析法

最古老的颜色测量方法是目视法,它受很多因素的影响,缺陷很多。CIE(国际标准照明委员会)标准色度的建立奠定了测色基础,可以通过测量三刺激值来确定物质颜色。光电积分测色色差计是三刺激值读法测色仪,利用具有特定光谱灵敏度的光电积分元件,直接测量光源色或物体色的三刺激值或色度坐标的仪器,具有测量速度快、廉价且具有一定精度的优点。

色差计是一种常见的光电积分式测色仪器,它利用仪器内部的标准光源照射被测物体在整个可见光波长范围内进行一次积分测量,得到透射或反射物体色的三刺激值和色品坐标,并通过专用微机系统给出两个被测样品之间的色差值。其测量原理采用国际照明委员会(CIE)的 CIE1976 L^*,a^*,b^* 色度系统,借助均匀色的立体表示方法将所有的颜色用 L^*,a^*,b^* 三个轴的坐标来定义。L^* 为垂直轴也即中轴,代表明度上白下黑,其值从底部 0(黑)到顶部 100(白),中间为亮度不同的灰色过度,有 100 个等级;a^*、b^* 坐标组成的色度平面是一个圆,表示不同的色彩方向,a^* 代表红绿轴上颜色的饱和度,其中 $-a^*$ 为绿,$+a^*$ 为红;b^* 代表蓝黄轴上颜色的饱和度,其中 $-b^*$ 为蓝,$+b^*$ 为黄。a^*、b^* 都是水平轴。L^*、a^*、b^* 不仅可以精确地表示各种色调,它也为两种色调之间的差即色差表示带来了方便,ΔE 可以表示两个颜色之间的总色差:

$$\Delta E = \left[(\Delta L^*)^2 + (\Delta a^*)^2 + (\Delta b^*)^2 \right]^{1/2}$$

4　泡菜感官品质研究现状

鲜双等选择具有一定感官评价经验的 10 位男品评员和 10 位女品评员,分别对 5 种不同发酵方式的哈密瓜幼果泡菜从色泽、香气、滋味与口感以及总体可接受度 4 个方面进行评价。结果表明,自然发酵泡菜和卤水发酵泡菜间的综合得分存在显著性差异,其他 3 种方式发酵的泡菜综合得分不存在显著性差异,综合得分从高到低为:卤水泡菜>混菌发酵泡菜>植物乳杆菌发酵泡菜>肠膜明串球菌发酵泡菜>自然发酵泡菜。王海平等选择 10 名有经验的感官评价专家对自然干法发酵、自然湿法发酵、纯种干法发酵、纯种湿法发酵 4 种方式制作的苤蓝泡菜进行感官评分,结果表明,自然湿法发酵苤蓝泡菜的感官评分最低,纯种干法苤蓝泡菜的感官评分略优于自然干法发酵的苤蓝泡菜,结合发酵时间来看,纯种湿法发酵更为优越。周情操等用质构仪对泡制中的豇豆进行脆度分析,并与豇豆脆度影响因子进行相关性分析,发现水分含量、原果胶含量和水溶性果胶含量对泡豇豆脆度具有一定的影响。姚利玄等采用质构仪分析法评价腌制萝卜的脆度,对影响腌制萝卜脆度的主要影响因素和腌制条件进行了研究。岳喜庆等利用质构仪质地多面分析法(TPA)对酸菜自然发酵过程中质地的变化进行了研究,并分析了各项质地参数之间的相关性。周光燕等将植物乳杆菌、棒状乳杆菌棒状亚种、布氏乳杆菌、短乳杆菌、干酪乳杆菌亚种分别接种于泡菜中,结果发现与传统泡菜相比,接种发酵泡菜的脆度大大提高。林燕文等在泡菜中接种植物乳杆菌,结果表明接种量为 3% 时,泡菜组织状态好、脆度高。刘刚等用质构仪测定韩式泡菜质构特性指标,比较不同原材料、不同发酵时间及不同部位的质构差异性,结果显示,茎叶类和根茎类蔬菜制成的韩式泡菜,硬度、弹性、内聚性和咀嚼性等质构特性有很大差异。倪慧等采用色度仪对恩施地区的泡萝卜水的色泽进行了数字化评价,结果表明,由乳酸菌纯种发酵制备的 16 份泡萝卜水样品的 L^* 和 a^* 值的中位数均大于自然发酵的泡菜水,这说明较自然发酵,过半数乳酸菌菌株纯种发酵制备的泡萝卜水颜色偏亮和偏绿。甘奕等利用色差仪研究了韩国泡菜制作过程中色度的变化,结果表明泡菜发酵过程中 L^* 值、a^* 值呈上升趋势,b^* 值缓慢减小但变化不明显。

第 4 节　泡菜中的微生物研究

1　泡菜中的微生物概述

一般用来制作泡菜的新鲜蔬菜表面都附着有大量的附生微生物,这些微生物包括乳酸菌、酵母菌、霉菌、肠杆菌科细菌、假单胞菌属细菌等。在泡菜发酵中其主要作用的菌种为乳酸菌、酵母菌、醋酸菌等。

1.1　乳酸菌

乳酸菌广泛分布在自然界中,是能够利用发酵性糖类通过代谢作用产生大量乳酸的一类微生物,呈革兰氏染色阳性、运动性低、无芽孢、厌氧或兼性厌氧,其生长最适生长温度一般为 15~45℃,具有很强的耐盐性,能耐 5% 以上的盐浓度,尤其是嗜盐片球菌能在 15%~18% 浓度的盐水中生存,并且耐酸性较好,pH<5 的环境中都能良好生长,能够发酵碳水化合物(主要是葡萄糖)产生大量乳酸。

泡菜中常见的乳酸菌主要有乳杆菌属、链球菌属、乳球菌属、片球菌属以及明串珠菌属等。根据不同乳酸菌制剂发酵糖类产乳酸情况,乳酸菌分为同型发酵乳酸菌和异型发酵乳酸菌。同型乳酸发酵菌代谢产物 90% 以上为乳酸,能够使得泡菜体系迅速变酸、pH 迅速下降,在发酵过程中不产气,通常发生在泡菜发酵的中后期,可简单表示为:

$$C_6H_{12}O_6 \rightarrow 2CH_3CHOHCOOH(乳酸)$$

异型乳酸发酵菌的主要代谢产物除乳酸外,还有二氧化碳、乙醇、乙酸、甲酸、丁酸、琥珀酸和其他高级醇等,这些物质对泡菜的主体风味起着十分重要的贡献,可简单表示为:

$$C_6H_{12}O_6 \rightarrow 2CH_3CHOHCOOH(乳酸)+C_2H_5OH+CO_2$$

乳酸菌利用的养料主要是蔬菜中的可溶性物质和部分泡渍液浸出物。泡菜的 pH 控制在 3.0 左右,乳酸含量控制在 1% 左右效果最佳。新鲜蔬菜在发酵过程中碳水化合物只轻度分解,维生素 C 含量下降,而且乳酸菌没有分解纤维素和蛋白质的酶类,因此不会破坏蔬菜组织中的细胞壁,不分解纤维素和蛋白质。乳酸菌制剂发酵形成的酸性环境抑制了腐败菌和致病菌的生长,改善了蔬菜原料的风味和口感,同时增加了其本身的可消化性,产生一些维生素、抗氧化剂等,可提高泡菜的营养价值,延长产品保质期。

在新陈代谢方面,乳酸菌一般不含硝酸盐还原酶,因此通过乳酸菌代谢产生的亚硝酸盐可能性极小;乳酸菌通过代谢还产生少量细菌素、过氧化氢、双乙酰等高效抑菌性物质,其抑菌效果良好,能杀死敏感菌。

1.2 酵母菌

酵母菌是一种单细胞真菌,在有氧和无氧环境下均能生存,属于兼性厌氧菌。泡菜在发酵过程中,将糖类转化为乙醇的主要微生物是酵母菌,酵母菌在发酵过程中以糖为生活基质,在有氧条件下将糖完全氧化,产生二氧化碳和水;缺氧时,则将糖发酵成乙醇和二氧化碳,在发酵过程中产生大量的醇类风味成分。泡菜发酵中常见的酵母菌有啤酒酵母、产醭酵母及鲁化酵母等。

在泡菜的发酵过程中,虽然以乳酸菌制剂发酵为主,但酵母菌在泡菜的发酵过程中同样也起到非常重要的作用。在发酵过程中,泡菜原料蔬菜中的可发酵糖会随着发酵的进行不断被各种微生物消耗利用,因此,在泡菜发酵成熟以后其含量一般都较低,但是少量的可发酵糖会被腐败菌及有害菌利用,从而导致泡菜腐败变质的速度加快,不利于泡菜发酵后的产品贮藏。而此时环境中的低 pH 则会抑制乳酸菌进一步利用剩余的可发酵糖,但此时酵母菌仍可以很好地生长繁殖,直至把发酵糖消耗尽为止,因此在泡菜发酵后的贮藏方面起着积极有益的作用,这一点在含糖量较高的胡萝卜等泡菜中体现十分明显。

在泡菜的发酵过程中,如果长期对酵母菌的酒精发酵不加以控制,泡菜酒精度过高则会影响正常风味。另外,一些酵母菌如产璞酵母的大量繁殖会使泡菜表面生花,长白膜,产生不愉快的酸臭味,最后导致泡菜变质。酵母菌还能产生 CO_2,引起泡菜产气腐败。氧化酵母能利用乳酸和较低的盐水,而使其他腐败菌生长,但这只有在有氧条件下才会发生,因为在厌氧条件下,这些酵母菌不能利用有机酸。脆壁酵母和酿酒酵母能水解果胶质,使泡菜产品变软。

1.3 醋酸菌

醋酸菌,即醋酸杆菌,属于好氧微生物,细菌中的醋酸单胞菌属,在泡菜正常的发酵过程中会伴随着醋酸发酵,这是由于醋酸菌在有氧的条件下将乙醇等转化为醋酸,发酵过程中少量的醋酸发酵对泡菜的风味形成有利,醋酸本身有一定的独特风味,还能与醇类反应生成酯类,给泡菜带来独特风味。但醋酸发酵和乳酸发酵、酒精发酵一样,过量会有不良影响。如果没有做好隔氧措施,醋酸菌会大量消耗糖类物质,产生二氧化碳,给泡菜风味和营养带来损失。

1.4 其他微生物

在泡菜发酵初期,除乳酸菌、酵母菌等有益微生物的活动外,还有醋酸菌、大肠杆菌、其他微生物参与。这些微生物发酵的产物可以作为产香物质,增加发酵品特殊混合香气。到发酵中期,乳酸不断积累,大肠杆菌等酸敏性微生物活动受到抑制,逐渐被乳酸杆菌所代替。

发酵过程中的有害菌会影响泡菜的品质及安全性,有害菌主要是霉菌、腐败细菌。霉菌会使泡菜霉变和软化,产生不良气味;腐败细菌使泡菜原料腐烂,使泡菜制品变臭、发黑、变软等,在发酵过程中严格控制发酵条件,使乳酸杆菌成为优势菌来抑制杂菌生长,保证发酵成功。

2　泡菜中微生物的研究进展

对于自然发酵过程中微生物的研究,Pecderson 在 20 世纪 30 年代第一次提出了蔬菜的发酵作用是由乳酸菌中的明串珠菌引起的。随后在研究酸白菜、酸黄瓜的微生物变化中指出,发酵初期是异型发酵阶段,然后是同型发酵并且由植物乳杆菌完成发酵过程。Lee 等从泡菜中分理出 31 种菌株并进行鉴定,发现其中有 51.6% 的菌株属于同型发酵或兼性异型发酵,剩余 48.4% 为异型发酵菌。Jung 等通过环境转录组学分析泡菜发酵过程中的微生物种类,结果显示肠膜明串珠菌在发酵早期很活跃,后期则检测出了较高含量的沙克乳酸菌和魏斯氏菌属。Pederson 等发现发酵温度在 32℃ 及以上时,发酵过程以植物乳杆菌和啤酒片球菌菌种发酵的同型乳酸发酵为主,这两种乳酸菌的快速生长繁殖,使发酵环境中的乳酸含量大大增加,破坏了发酵蔬菜的香味和口感,有腐败的酸味。Jeong 等对韩国泡菜中微生物的研究发现,在第 0 天,明串珠菌属、乳酸杆菌属、假单胞菌属、泛菌属和魏斯氏菌属都存在,并且在接下来的 100 天发酵过程中,明串珠菌属一直占据主导地位。

在国内,商军等从泡白菜、泡萝卜和泡辣椒中分离出 11 种乳酸菌株并进行了初步鉴定和筛选,得出不同泡菜中的乳酸菌株有明显差异的结论。Chen 等从台湾酱瓜当中分离出了 103 种乳酸菌并进行鉴定,结果显示,没有添加酱的酱瓜中以异型发酵乳酸菌为主,而加酱的酱瓜中则以同型发酵乳酸菌为主。杨瑞等还研究了初始食盐浓度、发酵温度、花椒和碘等发酵条件对自然发酵泡菜液中微生物菌系的影响,结果表明较低温度、6% 的食盐浓度和花椒、碘的添加都有利于乳酸菌的生长繁殖。Ji 等研究了中国大白菜腌制过程中嗜中温需氧菌、芽孢菌、乳酸菌、肠道菌和真菌等微生物的变化情况,指出其中乳酸菌占到了 0.1%～1%。王世宽等研究了不同真空度对四川泡菜发酵过程中微生物菌系的影响,研究表明,真空度越高越有利于泡菜中乳酸菌的繁殖,同时对泡菜中的其他杂菌具有更加明显的抑制作用。刘月英等采用紫外线和亚硝基胍对乳酸菌进行诱变,证明了诱变处理有助于提高乳酸菌在发酵过程中的产酸能力。陈安特等以樱桃萝卜为原料,设置乳酸菌接种发酵组、乳酸菌与酵母菌混合接种发酵组、酵母菌接种发酵组和自然发酵组4个试验组,分别对各试验组发酵过程中pH、总酸、亚硝酸盐、乳酸菌数量、酵母菌数量及大肠菌群数量等进行研究,结果表明:在樱桃萝卜发酵过程中,接种酿酒酵母能够阻止发酵后期pH进一步下降,降低总酸生成量,抑制泡菜过度酸化,使泡菜保持较高的脆度,并且产生浓郁的酯香风味;酿酒酵母的加入不改变亚硝酸盐消长规律,也不影响接种乳酸菌对大肠菌群的抑制效果,但在发酵后期,加入酿酒酵母的试验组,其乳酸菌的生长受到一定程度的抑制。

在国外,Daeschel等在1988年就对酿酒酵母和植物乳杆菌混合发酵黄瓜汁进行了研究,并且指出酵母的使用有助于发酵的充分进行和酸度调节。Chang等用PCR-DGGE(变性梯度凝胶电泳)分析了泡菜中的酵母菌和古细菌,结果显示,嗜盐球菌、盐碱球菌、钠白菌和盐栖菌是主要的古细菌,娄德酵母、丝孢酵母、假丝酵母、毕赤酵母和克鲁维酵母是主要的酵母菌。Jung等用肠膜明串珠菌发酵泡菜,对比了自然发酵和接种发酵情况下的微生物变化,结果表明:肠膜明串珠菌的使用在提高明串珠菌属数量的同时也会使乳杆菌属的比例下降,且接种发酵下魏斯氏菌的比例高于自然发酵。Park等指出发酵初期,自然发酵与接种发酵微生物区别较大,但在发酵后期则没有明显区别,且微生物的种类和数量取决于发酵蔬菜的品种、配料以及加工工艺。

第5节　泡菜的风味物质研究

1　泡菜风味物质概述

1.1　泡菜风味物质的来源及形成

泡菜中的风味物质主要是指泡菜的滋味物质和香气成分,其中滋味是指能在口中产生味感的物质,挥发性小;香味是指能够产生嗅感的香味物质,挥发性强。泡菜的风味物质包括挥发性风味物质和非挥发性风味物质,非挥发性风味物质包括有机酸和氨基酸等,挥发性风味物质包括酯类、醛类、醇类、酮类和烷烃类等。泡菜风味的来源主要有以下几个方面:①原料及配料本身赋予风味,如萝卜有温和的辛辣气味,生姜含有姜醇、姜酚、姜酮等物质。②微生物发酵产生的风味:乳酸菌制剂发酵会产生一些风味物质,其中明串珠菌属异型发酵乳酸菌,它的主要代谢产物为乳酸、甘露醇、乙醇等风味物质,这对形成泡菜独特的风味物质极为重要,有机酸类能赋予泡菜柔和的酸味,醇类具有轻快的醇香味;酵母菌在缺氧的环境中,可以进行酒精发酵生成乙醇,乙醇不仅本身具有醇香,而且还能与有机酸结合生成酯类物质,从而增加泡菜的香气成分;醋酸菌在泡菜发酵后期也起到了一定的作用,其产生的醋酸除本身具有风味外,还能与醇类相结合生成酯类,也可间接增加泡菜的香气成分。③蛋白质水解产生氨基酸,使泡菜具有特定风味,这一非常重要的生物化学变化是泡菜产生特定风味和色泽香气的重要来源。④泡菜泡制过程中加入的香料(辣椒、大蒜等)和佐料(如白酒),会随着发酵过程的进行逐渐溶于泡菜液中,从而丰富了泡菜的风味。

1.2 泡菜中的有机酸

有机酸是泡菜酸味的重要提供者,是反映泡菜发酵程度的重要指标,其含量的多少与泡菜的品质密切相关,其种类和含量的变化对泡菜制品的滋味会产生重大影响,因此有机酸含量的检测是泡菜质量检测的重要指标之一。

泡菜中含有多种有机酸,分别来源于新鲜蔬菜、泡菜发酵过程和食品添加剂。蔬菜中含有的有机酸通常为草酸、酒石酸、苹果酸、柠檬酸等,其中酒石酸、苹果酸、柠檬酸这3种有机酸的味道较为柔和;蔬菜在经过乳酸菌制剂发酵之后,其中的有机酸在种类、数量上发生了变化,产生大量的乳酸、乙酸以及其他种类的有机酸,使泡菜中有机酸组成和含量更为丰富,不同种类的有机酸赋予泡菜不同的酸感,例如乙酸酸感刺激,乳酸酸感柔和;有机酸对泡菜口感的影响不仅体现在不同种类酸的含量方面,酸的比例也会对最终泡菜产品风味方面造成差异;大多数有机酸不仅是蔬菜发酵过程微生物菌群代谢的产物,还是其消耗时的底物。

泡菜中的有机酸主要有乳酸、乙酸、草酸、酒石酸、苹果酸、琥珀酸、柠檬酸等,是泡菜制品酸味的主要来源,有机酸不仅能够改善泡菜制品的风味,还能改变和加强其他风味物质产生的味感。

乳酸又名2-羟基丙酸,其独特的酸味可以增加泡菜的风味,也可保持泡菜制品微生物的稳定性和安全性;乙酸又称醋酸,在泡菜中是一种温和的抑菌剂;草酸又名乙二酸,是最简单的二元酸,酸性比乙酸强10000倍,是有机酸中的强酸,广泛存在于植物源食品中;酒石酸又名2,3-二羟基丁二酸,存在于多种植物中,有三种立体异构体:右旋酒石酸、左旋酒石酸和内消旋酒石酸;苹果酸又名2-羟基丁二酸,其分子中有一个不对称碳原子,有两种立体异构体,大自然中以三种形式存在,即 D-苹果酸、L-苹果酸和其混合物 DL-苹果酸,有特殊愉快的酸味;琥珀酸又名丁二酸,广泛存在于多种植物的组织中,可以作为防腐剂;柠檬酸是一种重要的有机酸,又名枸橼酸,有很强的酸味,有涩味。

各种有机酸由于化学结构的不同,会产生不同的酸味、敏锐度和显味速度。泡菜中部分有机酸成为特点与阈值见表 1.5.1。

表 1.5.1 泡菜中部分有机酸成为特点与阈值

种类	呈味特点	阈值(%)
酒石酸	稍有涩感,酸味强烈	0.0015
抗坏血酸	温和爽快	0.0076
乳酸	酸味柔和	0.0018
乙酸	刺激性	0.0012
琥珀酸	酸、鲜	0.0024
柠檬酸	温和爽快,有新鲜感	0.0019
苹果酸	爽快,略苦	0.0027

1.3 泡菜中的香味物质

泡菜中的香味物质是指能产生各种嗅感、挥发性强的一类物质,是泡菜品质质量的一个重要指标。泡菜的香味物质形成机制颇为复杂,在发酵过程中包含一系列复杂的物理、化学和生物反应的变化,会产生出多种丰富、柔和的酯类、醛类、酸类、酮类等香味物质,泡菜香味物质的形成主要包含以下三个方面:

(1)原料中的香味物质。

泡菜可以使用多种蔬菜原料,泡菜的香味物质和原料种类有密切关系。各种蔬菜的特征香味不同,是因为其含有不同种类的香味物质。萝卜具有温和的辛辣气味,其特征香味物质为 4-甲硫基-3-反-丁烯异氰酸酯;芹菜的特征香味物质为二氢苯肽类化合物、丙酮酸-3-顺-己烯酯、2,3-丁二酮(双乙酰);黄瓜的主要香味物质是羰基化合物、醇类化合物,其特征香味物质为反-2-顺-6-壬二烯醛、反-2,顺 6-壬二烯醇;胡萝卜的主要香味物质为萜类、醇类、羰基化合物;生姜的主要特征香味物质为姜醇、姜酚、姜酮;大蒜特征香味物质为二烯丙基硫代亚磺酸酯(大蒜素)、二烯丙基二硫化物、甲基烯丙基二硫化物;另外,泡菜发酵可以加入多种香辛料,不同香辛料有各自独有的特征香味成分,这些呈味组分不但起着增加香味,祛除异味的作用,还具有一定的杀菌作用。

（2）发酵过程中产生的香味物质。

泡菜通过蔬菜自身所带乳酸菌、酵母菌、醋酸菌等微生物或人工添加菌种的发酵作用，产生一系列复杂的物理、化学和生物反应的变化，产生出各种不同类型的香味物质成分。

乳酸菌在香味物质的形成过程中起着非常重要的作用，乳酸菌利用泡菜液中的葡萄糖或其他相应的可发酵糖进行乳酸发酵。发酵前期一般以异型乳酸发酵为主，主要产生乳酸、乙醇和二氧化碳，还会产生少量的甲酸、丙酸、丁酸、琥珀酸和高级醇、氨等，有时还会产生微量甲烷和硫化氢；泡菜发酵后期一般以同型乳酸发酵为主，主要产生乳酸，乙酸等有机酸，同时产生一些香气物质，如2-壬酮、2-庚酮等可赋予产品爽口、清香的口感。同型乳酸发酵使体系迅速变酸，pH迅速降低，发生在泡菜发酵的后期。异型乳酸发酵和同型乳酸发酵都会产生一些香气物质，尤其是前者对泡菜香气的贡献更大。酵母菌在缺氧条件下进行酒精发酵生成乙醇，乙醇除具有本身香气外，还能与有机酸结合生成酯类增加泡菜香气。少量的醋酸菌在泡菜发酵的后期也有一定的作用，产生的醋酸具有香气的同时还能与醇类结合生成酯类，增加了泡菜的香气香味。

（3）蛋白质水解产生的挥发性风味物质。

泡菜发酵过程中，蔬菜中所含的蛋白质在微生物和自身所含的蛋白酶作用下水解生成氨基酸，这是泡菜产生香气的主要原因之一，其中具有令人愉快香气的丙氨酸、具有鲜味的天冬氨酸和谷氨酸对泡菜的香气影响较大，氨基酸还能和醇生成多种具有芳香味的酯类。

泡菜的香气物质主要有异戊醛、$C_2 \sim C_8$ 的挥发性酸、3-羟基丁酮、丁二酮、乙醛等。其中3-羟基丁酮（乙偶姻）、丁二酮（双乙酰）是泡菜发酵过程中香气的特征主体成分，在低pH环境中，3-羟基丁酮有一定香气。它是前体物 α-乙酰乳酸在微生物作用下分解生成，在氧气充足的条件下，乳酸菌在复合丙酮酸脱氢酶及丙酮酸脱羧酶的参与下形成乙酰辅酶A及活性乙醛，二者结合形成丁二酮。但在双乙酰还原酶（复合丙酮酸脱氢酶）催化下可形成3-羟基丁酮，这一反应可逆，3-羟基丁酮也可氧化为丁二酮，而 α-乙酰乳酸也可在 α-乙酰乳酸脱羧酶作用下生成少量3-羟基丁酮，这两种物质都有清香气味。在缺氧条件下3-羟基丁酮会被还原为2,3-丁二醇后，香气变得疲乏。有些蔬菜的柠檬酸含量高，柠檬酸会抑制双乙酰还原酶（复合丙酮酸脱氢酶）的合成，丁二酮不能还原成3-羟基丁酮，丁二酮就会大量积累。

2　泡菜风味物质的测定

2.1　泡菜中的有机酸的测定

目前,用于泡菜有机酸定量分析的方法有酸碱滴定法、酶法、比色法、气相色谱法(GC)、离子色谱法(IC)、液相色谱法(HPLC)等。酸碱滴定法是有机酸总酸度测定的基本方法,它是利用酸与碱在水中以质子转移反应为基础的滴定分析方法,只用于测定泡菜样品中的总酸度;酶法是利用酶的专一性和催化效率来进行分析;比色法前处理比较复杂,如果处理不当就会造成有机酸分离效果不好,一般用于含量较少的有机酸的测定;气相色谱法通常需要对样品进行特殊的衍生化处理,导致过程比较复杂;离子色谱法具有简单快速,选择性好及样品预处理简单等特点,但高浓度的无机离子对有机酸根离子的测定会产生一定的干扰,从而影响准确性;而高效液相色谱法因其操作简单、从重现性好、准确度较高、样品用量少、高效快速、灵敏度高、稳定性好等优点而被最为普遍的使用,其色谱柱一般采用常规反相柱 C_{18},检测器主要采用紫外、电导及示差折光检测器等。

2.2　泡菜中香味物质的测定

2.2.1　泡菜中香气成分的提取

在泡菜香味物质的分析中,有效的提取对于分析是非常关键的一步,常用的提取方法很多,如溶剂萃取法、顶空法、同时蒸馏萃取法、固相微萃取技术等。

(1)溶剂萃取法。

又叫作液—液萃取法,是使用有机溶剂来萃取样品中的有机物,使用的有机溶剂有二氯甲烷、乙醇水溶液等。

(2)顶空法。

通常采用进样针在一定条件下一定温度下对固体、液体、气体等进行萃取吸附,然后在气相色谱分析仪上进行脱附注射,主要分为静态顶空分析、动态顶空分析。它可专一性收集样品中的易挥发性成分,与液—液萃取和固相萃取相比既可避免在除去溶剂时引起挥发物的损失,又可降低共提物引起的噪音,具有更高灵敏度和分析速度,对分析人员和环境危害小,操作简便,是一种符合"绿色分析化学"要求的分析手段。

(3)同时蒸馏萃取法(SED)。

是用于分析样品中半挥发性、挥发性成分的分离方法,该方法将水蒸气蒸馏和溶剂萃取结合到一起,既减少了实验步骤、缩短了时间,又节省了萃取所用的试剂。

（4）固相微萃取技术（SPME）。

是 20 世纪 90 年代发展起来的样品前处理技术,相对于传统提取方法,它无须有机溶剂、分析样品量少、操作简单快速,集采样、萃取、浓缩、进样、解析于一体的特点而得到广泛应用。它是由萃取和解吸两个过程组成,固相萃取设备是在微量进样器中插入一段上面涂有萃取相的石英纤维,进而得到萃取物,萃取率较高,比较适用于低沸点的待测物。

2.2.2　泡菜中香味物质的分析测定

对于分离浓缩得到的风味物质进行定性、定量测定的常用方法有气相色谱法、液相色谱法、核磁共振及红外光谱法、气相色谱—质谱联用测定法等,气相色谱法比较合适于易挥发的有机化合物的测定,是目前挥发性风味物质研究中应用最广的分析方法之一。液相色谱法适合于挥发性较低的化合物,如有机酸、羰基化合物、糖类等的分析测定。核磁共振和红外线光谱法的应用主要是鉴定化合物的结构,为高沸点化合物、风味前体物质和氨基酸的分离和鉴定提供了极为有效的手段。气相色谱—质谱联用技术（GC-MS）既发挥了色谱法的高分辨能力又挥发了质谱法的高鉴别能力,广泛应用于食品香气成分的分析检测。

（1）GC-MS 的定性分析。

GC-MS 定性分析主要有谱库检索法、保留指数法、标准品定性法。保留指数是 Kovats 于 1958 年提出的,是将组分的保留值用两个分别前后靠近它的正构烷烃来标定。他将正构烷烃的保留指数规定为等于该烷烃分子中碳原子数的 100 倍,如正己烷的保留指数等于 600,且正构烷烃的保留指数与所用的色谱柱、柱温及其他操作条件无关。GC-MS 主要是通过自带的数据库随机检索匹配,具有盲目性和随机性,要想达到准确鉴定,可以结合文献中报道的保留指数进行定性,有标准品的香气成分,也可以用标准品进一步证实。

（2）GC-MS 的定量分析。

GC-MS 定量分析的基础是待测组分的含量或其在载气中的浓度与检测器的响应信号成正比,响应信号既可以用峰面积,也可以用峰高度度量。通常 GC-MS 定量计算方法有 3 种:归一化法、内标法、外标法。归一化法有时候也被称为百分法,不需要用标准品来进行定量,它直接通过峰面积或者峰高度进行归一化计算从而得到待测组分的含量,其特点就是只需要一次进样即可完成分析,但是其要求试样中所有组分必须全部出,而且要求待测组分色谱响应信号相近。内标法在是一种重要的定量技术,使用内标法时,在样品中加入一定量的标准品,它可被色谱柱所分离,但又不受试样中其他组分峰的干扰,只要测定内标物和待测组分的峰面积之比,即可求出待测组分含量,但内标法也有一定的缺点:内标物比较难寻找,分离前与样品组分之间混合要好,且不能发生反应,分离时必须能够与样品中各组分充分分离。外标法就是用标准品的峰面积或峰高与其对应的浓度做一条标准曲线,测出样品的峰面积或峰高,在标准曲线上查出其对应的浓度,这是比较常用的一种定量方法。

（3）主体风味成分的鉴定方法。

主体风味成分（Key Odor Compounds）是对特定食品风味起主导作用、对整体香气有直接贡献的化合物,或称特征风味化合物。目前常用的主体风味成分鉴定方法有2种:气相色谱—嗅闻技术（Gas Chromatography-Olfactometry, GC-O）和相对气味活度值法（Relative Odor Activity Value, ROAV）。

气相色谱—嗅闻技术（GC-O）技术是目前国际上被公认为最先进的食品主体风味成分分析技术,该技术使用的仪器主要有两部分组成:气相色谱仪和闻嗅仪,工作原理为:样品首先进入气相色谱仪,经由毛细管柱分离后分成两路,一路进入气相色谱的检测器,如质谱仪（MS）或氧火焰离子检测器（FID）,另一路通过特定的传输线进入闻嗅仪的嗅探端口,然后经过训练的实验人员用鼻子作为检测器,来判断挥发性成分。

由于化合物化学组成、分子结构、动物鼻腔嗅觉受体细胞对化合物特异性结合程度等因素的差异,人们对不同化合物的嗅觉敏感性差异很大,通常人能感受到某种物质的最低浓度称作"感觉阈值"（Detecion threshold）,浓度一定时,感觉阈值越低的化合物越容易被感知;感觉阈值一定时,浓度越高的化合物越容易被感知,只有将这二个因素结合在一起全面分析,才能做出正确、客观的评价,即采用指标"气味活度值"。

气味活度值（Odor Activity Value, OAV）,也叫香气值（flavor units, FU）是指嗅感物质的绝对浓度（C）与其感觉阈值（T）之比,即:

$$OAV = \frac{C}{T} \quad (C\text{ 为物质绝对浓度},T\text{ 为感觉阈值})$$

在既定条件下:$OAV < 1$,说明该组分对总体风味无实际作用;$OAV > 1$,说明该组分可能对总体风味有直接影响,且在一定范围内,OAV越大说明该物质对总体风味贡献越大。

3　泡菜中风味物质的研究进展

3.1　泡菜中有机酸的研究进展

王冉等采用反相高效液相色谱法对泡萝卜中的 8 种有机酸进行提取、分离和测定,结果表明,新鲜萝卜和泡萝卜中均检测出除酒石酸之外的 7 种有机酸,草酸与苹果酸的含量在萝卜泡制后减少,而乳酸、乙酸、柠檬酸、琥珀酸的含量则升高,其中乳酸是含量最多的有机酸,其他酸含量相对较少。王芮东等采用高效液相色谱法对甘蓝泡菜自然发酵过程中的 9 种有机酸进行了测定,结果表明,甘蓝泡菜在发酵过程中,草酸含量一直最高,乳酸次之,除在发酵第 1 天未检测到丙酸外,第 2 天后 9 种有机酸均被检测到,发酵过程中总酸度呈上升趋势,pH 呈下降趋势。张坤等采用 HPLC 法同时测定泡椒中酒石酸、苹果酸、乳酸、醋酸等 6 种有机酸,确定了泡椒中有机酸含量测定的最佳色谱条件:色谱柱为 Agilent ZORBAX SB-Aq(4.6 mm×250 mm,5 μm),流动相为 0.01 mol/L 磷酸氢二铵(pH 2.6)和甲醇溶液,流速 0.8 mL/min,柱温 30℃,检测波长 220 nm,二极管阵列检测器检测,在此条件下,酒石酸等 6 种有机酸可以得到很好的分离和测定。李志华用高效液相色谱法分别对泡芥菜、泡小尖椒和泡豆角液汁中的草酸、酒石酸、乳酸、乙酸等 5 种有机酸的含量进行了检测与比较分析。王芮东等采用高效液相色谱法对自然发酵、纯种发酵、自制泡菜菌发酵和老泡菜水发酵 4 种不同发酵方式制作的甘蓝泡菜中的 9 种有机酸进行测定,结果表明,以自然发酵与纯种发酵方式制作的泡菜中 9 种有机酸均被检出,老泡菜水发酵的泡菜检出 8 种有机酸,自制泡菜发酵菌制作的泡菜检出 7 种有机酸,4 种不同发酵方式制作的泡菜共有的有机酸:草酸、酒石酸、DL-苹果酸、抗坏血酸、乳酸、乙酸、丙酸。

3.2　泡菜中香味物质的研究进展

早在 1998 年 Cha 等运用同时蒸馏萃取结合 GC-MS-O 对韩国泡菜中的特征风味物质进行分离鉴定,得出几种有强烈气味的化合物,它们分别是二甲基三硫化合物、二烯丙基二硫化合物异构体和二烯丙基三硫化合物等。Kim 等运用动态顶空进样结合 GC-MS 分析了不同发酵条件下 Dongchimi Soup 的风味成分,检测出了含硫化合物、醇类、烯烃类等 25 种风味物质。Fu 等利用动态和静态顶空方法对发酵竹笋中的挥发性成分进行提取检测,共检测出 70 种成分,其中 29 种有香气活性,气味最强的有:对甲苯酚、2-庚醇、乙酸和 1-辛烯-3-醇,采用固相微萃取提取的 66 种成分和吹扫捕集法得到的 14 种成分中有 12 种是相同的。Kang 等通过 SPME 结合 GC-MS 技术对保藏于 5℃ 条件下的韩国泡菜进行研究,得到白菜泡菜中40种挥发性物质中有18种是含硫化合物，并且其挥发性成分随着贮藏时间的延长而减少。

我国的研究工作者同样对泡菜的风味物质进行了深入研究。Zhao等通过SPME-GC-MS对发酵雪里蕻的挥发性成分进行了分析，并用聚类分析法对主要挥发性物质进行了分类。Xiao等则比较了HS-SPME-GC-MS和GC-O两种方法所得挥发性风味物质的区别，通过GC-MS和GC-O分别鉴定了67种和45种成分，包括了酸、烷、醇、酮、醛、萜、酚类和混杂化合物等。Liu等研究了芥菜发酵过程中挥发性风味物质的变化，结果显示，异硫氰酸盐所占比例最高，其次为硫化物，检测到的主要有二烯丙基三硫化物、棕榈酸和亚麻酸乙酯等。徐芳等对橄榄盐坯中的活性风味物质进行了检测和分析，并对萃取条件进行了优化选择，检测到其主要呈香物质是β-月桂烯、α-水芹烯、麝香草粉、香橙烯和氧化石竹烯等。陈功等研究了四川泡菜挥发性成分及主体风味物质，确定了挥发性成分中醇、醛、酮、烯等占挥发性成分总量的90%，影响泡菜的主体风味物质为二甲基硫化物、烯类、醛类。徐丹萍等采用顶空固相微萃取结合气相色谱—质谱联用技术对结球甘蓝自然发酵过程的挥发性成分进行分析检测，结果表明不同发酵时间的泡菜挥发性成分种类和含量差异较大，发酵过程共检出化合物45种，酯类在发酵过程相对含量最高，是结球甘蓝泡菜的特征挥发性物质，对挥发性物质进行主成分分析，得到硫氰酸甲酯、乙酸己酯、正己醇、β-蒎烯、二甲基二硫和二甲基三硫等对泡菜风味形成影响较大。曹东等采用SPME-GC-MS对萝卜泡菜在发酵过程中不同时期的挥发性风味进行分析，其结果表明不同时期的泡菜的挥发性成分差异明显，共鉴定出化合物111种，包括醇类、烃类、含硫化合物、酯类、醛类、酮类、酸类等，发酵过程中酸类、醇类、含硫化合物的含量不断增长，在发酵后期烃类、醛类、酮类化合物的含量不断下降，含硫化合物和醇类对泡萝卜的风味形成有较大贡献。周相玲等用高效液相色谱法、氨基酸自动分析仪及气相色谱方法对人工接种和自然发酵泡菜中的有机酸、氨基酸和挥发性风味物质进行了对比分析，结果发现人工接种发酵与自然发酵的泡菜产品的挥发性风味物质变化基本上一致，但个别的风味物质变化上存在一定差异。徐丹萍等用顶空固相微萃取结合气相色谱—质谱联用技术对自然发酵、老泡菜水发酵、肠膜明串珠菌发酵、植物乳杆菌发酵和短乳杆菌发酵5种不同发酵方式的泡菜及泡菜原料中挥发性成分进行检测分析，得到不同种类化合物共55种，利用相对气味活度值确定了各类泡菜及原料中的主体风味成分的种类，结果表明不同泡菜中的主体风味成分种类差异较大，仅壬醛是各类泡菜的共有主体风味成分，对结球甘蓝泡菜风味影响最大,通过主成分分析结果可知,老泡菜水发酵、短乳杆菌发酵和甘蓝原料的风味在整体上明显不同,而肠膜明串珠菌、植物乳杆菌发酵泡菜与自然发酵泡菜在总体风味成分上较为接近,并与壬醛、异硫氰酸烯丙酯、右旋萜二烯关联较大。Zhen 采用 GC/MS/O 分别对新鲜竹笋和泡竹笋中的风味活性物质进行分析,得出新鲜竹笋中的风味活性物质有 17 种,泡竹笋中有 19 种,且辛辣味和腐臭味是泡竹笋的主体特征风味。

参考文献

[1]邹华军,石磊,张其圣,等.发酵泡菜对高脂血症大鼠的干预效果研究[J].现代预防医学,2013,40(23):4309-4311.

[2]蒋和体,卢新军.泡菜对大鼠血脂的调节作用研究[J].食品科学,2008(1):314-316.

[3]CHANG J Y, CHANG H C. Growth Inhibition of Foodborne Pathogens by Kimchi Prepared with Bacteriocin－Producing Starter Culture [J]. Journal of Food Science, 2011, 76(1):72-78.

[4]PARK H D, RHEE CH. Antimutagenic activity of Lactobacillus plantarum KLAB21 isolated from kimchi Korean fermented vegetables [J]. Biotechnology Letters, 2001,23(19):1583-1589.

[5]刘苏萌,王丽娟,何培新.泡菜中具有胆固醇降解功能益生菌的筛选研究[J].粮食与油脂,2016,29(1):72-75.

[6]苏扬,陈云川.泡菜的风味化学及呈味机理的探讨[J].中国调味品,2001(4):28-31.

[7]周晓媛,夏延斌.蔬菜腌制品的风味研究进展[J].食品与发酵工业,2004(4):104-107.

[8]王金菊,崔宝宁,张治洲.泡菜风味形成的原理[J].食品研究与开发,2008(12):163-166.

[9]陈飞平.微生物发酵对蔬菜腌制品品质的影响[J].中国食品与营养,2009(9):28-30.

[10]黄梅丽.食品色香味化学[M].北京:中国轻工业出版社,1984:110-112.

[11]肖长青,朱世明,陈姗姗.泡菜抑菌性的初步研究[J].湖北第二师范学院学报,2010,27(8):34-38.

［12］练冬梅，姚运法，赖正锋，等.黄秋葵酸辣泡菜发酵工艺的研究［J］.农产品加工，2016（13）：25-31.

［13］KIMJ. The effect of Kimchi on Production of Free Radicals and Anti-oxidative Enzyme Activities in the Brain of SAM［J］. Journal of the Korean Society of food Science and Nutrition, 2002, 31（1）：117-123.

［14］尹军霞，沈国娟，沈蓉，等.酸菜汁中降胆固醇乳酸菌的分离鉴定［J］.中国食品学报，2008（2）：47-51.

［15］凌洁玉，龚文秀，包梦莹，等.泡菜中乳酸菌的分离鉴定及其抗氧化能力的比较研究［J］.中国调味品，2015，40（7）：32-36.

［16］CHOI W Y, PARK K Y. Anticancer Effects of Organic Chinese Cabbage Kimchi ［J］. Preventive Nutrition and Food Science ,1999,4（2）：113-116.

［17］JUNG K O, PARK K Y, BULLERMAN L B. Anticancer effects of Leek Kimchi on Human Cancer Cells［J］. Preventive Nutrition and Food Science, 2002, 7 （3）：250-254.

［18］KIM E K, AN S Y, LEE M S, et al. Fermented kimchi reduces body weight and improves metabolic parameters in overweight and obese patients［J］. Nutrition Research, 2011, 31（6）：436-443.

［19］PARK J M, SHIN J H, GU J G, et al. Effect of antioxidant activity in kimchi during a short-term and over-ripening fermentation period［J］. Journal of Bioengineering, 2011, 112（4）：356-359.

［20］王吉德，肖开提，田笠卿，等. 原子吸收法在有机分析中的应用 V. 饮料中总酸度的测定［J］.分析化学，1994（12）：1289-1289.

［21］林华影，林风华，盛丽娜，等.淋洗液自动发生—离子色谱法同时测定食品中的 21 种有机酸［J］.色谱，2007，25（1）：107-111.

［22］郭宏，刘广福，王凤娇.酸菜发酵有机酸反相高效液相色谱法分析［J］.中国公共卫生，2015（12）：55-56.

［23］戴传波，李建桥，胡清.采用带示差折光检测器的高效液相色谱法检测肌醇 ［J］.化学工业与工程技术，2006，27（4）：57-58.

［24］PEDERSON CS, ALBURY M N. The effect of pure culture inoculation on fermentation of cucumbers［J］. Food Technology, 1961（15）：351-354.

［25］LEE JY, KIM CJ, KUNZ B. Identification of lactic acid bacteria isolated from kimchi and studies on their suitability for application of as starter culture in the production fermented sausages［J］. Meat Science, 2006, 72(3)：437-445.

［26］KUMAR S A, AIYAGARIR. Succession of dominant and antagonistic lactic acid bacteria in fermented cucumber：insights from a PCR-based approach［J］. Food Microbiology, 2008, 25(2)：278-287.

［27］JUNG JY, LEES H, JINH M, et al. Metatranscriptomic analysis of lactic acid bacterial gene expression during kimchi fermentation［J］. International Journal of Food Microbiology, 2013, 163(3)：171-179.

［28］JEONG S H, JUNG J Y, LEE S H, et al. Microbial succession and metabolite changes during fermentation ofdongchimi, traditional Korean watery kimchi［J］. International Journal of Food Microbiology, 2013, 164(1)：46-53.

［29］FLEMING H P. Use of Microbial cultures：vegetable products［J］. Food Technology, 1981(1)：84-87.

［30］杨瑞鹏, 赵学慧. 几种乳酸菌的生理特性研究［J］. 中国调味品, 1991 (11)：15-17.

［31］XING T, GUAN Q Q, SONG S H, et al. Dynamic changes of lactic acid bacateria flora during Chinese sauerkraut fermentation［J］. Food Control, 2012, 26(1)：178-181.

［32］商军, 钟方旭, 王亚林, 等. 几种发酵蔬菜中乳酸菌的分离与筛选［J］. 食品科学, 2007(4)：195-199.

［33］CHEN Y S, WU H C, LO H Y, et al. Isolation and characterisation of lactic acid bacteria from jiang-gua (fermented cucumbers), a traditional fermented food in Taiwan［J］. Journal of Food Science and Agriculture, 2012, 92(10)：2069-2075.

［34］杨瑞, 张伟, 陈炼红, 等. 发酵条件对泡菜发酵过程中微生物菌系的影响［J］. 食品与发酵工业, 2005(3)：90-92.

［35］JI F D. Note Microbial Changes During the Salting Process of Traditional Pickled Chinese Cabbage［J］. Food Science and Technology International, 2007, 13 (1)：11-16.

［36］杨幼筠, 甘萍, 黄水泉, 等. 泡菜乳酸菌种的选育(一)［J］. 中国调味品, 1996(10)：5-26.

［37］王世宽, 冉燃, 侯华, 等. 减压处理对四川泡菜微生物菌系的影响［J］. 中国酿造, 2009(1)：101-103.

［38］刘月英，赵世豪，关中波. 泡菜乳酸菌株的诱变选育［J］. 食品科学，2008，29(9)：431-433.

［39］陈安特，张文娟，张羲，等. 酿酒酵母对萝卜泡菜发酵过程的影响［J］. 食品与发酵工业，2017，43(6)：129-133.

［40］DAESCHEL M A, MCFEETERS R F. Mixed culture fermentation of cucumber juicewith Lactobacillus-plantarum and yeasts［J］. Journal of Food Science, 1988, 53(3)：862-864.

［41］CHANG H W, KIM K H, NAM Y D, et al. Analysis of yeast andarchaeal population dynamics in kimchi using denaturing gradient gel electrophresis［J］. International Journal of Food Microbiology, 2008, 126(1)：159-166.

［42］JUNG J Y, LEE S. H, LEE H J, et al. Effects of Leuconostoc mesenteroides starter cultures on microbial communities and metabolites during kimchi fermentation［J］. International Journal of Food Microbiology, 2012, 153(3)：378-387.

［43］PARK E J, CHUN J, CHA C J, et al. Bacterial community analysis during fermentation of ten representative kinds of kimchi with barcoded pyrosequencing［J］. Food Microbiology, 2012 ,30(1)：197-204.

［44］王冉，李小林，李敏，等. 反相高效液相色谱法测定泡萝卜中的有机酸［J］. 食品工业科技，2014，35(13)：283-287.

［45］张坤，王寅，郑炯. 高效液相色谱法同时测定泡椒中的有机酸［J］. 食品安全导刊，2015(7)：156-158.

［46］王芮东，李楠，卫博慧，等. 高效液相色谱法测定甘蓝泡菜发酵过程中的有机酸［J］. 食品工业科技，2018，39(6)：236-240.

［47］王芮东，卫博慧，李楠，等. 不同发酵方式下甘蓝泡菜中的有机酸的 HPLC 分析［J］. 中国酿造，2018，37(9)：175-180.

［48］周光燕，张小平，钟凯，等. 乳酸菌对泡菜发酵过程中亚硝酸盐含量变化及泡菜品质的影响研究［J］. 西南农业学报，2006(2)：290-292.

［49］KIM J H, SOHN K H. Flavor Compounds of Dongchimi Soup by Different Fermentation Temperature and Salt Concentration［J］. Food Science and Biotechnology, 2001(10)：236-240.

［50］SHIMS M, KIM J Y, LEE S M, et al. Profiling of fermentative metabolites in Kimchi：Volatile and non-volatile organic acids［J］. Applied Biological

Chemistry，2012，55(4)：463-469.

[51]王晓飞.纯种发酵泡菜及其风味物质的研究[D].南京：南京工业大学，2005.

[52]张其圣，陈功，余文华，等.四川泡菜香气预处理及其主要成分的研究[J].食品与发酵科技，2010，46(6)：1-4.

[53]ZHENG J，ZHANG F S，ZHOU C H，et al. Comparison of Flavor Compounds in Fresh and Pickled Bamboo Shoots by GC-MS and GC-Olfactometry[J]. Food Science and Technology Research，2014，20(1)：129-138.

[54]倪慧，王强，魏冰倩，等.恩施市泡萝卜中乳酸菌的分离鉴定及其对品质的影响[J].食品工业科技，2019，40(17)：64-78.

[55]甘弈，李洪军，付杨，等.韩国泡菜制作过程中理化特性及微生物的变化[J].食品科学，2014，35(15)：166-171.

[56]闫雅岚，李小平，陈喜彦.泡菜在自然发酵过程中营养成分变化规律的研究[J].中国调味品，2008(9)：53-55.

[57]陈芸芸，李巧云.传统泡菜发酵过程中主要成分的动态分析[J].漳州师范学院学报(自然科学版)，2009(2)：112-117.

[58]杨瑞，张伟，徐小会.泡菜发酵过程中主要化学成分变化规律的研究[J].食品工业科技，2005(2)：95-98.

[59]刘程惠，胡文忠，赵轶男，等.几种辅料对甘蓝泡菜自然发酵过程中主要成分变化的影响[J].食品科技，2008(8)：54-57.

[60]李文婷，车振明，雷激，等.不同发酵方式泡菜理化指标及微生物数量变化的研究[J].中国调味品，2011(9)：45-50.

[61]齐海萍，胡文忠，姜爱丽，等.白菜泡菜发酵过程中的主要成分变化[J].食品研究与开发，2010(8)：4-7.

[62]刘俊红，张晓亚，赵东晓，等.微波协同GSH消减泡菜中亚硝酸盐含量的工艺研究[J].中国调味品，2017，42(7)：55-62.

[63]苏扬，陈云川.泡菜的风味化学及呈味机理的探讨[J].中国调味品，2001(4)：27-31.

[64]张素华，葛庆丰，曹晓霞.全面提高腌泡菜质量的研究[J].江苏农业研究，2001(2)：72-75.

[65]杜晓华，刘书亮，蒲彪，等.植物乳杆菌纯种半固态发酵泡菜工艺条件的研究[J].中国酿造，2011(1)：63-65.

[66] FRodríguez－Gómez，JBautista－Gallego，VRomero－Gil，et al. Effects of salt mixtures on Spanish green table olive fermentation performance[J]. LWT-Food Science and Technology，2012，46（1）：56-63.

[67] 鲜双，姜林君，李艳兰，等. 不同方式发酵的哈密瓜幼果泡菜理化特性和氨基酸含量分析[J]. 食品与发酵工业，2021，47（5）：224-230.

[68] 王海平，黄和升，田青，等. 发酵方式对苤蓝泡菜品质的影响[J]. 中国调味品，2019，44（12）：126-129.

[69] 周情操. 豇豆泡制适性评价及脆性研究[D]. 武汉：华中农业大学，2007.

[70] 姚利玄. 腌制萝卜工艺及黄变与脆度的关系研究[D]. 武汉：华中农业大学，2010.

[71] 岳喜庆，杜书，武俊瑞，等. 酸菜自然发酵过程中的质地变化[J]. 食品与发酵工业，2013，39（4）：68-71.

[72] 周光燕，张小平，钟凯，等. 乳酸菌对泡菜发酵过程中亚硝酸盐含量变化及泡菜品质的影响研究[J]. 西南农业学报，2006，19（2）：290-293.

[73] 刘刚，邓钱江，汪淑芳，等. 发酵过程中韩式泡菜质构变化的研究[J]. 食品工业科技，2017，38（15）：112-116.

[74] 林燕文. 罗汉果在乳酸菌制剂发酵食品泡菜中的应用研究[J]. 食品工业科技，2008（1）：220-224.

[75] FU S G，YOON Y，BAZEMORE R. Aroma－active components in fermented bamboo shoots[J]. Journal of Agricultural and Food Chemistry，2002，50（3）：549-554.

[76] KANG J H，LEE JH，MIN D B，et al. Changes of Volatile Compounds, Lactic Acid Bacteria, pH, and Headspace Gases in Kimchi, a Traditional Korean Fermented Vegetable Product[J]. Journal of Food Science，2003，68（3）：849-854.

[77] ZHAO D Y，TANG J，DING XL. Analysis of volatile components during potherb mustard（Brassica juncea，Coss.）pickle fermentation using SPME-GC-MS[J]. LWT-Food Science and Technology，2005，40（3）：439-447.

[78] 徐芳，肖更生，唐道邦，等. 顶空固相微萃取与气质联用测定橄榄盐坯中活性风味物质的研究[J]. 广东农业科学，2011，38（8）：135-141.

[79] 陈功，张其圣，余文华，等. 四川泡菜挥发性成分及主体风味物质的研究（二）[J]. 中国酿造，2010（12）：19-23.

[80]徐丹萍,蒲彪,罗松明,等. 泡菜自然发酵过程中品质及挥发性成分分析[J]. 食品工业科技, 2015, 36(13): 288-297.

[81]曹东. 新型白萝卜泡菜正反压生产工艺优化与货架期预测模型建立[D]. 成都:西华大学, 2017.

[82]周相玲,胡安胜,王彬,等. 人工接种泡菜与自然发酵泡菜风味物质的对比分析[J]. 中国酿造, 2011(1): 159-160.

[83]徐丹萍. 结球甘蓝泡菜发酵过程中挥发性成分分析[D]. 成都:四川农业大学, 2015.

第2章 不同发酵方式下4种泡菜化学指标的变化分析

第1节 不同发酵方式下甘蓝泡菜化学指标的变化分析

1 材料与方法

1.1 实验材料

甘蓝、白糖、生姜、干花椒、红辣椒、八角、蒜、高粱酒、青椒等,购于运城市感恩广场;泡菜盐,青海省盐业股份有限公司茶卡制盐分公司;泡菜酸菜乳酸菌制剂发酵粉,北京川秀国际贸易有限公司;老坛母水,四川省成都市蓉城味道商贸有限公司。

1.2 实验试剂

草酸、抗坏血酸、碘化钾、可溶性淀粉、碘酸钾、2,6-二氯靛酚、碳酸氢钠、酚酞、氢氧化钠、氯化钠、亚铁氰化钾、乙酸锌、盐酸、盐酸萘乙二胺、亚硝酸钠、硫酸铜、酒石酸钾、葡萄糖、亚甲基蓝、铬酸钾、硝酸银(分析纯),天津市大茂化学试剂厂;甲醛溶液(分析纯),洛阳昊华化学实剂有限公司;对氨基苯磺酸、硼砂(分析纯),天津市瑞金特化学品有限公司。

1.3 仪器与设备

JJ-2型组织捣碎匀浆机,江苏省金坛市荣华仪器制造有限公司;HH-4数显恒温水浴锅,江苏省金坛市荣华仪器制造有限公司;FA2004分析天平,上海精密科学仪器有限公司;PHS-3C型pH计,上海仪电科学仪器有限公司;盐度计,上海淋誉贸易有限公司;UV-5500紫外分光光度计,上海元析仪器有限公司;HJ-3恒温磁力搅拌器,常州国华电器有限公司;SPX-100B型生化培养箱,上海博迅实业有限公司医疗设备厂;TDL6M台式低速冷冻离心机,湖南赫西仪器有限公司。

1.4 实验方法

1.4.1 泡菜的制作

1.4.1.1 基本配方

甘蓝500 g、水1000 g、泡菜盐60 g、生姜8 g、八角5 g、花椒10 g、大蒜6 g、干

辣椒 6 g。

1.4.1.2 工艺流程

盐水、调味料
↓

甘蓝→挑选→整理→清洗→沥干→切分→装坛→密封发酵→成品

1.4.1.3 操作要点

(1)挑选:挑选色泽正、无破裂、无病虫害、无枯烂叶的新鲜甘蓝。

(2)清洗、沥干、切分:将甘蓝叶片用清水冲洗干净,沥干表面水分后,切成 2 cm×5 cm 的长条。

(3)盐水:按配方在锅内加入水、泡菜盐,加热煮沸后,冷却备用。

(4)装坛:按配方将甘蓝、盐水、调味料装入已消毒好的泡菜坛内。

(5)密封发酵:坛沿加水密封,在室温条件下发酵。

1.4.1.4 发酵方式

(1)自然发酵:按上述基本配方、工艺流程和操作要点进行操作。

(2)乳酸菌制剂发酵:在泡菜液中加入甘蓝质量分数 2% 的泡菜乳酸菌制剂发酵剂,其他操作同自然发酵。

(3)老泡菜水发酵:将盐水替换成等质量的老泡菜水,然后补加泡菜盐使泡菜液的盐浓度为 6%,其他操作同自然发酵。

(4)自制泡菜菌发酵:将高粱酒(53% vol)与食盐水(质量浓度为 6%)按体积比例 1:20 混合,然后加入总质量 5% 的青椒、调味料,密封,室温发酵 5~6 d,待青椒变黄后,自制泡菜菌发酵液制成。按甘蓝与自制泡菜菌发酵液质量比 1:2 的比例装入泡菜坛中,然后补加泡菜盐使泡菜液的盐浓度为 6%,其他操作同自然发酵方式。

1.4.1.5 样品取样方式

4 种发酵方式的甘蓝泡菜均做 3 组平行,密封发酵 10 d,每隔 2 d 取 1 次样,开始发酵前开始,共采样 6 次,测其甘蓝泡菜的 pH、总酸、总糖、维生素 C、盐含量、亚硝酸盐、氨基酸态氮含量等化学指标,最后求平均值。

1.4.2 测定方法

1.4.2.1 pH 的测定

采用酸度计法,参考国标 GB/T 10468—1989《水果和蔬菜产品 pH 值的测定方法》。

1.4.2.2 总酸的测定

采用酸碱滴定法,参照 GB/T 12456—2021《食品安全国家标准 食品中总酸的测定》。

1.4.2.3 总糖的测定

采用直接滴定法,参考王海平的方法。

1.4.2.4 维生素 C 的测定

采用 2,6-二氯靛酚滴定法,参照 GB 5009.86—2016《食品安全国家标准 食品中抗坏血酸的测定》。

1.4.2.5 盐含量的测定

参考赵江欣的方法。

1.4.2.6 亚硝酸盐含量的测定

采用盐酸萘乙二胺法,参照 GB 5009.33—2016《食品安全国家标准 食品中亚硝酸盐与硝酸盐的测定》,亚硝酸钠标准曲线见图 2.1.1,标准曲线为 $y = 0.01x + 0.0025$,$R^2 = 0.9988$。

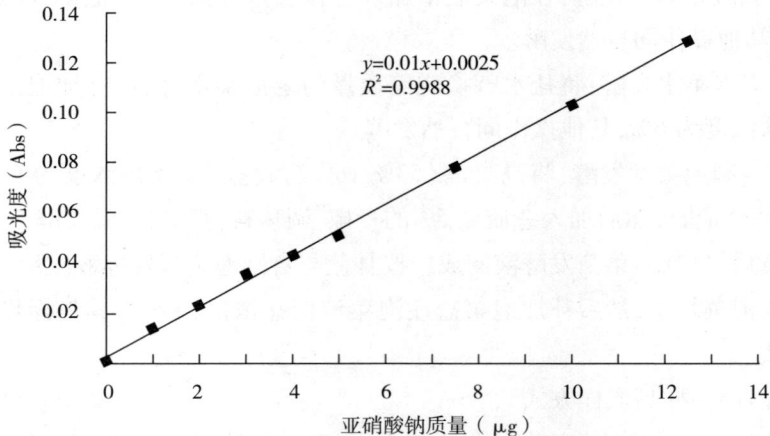

图 2.1.1 亚硝酸钠标准曲线

1.4.2.7 氨基酸态氮含量的测定

采用酸度计法,参照 GB 5009.235—2016《食品安全国家标准 食品中氨基酸态氮的测定》。

2　结果与分析

2.1　不同发酵方式下甘蓝泡菜 pH 的变化

pH 是发酵过程中的重要参数,它影响着泡菜成品的成熟度,并对发酵的风味产生一定影响,4 种不同发酵方式下甘蓝泡菜 pH 的变化见图 2.1.2。

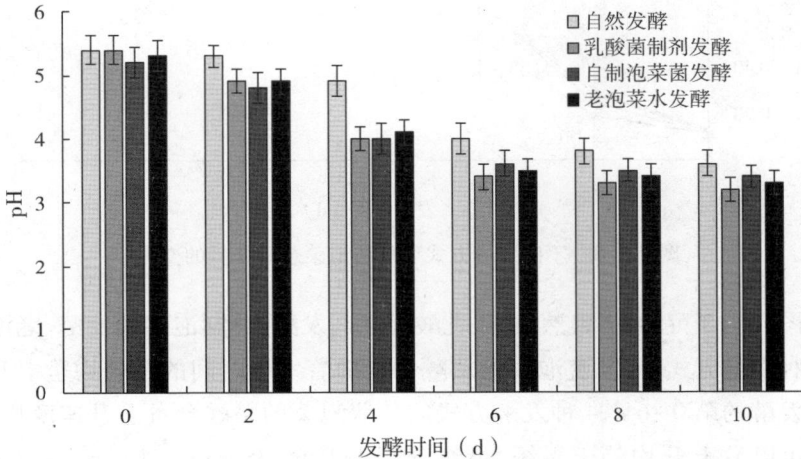

图 2.1.2　不同发酵方式下甘蓝泡菜 pH 的变化

由图 2.1.2 可知,在自然发酵、乳酸菌制剂发酵、自制泡菜菌发酵、老泡菜水发酵 4 种发酵方式下,甘蓝泡菜的 pH 随着发酵时间的延长均呈下降的趋势。在发酵的前 6 d,4 种发酵方式的甘蓝泡菜的 pH 下降速度均迅速,第 6 d 以后下降均趋于平稳,最终分别下降至(3.6±0.20)、(3.2±0.19)、(3.4±0.18)、(3.3±0.18)。pH 下降是由于乳酸菌在发酵期间产生的各种酸引起的。在整个发酵过程中,乳酸菌制剂发酵、自制泡菜菌发酵、老泡菜水发酵 3 种发酵方式的 pH 始终低于自然发酵方式,这是由于乳酸菌制剂中含有经过筛选的活力较强、产酸速度快的乳酸菌菌种,自制泡菜菌发酵和老泡菜水发酵方式的泡菜液是经过较长时间发酵的、本身具有一定酸度的泡菜水,自然发酵仅靠甘蓝原料所带的乳酸菌进行发酵完成,乳酸菌活力弱,产酸速度慢。

2.2　不同发酵方式下甘蓝泡菜总酸的变化

发酵液是乳酸发酵进行的主环境,发酵液总酸含量的多少显示泡菜乳酸菌活动进行的程度,4 种不同发酵方式下甘蓝泡菜的总酸的变化见图 2.1.3。

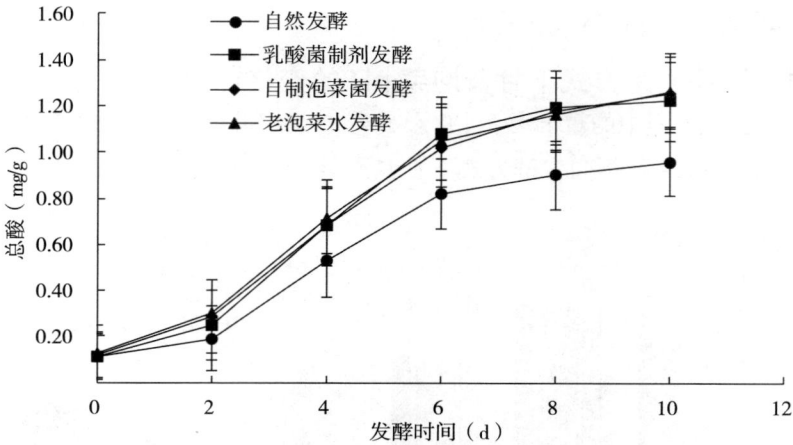

图 2.1.3　不同发酵方式下甘蓝泡菜总酸含量的变化

由图 2.1.3 可知,在自然发酵、乳酸菌制剂发酵、自制泡菜菌发酵、老泡菜水发酵 4 种发酵方式下,甘蓝泡菜的总酸含量随着发酵时间的延长均呈上升的趋势。在发酵的第 0~6 d,4 种发酵方式的甘蓝泡菜的总酸含量上升速度均较快,到第 6 d 以后上升均趋于平缓,最终分别上升至(0.96±0.15)mg/g、(1.22±0.17)mg/g、(1.25±0.16)mg/g、(1.26±0.17)mg/g,这是由于在发酵前期乳酸菌的代谢活动比较旺盛,酸的生成速率比较快,而在发酵后期,甘蓝泡菜的酸度升高,进而抑制乳酸菌本身的生理代谢活动,从而酸含量上升变得平缓。在整个发酵过程中,乳酸菌制剂发酵、自制泡菜菌发酵、老泡菜水发酵 3 种发酵方式的总酸含量始终高于自然发酵方式,这是由于乳酸菌制剂中具有经过筛选的具有耐酸能力和产酸能力均强的乳酸菌菌种,自制泡菜菌发酵和老泡菜水发酵方式的泡菜液中含有经过较长时间发酵的泡菜水,其中的乳酸菌产酸能力较强,自然发酵方式依靠甘蓝原料携带的少量乳酸菌进行产酸,乳酸菌数量少、产酸能力弱。

2.3　不同发酵方式下甘蓝泡菜总糖的变化

总糖是甘蓝泡菜重要的质量指标,它反映的是泡菜中可溶性单糖和低聚糖的总量,其含量高低对于泡菜的色、香、味、组织状态等有一定的影响。4 种不同发酵方式下甘蓝泡菜总糖含量的变化见图 2.1.4。

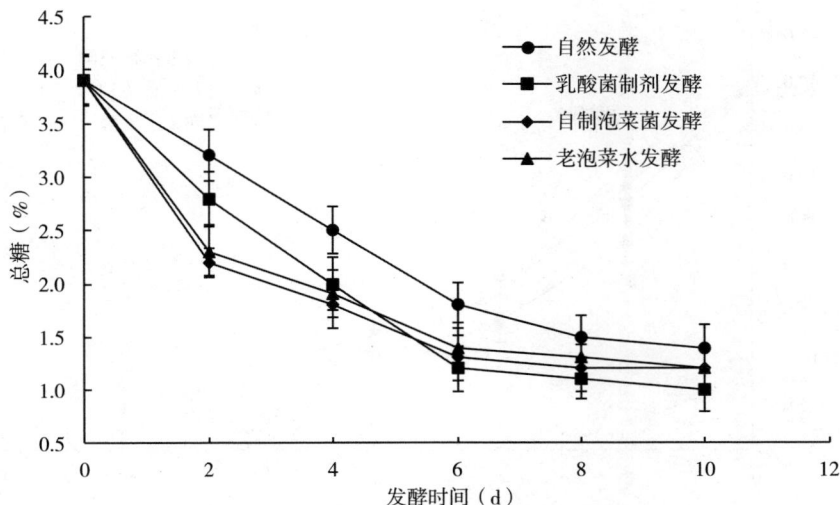

图 2.1.4　不同发酵方式下甘蓝泡菜总糖含量的变化

由图 2.1.4 可知,在自然发酵、乳酸菌制剂发酵、自制泡菜菌发酵、老泡菜水发酵 4 种发酵方式下,甘蓝泡菜的总糖含量随发酵时间的延长均呈下降趋势,这是由于乳酸菌等相关微生物利用甘蓝原料中的碳源进行生长繁殖,将其分解为乳酸或其他代谢产物。自然发酵在整个发酵过程中的下降趋势都比较平缓,而乳酸菌制剂发酵、自制泡菜菌发酵、老泡菜水发酵 3 种发酵方式在第 0~6 d 期间下降速率较快,第 6~10 d 期间基本趋于稳定,发酵至终点时,4 种发酵方式的总糖含量无明显差异,均降至 1.2% 左右。

2.4　不同发酵方式下甘蓝泡菜维生素 C 含量的变化

维生素 C 是一种水溶性维生素,易溶于水,呈酸性,在水溶液环境中呈现不稳定性,4 种不同发酵方式下甘蓝泡菜维生素 C 含量的变化见图 2.1.5。

由图 2.1.5 可知,在自然发酵、乳酸菌制剂发酵、自制泡菜菌发酵、老泡菜水发酵 4 种发酵方式下,甘蓝泡菜的维生素 C 含量随发酵时间的延长均呈下降趋势。在发酵前期,4 种发酵方式的甘蓝泡菜的维生素 C 含量下降均非常迅速,在发酵后期下降趋势变缓,这是由于在发酵前期,甘蓝原料中一部分维生素 C 会溶解于泡菜液中,还有一部分被泡菜坛中的空气氧化,因而维生素 C 降低幅度较大,而在发酵后期,发酵的厌氧环境和酸性环境能够抑制维生素 C 的氧化,有利于维生素 C 的保存。在整个发酵过程中,自然发酵方式的维生素 C 含量始终低于其他 3 种发酵方式,在发酵至终点时与乳酸菌制剂发酵方式的值比较接近,分别为(2.2±1.2)mg/100 g、(6.8±1.4)mg/100 g、(4.9±1.5)mg/100 g、(4.6±1.2)mg/100 g。

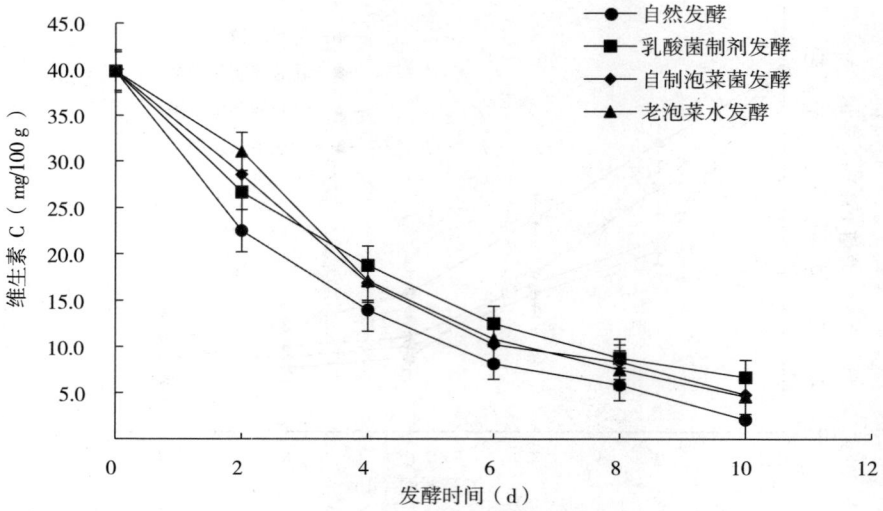

图 2.1.5　不同发酵方式下甘蓝泡菜维生素 C 含量的变化

2.5　不同发酵方式下甘蓝泡菜盐含量的变化

盐是泡菜咸味的主要组成物质,而且是泡菜发酵过程中影响微生物生长和代谢的最重要因素之一。在甘蓝泡菜的发酵过程中,食盐主要靠渗透作用进入泡菜,4 种不同发酵方式下甘蓝泡菜盐含量的变化见图 2.1.6。

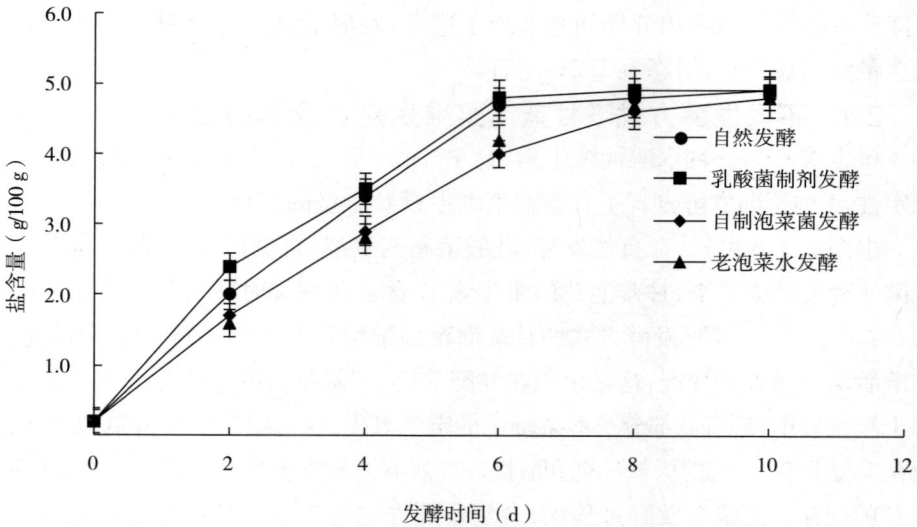

图 2.1.6　不同发酵方式下甘蓝泡菜盐含量的变化

由图 2.1.6 可知,在自然发酵、乳酸菌制剂发酵、自制泡菜菌发酵、老泡菜水发酵 4 种发酵方式下,甘蓝泡菜的盐含量随发酵时间的延长均呈先上升后趋于平衡的趋势,自然发酵和乳酸菌制剂发酵在第 6 d 时,盐含量基本达到平衡值 4.9 g/100 g 左右,自制泡菜菌发酵和老泡菜水发酵在第 8 d 时,盐含量基本达到平衡值 4.7 g/100 g 左右;在整个发酵过程中,自制泡菜菌发酵和老泡菜水发酵方式的盐含量始终低于自然发酵和乳酸菌制剂发酵方式,这可能是由于自制泡菜菌发酵和老泡菜水发酵方式的泡菜液中含有有机酸、色素、氨基酸等大分子物质,不利于食盐扩散至甘蓝的组织中。在发酵至终点时,4 种发酵方式的盐含量无明显差异,均上升至 4.9 g/100 g 左右。

2.6　不同发酵方式下甘蓝泡菜亚硝酸盐含量的变化

亚硝酸盐含量是评价泡菜安全性的重要指标,主要来源于泡制过程中细菌产生的硝酸还原酶还原甘蓝原料中的硝酸盐为亚硝酸盐,国家对泡菜中亚硝酸盐的含量有着严格的要求,不同发酵方式下甘蓝泡菜亚硝酸盐含量的变化见图 2.1.7。

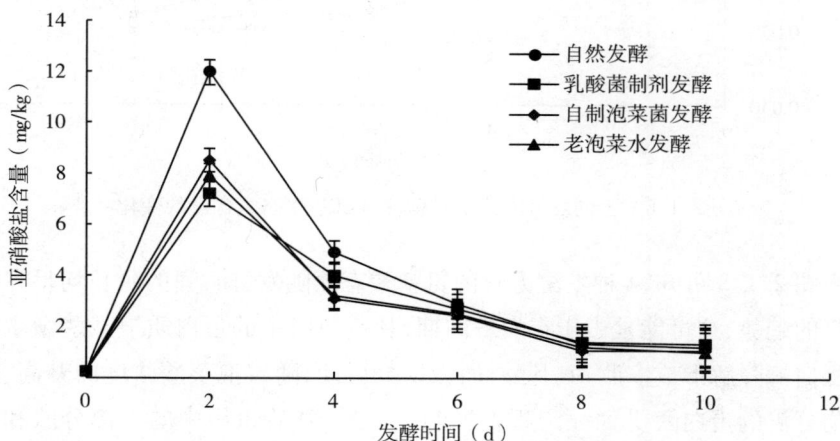

图 2.1.7　不同发酵方式下甘蓝泡菜亚硝酸盐含量的变化

由图 2.1.7 可知,在自然发酵、乳酸菌制剂发酵、自制泡菜菌发酵、老泡菜水发酵 4 种发酵方式下,甘蓝泡菜的亚硝酸盐含量随发酵时间的延长均呈先上升后下降的趋势。4 种发酵方式的泡菜在发酵的第 2 d 均达到“亚硝峰”,其中自然发酵的“亚硝峰”最高,含量为(12±0.48) mg/kg,这是由于在发酵初期革兰氏阴性菌、黄杆菌等微生物将蔬菜中的硝酸盐还原为亚硝酸盐,从而导致亚硝峰出现,在发酵的中、后期,乳酸菌成为优势菌群后会产生亚硝酸盐降解酶,从而迅速降解泡菜中的亚硝酸盐,使亚硝酸盐含量下降。在发酵终点时,4种发酵方式含量均降至1.1 mg/kg左右,无显著性差异,均符合国家标准亚硝酸盐含量不得超过20 mg/kg的要求,表明4种发酵方式的甘蓝泡菜均满足食品安全要求。

2.7 不同发酵方式下甘蓝泡菜氨基酸态氮含量的变化

氨基酸态氮是评价泡菜品质的一个重要指标,不同发酵方式下甘蓝泡菜氨基酸态氮含量的变化见图2.1.8。

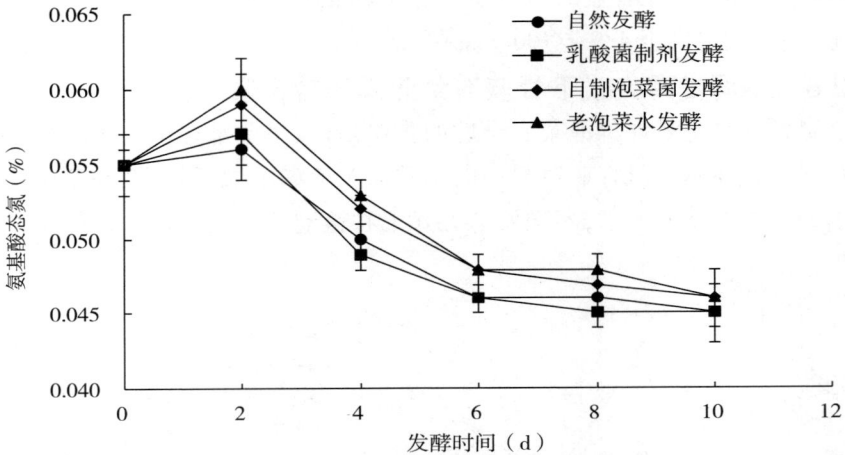

图2.1.8 不同发酵方式下甘蓝泡菜氨基酸态氮含量的变化

由图2.1.8可知,4种发酵方式的氨基酸态氮随发酵时间的延长均呈先上升后下降的趋势,这可能是由于在发酵前期,甘蓝原料中的蛋白质被某些微生物分泌的蛋白酶降解形成多肽、氨基酸,而在发酵后期,随着泡菜酸浓度的升高,这些微生物分泌的蛋白酶受到一定程度抑制。另外,甘蓝组织中的一部分肽和氨基酸会不断渗透进入泡菜液中;在整个发酵过程中,自制泡菜菌发酵、老泡菜水发酵方式的氨基酸态氮含量始终高于自然发酵和乳酸菌制剂发酵方式,这可能是由于自制泡菜菌发酵和老泡菜水发酵的泡菜液中的氨基酸、多肽会渗透进入甘蓝组织中;发酵至终点时,4种发酵方式的氨基酸态氮均下降至0.45%左右,无显著性差异。

3 结论

采用自然发酵、乳酸菌制剂发酵、自制泡菜菌发酵、老泡菜水发酵4种发酵方式制作甘蓝泡菜,对甘蓝泡菜发酵过程中第 0~10 d 的 pH、总酸度、维生素 C、盐含量、亚硝酸盐等化学指标进行检测,得到以下结论:

(1)随着发酵的进行,4 种发酵方式的甘蓝泡菜 pH、总糖、维生素 C 含量均呈不断下降的变化趋势;发酵至终点时,4 种发酵方式的 pH 均下降至 3.4 左右,总糖含量均降至 1.2% 左右,无显著性差异,4 种发酵方式的维生素 C 含量存在显著性差异。

(2)4 种发酵方式的甘蓝泡菜总酸、盐含量均呈不断上升的变化趋势,4 种发酵方式甘蓝泡菜的总酸含量、盐含量在发酵第 0~6 d 上升速度均较快,第 6 d 以后总酸上升均趋于平缓,盐含量基本趋于稳定。

(3)4 种发酵方式的甘蓝泡菜亚硝酸盐、氨基酸态氮含量均呈先上升后下降的变化趋势,4 种发酵方式的泡菜在发酵第 2 d 均达到"亚硝峰",发酵至终点时,亚硝酸盐含量均符合国家标准要求,4 种发酵方式的氨基酸态氮均下降至 0.45% 左右,无显著性差异。

第 2 节　不同发酵方式下萝卜泡菜化学指标的变化分析

1　材料与方法

1.1　材料与试剂

1.1.1　材料

新鲜萝卜、泡菜盐、花椒、八角、生姜、冰糖、辣椒、高粱酒、青椒等,均购于运城市佳缘超市;乳酸菌制剂发酵粉,北京川秀国际贸易有限公司;泡菜母水,四川李记酱菜调味品有限公司。

1.1.2　试剂

同本章第 1 节"1.2 实验试剂"。

1.2　仪器与设备

同本章第 1 节"1.3 仪器与设备"。

1.3　实验方法

1.3.1　泡菜的制作

1.3.1.1　基本配方

萝卜 500 g、水 1000 mL、泡菜盐 60 g、冰糖 30 g、蒜 20 g、姜 20 g、八角 4 g、花椒 4 g。

1.3.1.2　工艺流程

水、盐、冰糖、调味料

↓

原材料→清洗→沥干→切分→装坛→水封→发酵→成品

1.3.1.3　制作要点

（1）自然发酵:将萝卜整理洗净并去除表皮杂质,用纯净水清洗干净,沥干水分后,切成 1 cm×1 cm×3 cm 块状,按上述配方入坛,加水密封,于室温条件下发酵。

（2）乳酸菌制剂发酵:入坛时加入萝卜质量分数 2% 的泡菜乳酸菌制剂发酵剂,其他制作工艺同自然发酵。

（3）老泡菜水发酵:将1000 mL 水、60 g 泡菜盐替换成等质量的老泡菜水,然后补加泡菜盐使最终泡菜液的盐浓度为6%,其他制作工艺同自然发酵。

（4）自制泡菜菌发酵:将高粱酒(53% vol)与食盐水(质量浓度为6%)按体积比例1:20 混合,然后加入总质量5%的青椒和各种调味料,密封,室温发酵 5~6 d,待青椒变黄后,自制泡菜菌发酵液制成。按萝卜与自制泡菜菌发酵液质量比 1:2 的比例装入泡菜坛中,然后补加泡菜盐使泡菜液的盐浓度为6%,其他制作工艺同自然发酵方式。

1.3.2　采样方式

4 种发酵方式制作萝卜泡菜均做3 组平行,密封发酵 10 d,从第 0 d 开始,每隔 2 d 取 1 次样,共采样6 次,测其 pH、总酸、总糖、维生素 C、盐含量、亚硝酸盐、氨基酸态氮含量等化学指标,最后求平均值。

1.3.3　测定方法

同本章第 1 节"1.4.2 测定方法"。

2　结果与分析

2.1　萝卜泡菜发酵过程中 pH 的变化

不同发酵方式下,萝卜泡菜发酵过程中 pH 的变化见图 2.2.1。

由图 2.2.1 可知,4 种不同发酵方式的泡菜在发酵过程中随着时间的延长 pH 均呈下降趋势,采用自然发酵、乳酸菌制剂发酵方式的泡菜 pH 在 2 d 内均迅速下降至 4.2 左右,这是由于在发酵初期环境适宜,微生物特别是乳酸菌大量生长繁殖,产生相应代谢产物导致 pH 迅速降低,自然发酵在 2 d 后变动缓慢且幅度较小,到发酵后期逐渐趋于稳定,而乳酸菌制剂发酵一直处于明显的下降趋势,至发酵终点的 pH 与自制泡菜菌发酵、老泡菜水发酵方式几乎一致;自制泡菜

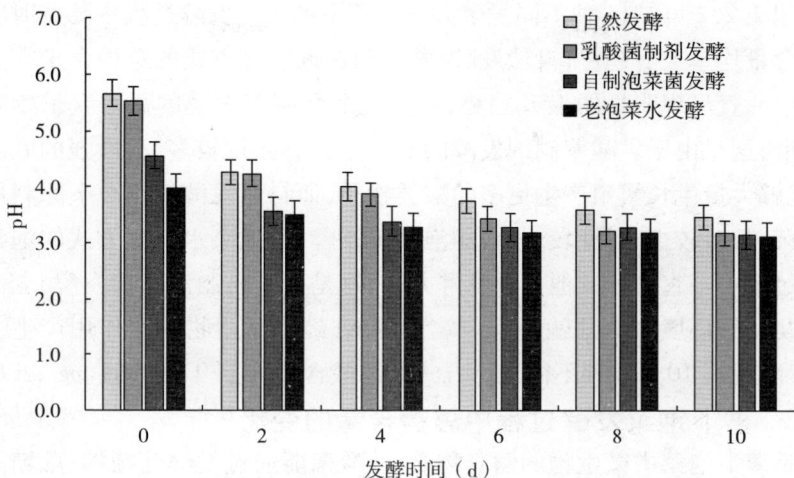

图 2.2.1　不同发酵方式下萝卜泡菜发酵过程中 pH 的变化

菌发酵、老泡菜水发酵方式的泡菜初始 pH 均较低,分别为 4.56、3.98,第 2 d 后均下降至 3.51 左右,之后趋于稳定,变化并不明显,可能是由于自制泡菜菌发酵、老泡菜水发酵的自身发酵环境本来就是一个完整的发酵体系微生物代谢维持动态平衡,产生的酸在一定程度上抑制了杂菌以及乳酸菌的生长;发酵至第 10 d,4 种不同发酵方式的 pH 均下降至 3.48 以下。

2.2　萝卜泡菜发酵过程中总酸含量的变化

不同发酵方式下,萝卜泡菜发酵过程中总酸含量的变化见图 2.2.2。

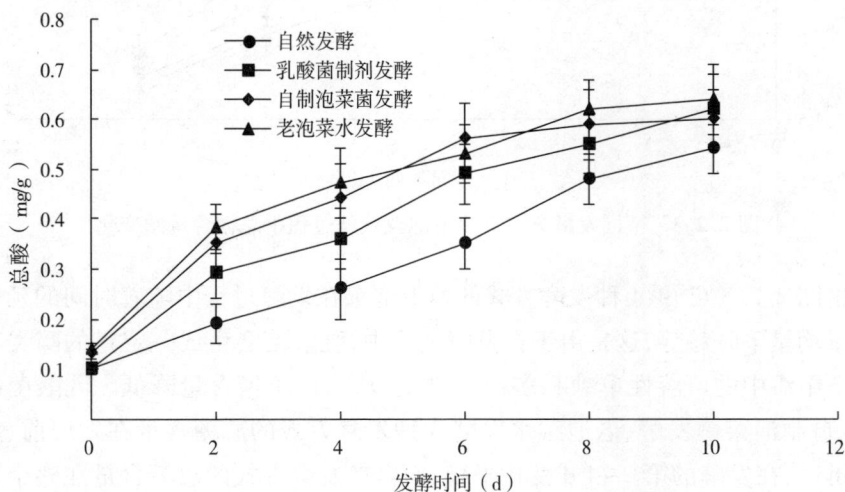

图 2.2.2　不同发酵方式下萝卜泡菜发酵过程中总酸的变化

由图 2.2.2 可知,4 种不同发酵方式的萝卜泡菜在发酵过程中随着时间的延长总酸含量均呈上升趋势,自然发酵、乳酸菌制剂发酵方式的总酸含量在整个发酵过程中一直呈现明显的上升趋势,并且乳酸菌制剂发酵的总酸含量始终高于自然发酵,这是由于乳酸菌制剂发酵的泡菜中含有数量较多、活性强的乳酸菌微生物,能够大量生长繁殖产生更多的酸类物质,而自然发酵仅靠萝卜原料所附着的乳酸菌,数量较少、活性较弱;自制泡菜菌发酵、老泡菜水发酵方式的泡菜在整个发酵过程中一直高于其他 2 种发酵方式,这是由于自制泡菜菌发酵、老泡菜水发酵在初始的环境中本身就含有一定量的酸,经过微生物代谢作用产生了更多的酸;发酵至第 10 d,4 种不同发酵方式的总酸含量均上升至 0.54 mg/g 以上。

2.3　萝卜泡菜发酵过程中总糖含量的变化

糖是萝卜泡菜中微生物的营养物质,乳酸菌能通过发酵葡萄糖、蔗糖等糖类产生乳酸,来改变泡菜的酸度。不同发酵方式下,萝卜泡菜发酵过程中总糖含量的变化见图 2.2.3。

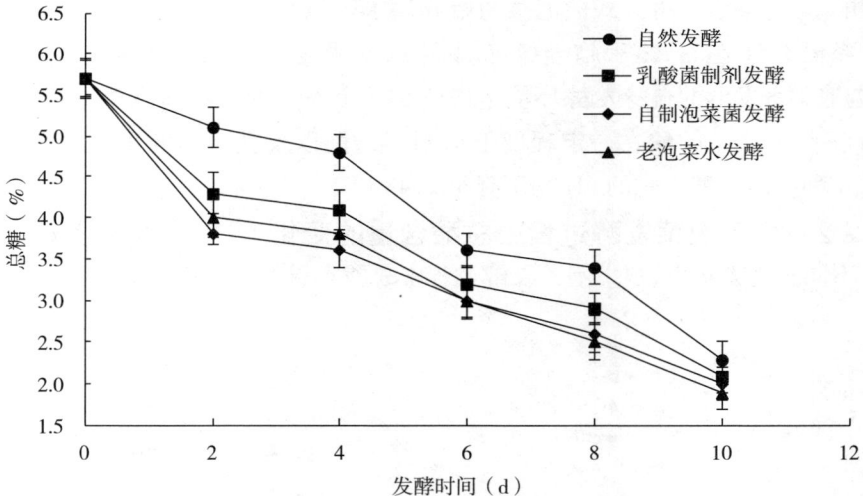

图 2.2.3　不同发酵方式下萝卜泡菜发酵过程中总糖含量的变化

由图 2.2.3 可知,4 种发酵方式的萝卜泡菜在发酵过程中随着时间的延长总糖含量均呈下降趋势,这是由于在发酵过程中,乳酸菌会生成一定量的酶类来水解萝卜组织中的可溶性单糖和多糖类物质,从而使总糖含量降低。乳酸菌制剂发酵、自制泡菜菌发酵、老泡菜水发酵 3 种发酵方式的总糖含量在发酵前、后期下降迅速,在发酵的第 2~4 d 变化平稳,而自然发酵方式的总糖含量在整个发酵过程中呈波折下降的趋势;发酵至终点时,4 种不同发酵方式的总糖含量均下降至 2.1%左右。

2.4　萝卜泡菜发酵过程中维生素 C 含量的变化

维生素 C 是衡量果蔬营养的重要指标之一,其易溶于水,在空气中容易被氧化,在酸性条件下稳定,因此泡菜的酸性环境对维生素 C 具有一定的保护作用。不同发酵方式下,萝卜泡菜发酵过程中维生素 C 含量的变化见图 2.2.4。

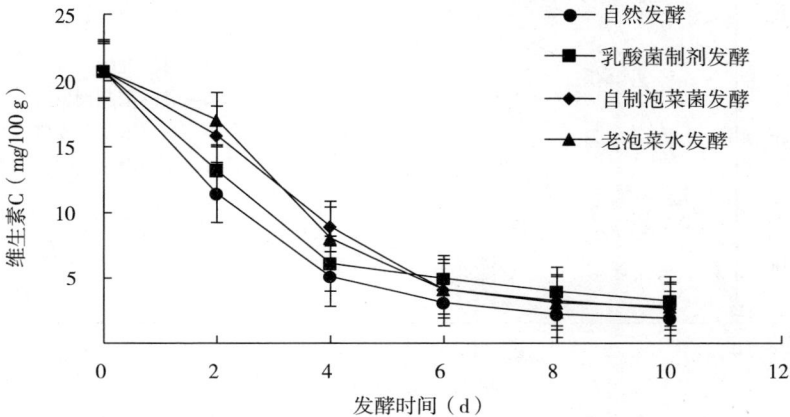

图 2.2.4　不同发酵方式下萝卜泡菜发酵过程中维生素 C 的变化

由图 2.2.4 可知,4 种不同发酵方式的萝卜泡菜在发酵过程中随着时间的延长维生素 C 含量均呈下降趋势,在第 0~6 d,4 种发酵方式的维生素 C 含量下降均显著,这可能有几方面的原因:一是在发酵过程中,食盐溶液产生较大的渗透压时,萝卜泡菜内的细胞开始质壁分离,造成维生素 C 等易溶于水的成分流失;二是维生素 C 在泡菜坛内被空气氧化,导致其含量降低幅度较大;三是在发酵过程中,维生素 C 被用于萝卜自身呼吸代谢消耗的底物。在发酵的第 6 d 以后,4种发酵方式的维生素 C 含量下降速度都有所减缓,发酵液的厌氧环境及乳酸菌产酸形成的酸性环境有益于维生素 C 的保存,减缓了氧化速度使维生素 C 的下降趋于缓和。在整个发酵过程中,乳酸菌制剂发酵、自制泡菜菌发酵、老泡菜水发酵 3 种发酵方式的维生素 C 含量始终高于自然发酵方式,这是因为 3 种发酵在发酵前期和中期,具有足够量的乳酸菌,乳酸菌迅速成为优势菌群,产酸量增加,维生素 C 更易在酸性的环境中保存。发酵至终点时,4 种不同发酵方式的维生素 C 含量差异显著,分别下降至(1.9±0.9)mg/100 g、(3.2±1.3)mg/100 g、(2.6±1.1)mg/100 g、(2.7±1.4)mg/100 g。

2.5　萝卜泡菜发酵过程中盐含量的变化

盐含量是影响萝卜泡菜细菌和真菌群落的最重要的理化因子,它可以影响泡菜发酵过程中微生物的数量。不同发酵方式下,萝卜泡菜发酵过程中盐含量的变化见图 2.2.5。

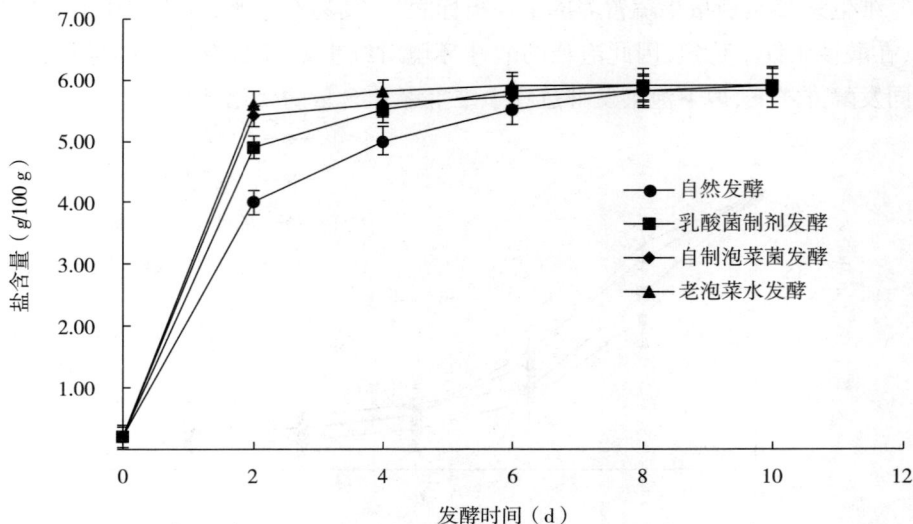

图 2.2.5　不同发酵方式下萝卜泡菜发酵过程中盐含量的变化

由图 2.2.5 可知,4 种不同发酵方式的萝卜泡菜在发酵过程中随着时间的延长盐含量均呈迅速上升后趋于平衡趋势。自然发酵方式的盐含量在发酵的第 8 d 基本达到泡菜体系盐浓度的 5.9 g/100 g 左右的平衡值,而其他 3 种发酵方式在发酵的第 4 d 或 6 d 基本达到平衡值,这是由于在整个发酵过程中,自制泡菜菌发酵、老泡菜水发酵 2 种发酵方式泡菜液中的乳酸含量高于乳酸菌制剂发酵,乳酸菌制剂发酵又高于自然发酵,而乳酸可以加快体系中食盐在泡菜中的渗透和迁移作用,增加发酵速率,导致萝卜组织中盐分含量增加,泡菜液中盐含量逐渐下降,最终泡菜体系中内外渗透压逐渐平衡,使盐含量变化趋于平衡。

2.6　萝卜泡菜发酵过程中亚硝酸盐含量的变化

亚硝酸盐是判断萝卜泡菜是否安全可食用的一个重要指标,它在一定条件下,与食物中蛋白质的分解物胺生成强致癌物亚硝胺。不同发酵方式下,萝卜泡菜发酵过程中亚硝酸盐含量的变化见图 2.2.6。

由图 2.2.6 可知,4 种发酵方式的亚硝酸盐随发酵时间的延长均呈先上升后下降的趋势,这是由于在泡菜的发酵初期,乳酸菌还不是优势菌种,萝卜泡菜中的杂菌会大量繁殖,亚硝酸盐也会随之迅速生成,而随着发酵活动的进行,当乳

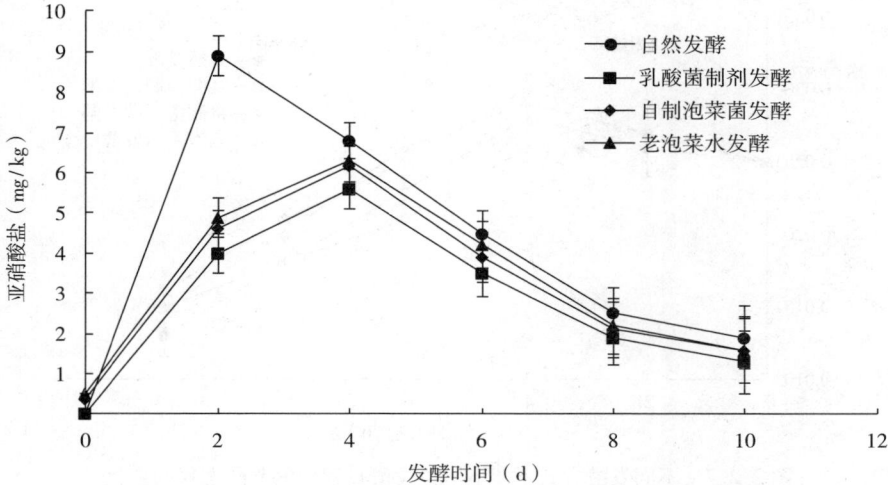

图 2.2.6　不同发酵方式下萝卜泡菜发酵过程中亚硝酸盐的变化

酸菌成为优势菌群后,它所产生的亚硝酸盐降解酶会迅速降解发酵环境中的亚硝酸盐,从而使亚硝酸盐含量下降,与此同时,乳酸菌抑制了其他杂菌如大肠杆菌的生命活动,也抑制了亚硝酸盐的产生,这几方面的综合作用决定了亚硝酸盐在泡菜中的出现时间及其最高含量。自然发酵在发酵第 2 d 达到"亚硝峰",其"亚硝峰"值为(8.9±0.48) mg/kg,其他 3 种发酵方式均在发酵第 4 d 达到"亚硝峰",其"亚硝峰"值分别为(5.6±0.48) mg/kg、(6.2±0.47) mg/kg、(6.3±0.52) mg/kg;发酵至终点时,4 种发酵方式的亚硝酸盐含量均下降至 1.9 mg/kg 以下,均未超过国家卫生标准 20 mg/kg 的要求。

2.7　萝卜泡菜发酵过程中氨基酸态氮含量的变化

氨基态酸氮是评价萝卜泡菜质量的重要指标之一,它主要反映的是泡菜中游离氨基酸的含量。不同发酵方式下,萝卜泡菜发酵过程中氨基态氮含量的变化见图 2.2.7。

由图 2.2.7 可知,4 种发酵方式的氨基酸态氮随发酵时间的延长均呈先上升后下降的趋势,这可能是由于在发酵前期,萝卜原料中的蛋白质被某些微生物分泌的蛋白酶降解形成多肽、氨基酸,而在发酵后期,随着泡菜酸浓度的升高,这些微生物分泌的蛋白酶受到一定程度抑制,另外可能是由于萝卜组织中的一部分肽、氨基酸会不断渗透进入到泡菜液中而导致萝卜泡菜中的氨基酸态氮含量逐渐减少;在发酵过程中,自然发酵方式的氨基酸态氮含量在第 2 d 达到最大值(0.029±0.002)%,之后开始下降,乳酸菌制剂发酵、自制泡菜菌发酵、老泡菜水

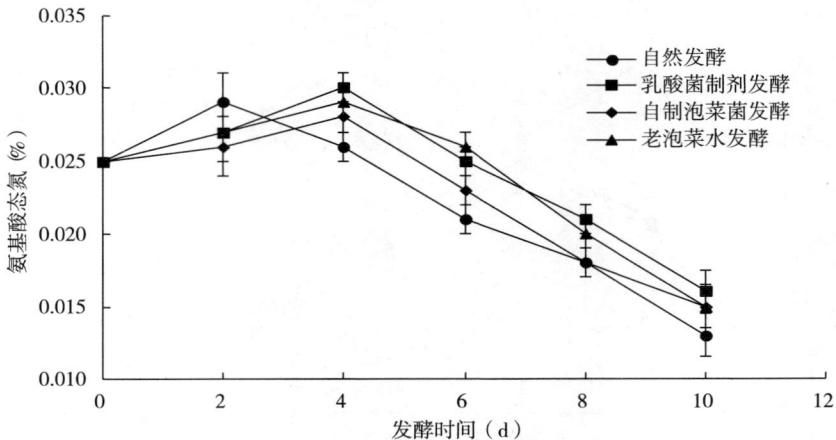

图 2.2.7　不同发酵方式下萝卜泡菜发酵过程中氨基酸态氮的变化

发酵方式在第 4 d 分别达到最大值(0.030±0.002)%、(0.028±0.002)%、(0.029±0.001)%以后开始下降;发酵至终点时,自然发酵方式的氨基酸态氮含量下降至 0.013%,其他 3 种发酵方式下降至 0.015%左右,自然发酵方式与其他 3 种发酵方式存在显著性差异($p<0.05$),而乳酸菌制剂发酵、自制泡菜菌发酵、老泡菜水发酵方式之间差异性不显著($p>0.05$)。

3　结论

采用自然发酵、乳酸菌制剂发酵、自制泡菜菌发酵、老泡菜水发酵 4 种发酵方式制作萝卜泡菜,对萝卜泡菜发酵过程中第 0~10 d 的 pH、总酸度、维生素 C、盐含量、亚硝酸盐等化学指标进行检测、比较,得到以下结论:

(1)随着发酵时间的延长,4 种发酵方式的萝卜泡菜 pH、总糖、维生素 C 含量均呈不断下降的变化趋势;发酵至第 10 d,4 种不同发酵方式的 pH 均达到了 3.48 以下,总糖含量均下降至 2.1%左右,差异性不显著;4 种不同发酵方式的维生素 C 含量差异性显著。

(2)4 种发酵方式的萝卜泡菜总酸、盐含量均呈不断上升的变化趋势,发酵至终点时,4 种发酵方式的总酸含量均上升至 0.54 mg/g 以上,盐含量均达到泡菜体系盐浓度的 6%左右的平衡值。

(3)4 种发酵方式的萝卜泡菜亚硝酸盐、氨基酸态氮含量均呈先上升后下降的变化趋势,发酵至终点时,4 种发酵方式的亚硝酸盐含量均下降至 1.9 mg/kg 以下,均符合国家标准要求,4 种发酵的氨基酸态氮含量最终均下降至 0.013%以下。

第 3 节　不同发酵方式下菊芋泡菜化学指标的变化分析

1　材料与方法

1.1　材料

菊芋,购于运城市北相镇农贸市场;花椒、大料、生姜、大蒜、辣椒、冰糖、高粱酒等,购于运城市佳缘超市;泡菜乳酸菌制剂发酵粉,北京川秀国际贸易有限公司;泡菜盐,四川省盐业总公司;泡菜母水,峨眉山久久香食品有限公司。

1.2　试剂

同本章第 1 节"1.2 实验试剂"。

1.3　仪器与设备

同本章第 1 节"1.3 仪器与设备"。

1.4　方法

1.4.1　泡菜的制备

1.4.1.1　基本配方

菊芋 750 g、纯净水 1500 g、泡菜盐 75 g、冰糖 25 g、花椒 8 g、大料 7 g、辣椒 4 g、蒜 20 g、生姜 15 g。

1.4.1.2　发酵方式

（1）自然发酵:将新鲜的菊芋用自来水清洗干净,并去除表面表皮杂质,再用纯净水清洗干净,晾干后切成 2 cm×2 cm×3 cm 的块状,装入提前消毒好的泡菜坛内,同时加入 5% 的盐水和冰糖、辣椒、蒜、生姜等调味料,密封后室温发酵。

（2）乳酸菌制剂发酵剂发酵:在装坛时,同时加入菊芋质量 2% 的泡菜乳酸菌制剂发酵粉,其他步骤同自然发酵。

（3）老泡菜水发酵:将经过几轮自然发酵的泡菜水作为老泡菜水,将盐水替换成等质量的老泡菜水,然后补加泡菜盐使泡菜液的盐浓度为 5%,其他步骤同自然发酵。

（4）自制泡菜菌发酵:将高粱酒（53% vol）与食盐水（质量浓度为 5%）按体积比例 1:18 混合,然后加入总质量 6% 的青椒,同时按配方中加入各种调味料,密封、室温发酵,大约 5~6 d 青椒变黄后,自制泡菜菌发酵液制成。按菊芋与自制泡菜菌发酵液质量比 1:2 的比例装入泡菜坛中,然后补加泡菜盐使泡菜液的盐浓度为 5%,其他步骤同自然发酵方式。

1.4.2　分析方法

1.4.2.1　样品处理

称取 100 g 菊芋,加入 100 mL 泡菜水,倒入组织捣碎机中制成匀浆备用。

1.4.2.2　测定方法

(1)pH:采用酸度计法,参考国标 GB/T 10468—1989《水果和蔬菜产品 pH 值的测定方法》。

(2)总酸:采用酸碱滴定法,参照 GB/T 12456—2021《食品安全国家标准 食品中总酸的测定》。

(3)总糖:参考王海平的方法。

(4)维生素 C:采用 2,6-二氯靛酚滴定法,参照 GB 5009.86—2016《食品安全国家标准 食品中抗坏血酸的测定》。

(5)盐含量:硝酸银滴定法,参考国标 GB 5009.44—2016《食品安全国家标准 食品中氯化物的测定》。

(6)亚硝酸盐:采用盐酸萘乙二胺比色法,参考国标 GB 5009.33—2016《食品安全国家标准 食品中亚硝酸盐与硝酸盐的测定》。以亚硝酸钠为标准品绘制标准曲线,所得标准曲线见图 2.3.1。

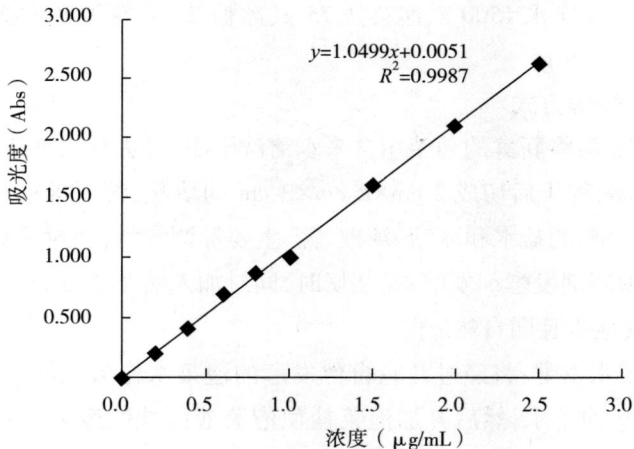

图 2.3.1　亚硝酸盐标准曲线

(7)氨基酸态氮:采用酸度计法,参照 GB 5009.235—2016《食品安全国家标准 食品中氨基酸态氮的测定》。

2　结果与分析

2.1　菊芋泡菜在不同发酵方式中 pH 的变化

菊芋泡菜在 4 种不同发酵方式中 pH 的变化见图 2.3.2。

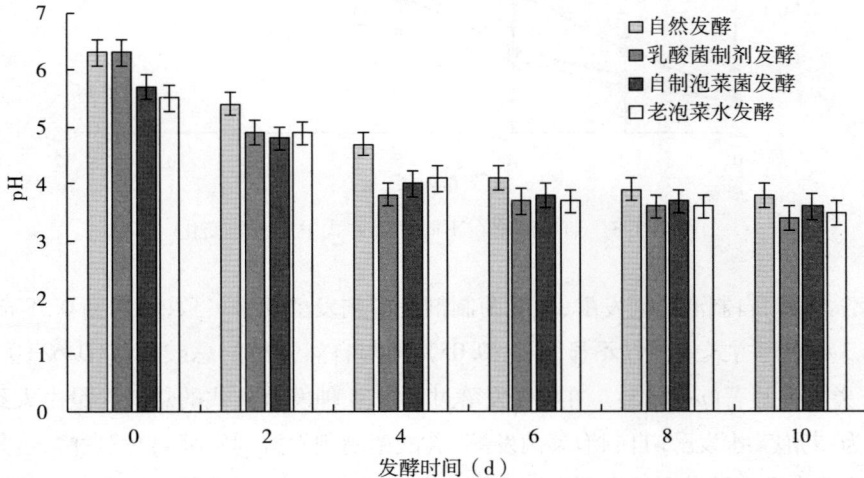

图 2.3.2　菊芋泡菜在不同发酵方式中 pH 的变化

由图 2.3.2 可知,4 种发酵方式的 pH 在发酵过程中均呈先下降后趋于稳定的变化趋势。4 种发酵方式的下降速率不同,其中乳酸菌制剂发酵剂发酵、自制泡菜菌发酵和老泡菜水发酵的 pH 下降速率相似,均在第 0~4 d 快速下降,第 4 d 后基本趋于稳定,发酵至第 10 d 时均降低至最小值 3.5 左右,自然发酵的 pH 在整个发酵过程中下降速率基本均匀,第 6 d 后下降幅度稍有减小,并且 pH 始终高于其他 3 种发酵方式,发酵至第 10 d 时下降至最低值(3.8±0.22),这是由于自制泡菜菌发酵、老泡菜水发酵本身的泡菜液中就含有一定量的乳酸菌,乳酸菌制剂发酵剂发酵方式添加了乳酸菌制剂发酵剂,因此在发酵初期乳酸菌代谢比较旺盛,繁殖速度快,导致 pH 下降迅速,而自然发酵仅靠菊芋原料本身携带的乳酸菌,数量少、活力弱,因此 pH 下降缓慢。

2.2　菊芋泡菜在不同发酵方式中总酸的变化

菊芋泡菜在 4 种不同发酵方式中总酸的变化见图 2.3.3。

由图 2.3.3 可知,4 种发酵方式的总酸在发酵过程中均呈不断上升的变化趋势。在发酵前期,老泡菜水发酵方式的总酸含量和增长速率明显大于其他 3 种发酵方式,但是在第 6 d 之后,老泡菜水发酵的上升速率明显减小,在发酵至第 10 d 时,

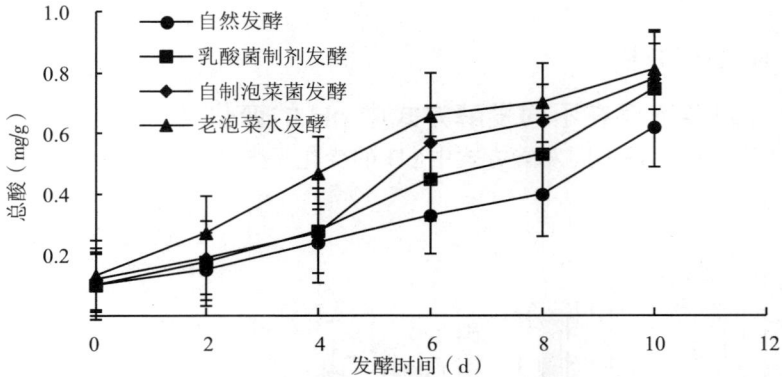

图 2.3.3　菊芋泡菜在不同发酵方式中总酸的变化

其总酸含量与自制泡菜菌发酵、乳酸菌制剂发酵剂发酵几乎一致,均达到 0.78 mg/g 左右,3 种发酵方式差异性不显著($p>0.05$),但与自然发酵的总酸含量(0.62 ± 0.13) mg/g 差异性显著($p<0.05$)。在整个发酵过程中,4 种发酵方式的总酸含量由大到小分别为:老泡菜水发酵>自制泡菜菌发酵>乳酸菌制剂发酵剂发酵>自然发酵,这是由于老泡菜水发酵是在多轮发酵中积累了多种酸性物质,自制泡菜菌发酵也已经过一轮的发酵含有一定数量的酸性物质,乳酸菌制剂是经过筛选的代谢比较旺盛、产酸速度快的菌种,而自然发酵方式的菊芋携带的乳酸菌生长缓慢、产酸速度也慢。

2.3　菊芋泡菜在不同发酵方式中总糖的变化

菊芋泡菜中的糖类物质不仅可以改善泡菜的风味,还会和有机酸、氨基酸等发生反应,生成酸、酯、醇、醛、酮和含硫化合物等风味物质。菊芋泡菜在 4 种不同发酵方式中总糖的变化见图 2.3.4。

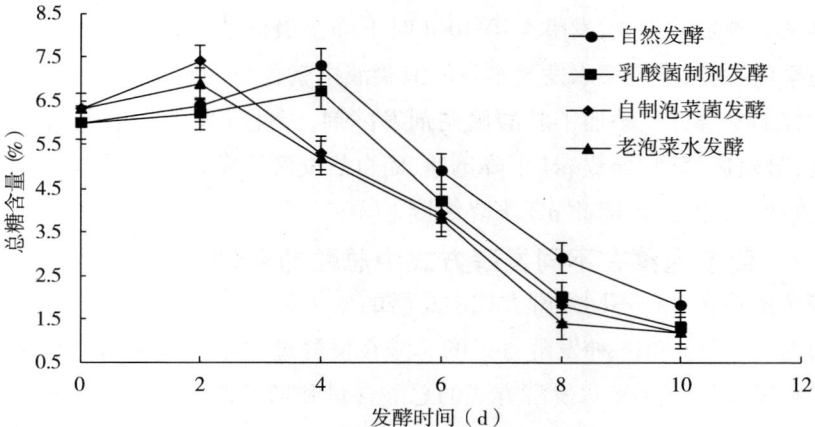

图 2.3.4　菊芋泡菜在不同发酵方式中总糖的变化

由图 2.3.4 可知,菊芋泡菜在 4 种不同发酵方式中,总糖含量呈先上升后下降的变化趋势,这是由于在发酵初期,菊芋原料中的多糖类物质降解为还原性单糖,并且微生物此时活动较弱,所利用的还原性单糖较少;在发酵中、后期,泡菜中的乳酸菌不断生长繁殖,需要大量的碳源,即使菊芋中的其他多糖类物质降解为还原性单糖,但由于微生物利用可溶性单糖速度大于其分解速度,因此发酵中后期的总糖含量呈逐渐下降趋势;自然发酵、乳酸菌制剂发酵剂发酵变化趋势基本一致,在第 4 d 分别上升至最大值 $(7.3\pm0.5)\%$、$(6.7\pm0.4)\%$ 后开始下降,自制泡菜菌发酵、老泡菜水发酵变化趋势基本一致,在第 2 d 分别上升至最大值 $(7.4\pm0.4)\%$、$(6.9\pm0.3)\%$ 后开始下降;发酵至终点时,自然发酵的总糖含量下降至 $(1.8\pm0.2)\%$,与其他 3 种发酵存在显著性差异 $(p<0.05)$,乳酸菌制剂发酵剂发酵、自制泡菜菌发酵、老泡菜水发酵的总糖含量均下降至 1.2% 左右。

2.4　菊芋泡菜在不同发酵方式中维生素 C 含量的变化

菊芋泡菜在 4 种不同发酵方式中维生素 C 含量的变化见图 2.3.5。

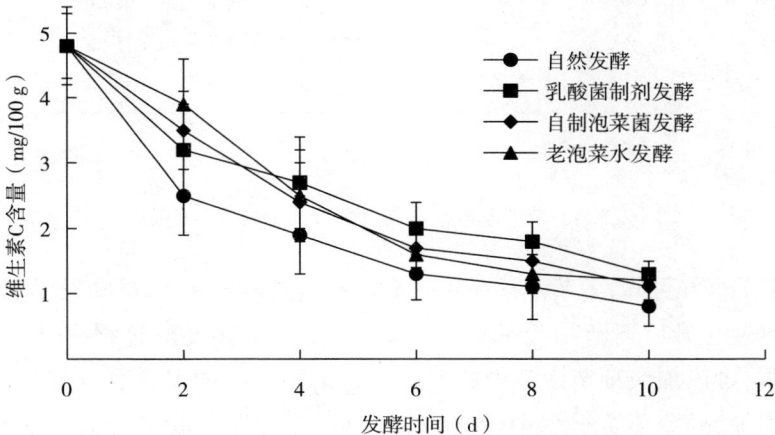

图 2.3.5　菊芋泡菜在不同发酵方式中维生素 C 的变化

由图 2.3.5 可知,菊芋泡菜在 4 种不同发酵方式中,维生素 C 含量随发酵时间的延长均呈下降趋势。4 种发酵方式维生素 C 含量在发酵前期下降均非常迅速,在发酵后期下降趋势变缓,这是由于发酵前期,菊芋组织中的一部分维生素 C 溶解于泡菜液中,还有一部分被泡菜坛内的空气所氧化,因而维生素 C 下降幅度较大,而在发酵后期,厌氧环境和酸性环境能够抑制维生素 C 的氧化,有利于维生素 C 的保存。在整个发酵过程中,自然发酵方式的维生素 C 含量始终低于其他 3 种发酵方式,在发酵至终点时,乳酸菌制剂发酵剂发酵、自制泡菜菌发酵、老泡菜水发酵3种发酵方式的维生素C含量比较接近,均下降至1.2 mg/100 g左右,而自然发酵下降至(0.8±0.3)mg/100 g,这是因为自然发酵的泡菜液的酸性物质含量低于其他3种发酵方式,而酸性环境能够有效抑制维生素C的氧化。

2.5 菊芋泡菜在不同发酵方式中盐含量的变化

盐对泡菜微生物及代谢影响主要由盐的浓度和不同种类的盐离子决定,适宜的盐浓度能有效抑制真菌和大肠杆菌的繁殖,菊芋泡菜在4种不同发酵方式中盐含量的变化见图2.3.6。

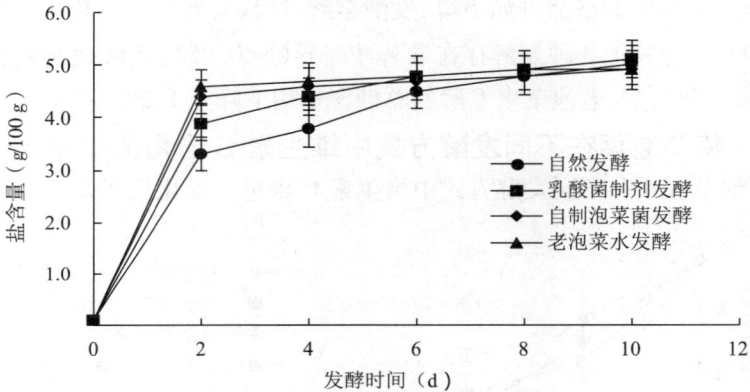

图2.3.6 菊芋泡菜在不同发酵方式中盐含量的变化

由图2.3.6可知,菊芋泡菜在4种不同发酵方式中,盐含量随发酵时间的延长均呈迅速上升后逐渐趋于平衡的趋势,这是由于在发酵过程中产生的各种酸类物质,可以加快菊芋泡菜中的食盐在泡菜体系中的渗透和迁移作用,使发酵速率增加,导致菊芋组织中盐分含量不断增加,泡菜液中的盐分逐渐下降,最终泡菜体系中内外渗透压逐渐达到平衡,使菊芋泡菜组织中的盐含量趋于稳定;自然发酵方式的盐含量在发酵的第8 d基本达到泡菜体系盐浓度的4.9 g/100 g左右的平衡值,而其他3种发酵方式在第6 d达到4.9 g/100 g左右的平衡值。

2.6 菊芋泡菜在不同发酵方式中亚硝酸盐的变化

亚硝酸盐是泡菜制品中重要的危害物,在人体胃酸条件下,亚硝酸盐能与食物中的仲胺、叔胺等含氮化合物反应生成强致癌物质 N-亚硝胺,严重损害人体健康。菊芋泡菜在4种不同发酵方式中亚硝酸盐的变化见图2.3.7。

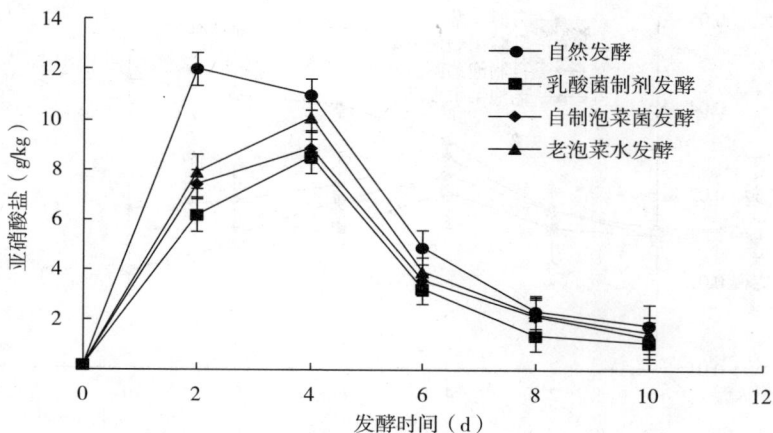

图 2.3.7　菊芋泡菜在不同发酵方式中亚硝酸盐的变化

由图 2.3.7 可知,在 4 种不同发酵方式下,菊芋泡菜的亚硝酸盐含量均随发酵时间的延长,呈先快速上升达到"亚硝峰"后又逐渐下降的趋势。自然发酵在第 2 d 达到"亚硝峰"值(12.0±0.68) mg/kg 后开始下降,乳酸菌制剂发酵剂发酵、自制泡菜菌发酵、老泡菜水发酵 3 种发酵方式在第 4 d 分别达到"亚硝峰"值,分别为(8.5±0.68) mg/kg、(8.9±0.67) mg/kg、(10.1±0.62) mg/kg,这可能是由于发酵初期乳酸菌繁殖缓慢,活力处于较低水平,而其他微生物生长代谢旺盛,其中一部分杂菌能分泌硝酸盐还原酶及菊芋本身存在硝酸盐还原酶,使泡菜内的硝酸盐在硝酸盐还原酶的作用下还原为亚硝酸盐,导致泡菜内亚硝酸盐含量的不断累积直至达到"亚硝峰"。随着发酵时间的延长,泡菜坛内好氧性微生物进行有氧呼吸,消耗坛内氧气并逐渐形成无氧状态,乳酸菌因此成为优势菌,生长代谢旺盛并产生大量乳酸,泡菜液的酸度升高,抑制了不抗酸的大肠杆菌、酵母菌等杂菌的生长代谢活动,导致亚硝酸盐生成量减少,同时积累的亚硝酸盐在亚硝酸盐还原酶的作用下通过氮代谢途径转化成胺。另外,泡菜中的酸含量达到一定值后,亚硝酸盐会发生酸降解,均使亚硝酸盐的分解速度加快,直至亚硝酸盐的生成量和消耗量达到动态平衡,亚硝酸盐含量基本维持稳定。发酵至终点时,4 种发酵方式的亚硝酸盐含量均小于 1.8 mg/kg,完全符合国标小于 20 mg/kg 的标准要求。

2.7　菊芋泡菜在不同发酵方式中氨基酸态氮含量的变化

菊芋泡菜在 4 种不同发酵方式中氨基酸态氮含量的变化见图 2.3.8。

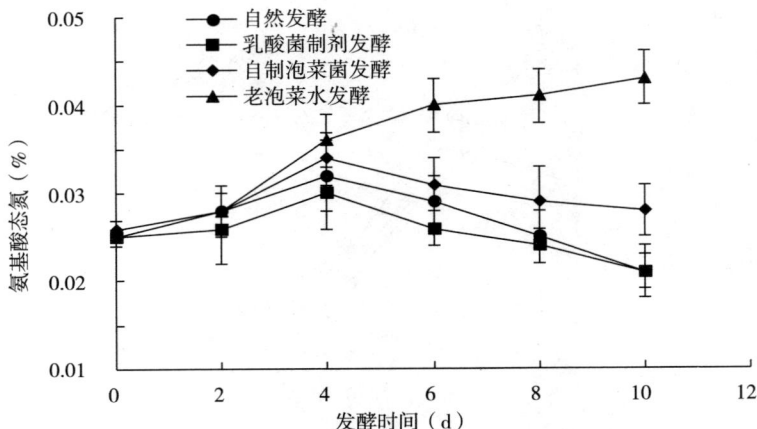

图 2.3.8　菊芋泡菜在不同发酵方式中氨基酸态氮值的变化

由图 2.3.8 可知,自然发酵、乳酸菌制剂发酵剂发酵、自制泡菜菌发酵 3 种发酵方式的氨基酸态氮含量随发酵时间的延长呈先上升后下降的趋势,在发酵的第 4 d 均上升至最高值 (0.032±0.004)% 后开始下降;而老泡菜水发酵方式在整个发酵过程中,随发酵时间的延长一直呈上升的变化趋势。在发酵的第 0~4 d,4 种发酵方式的氨基态氮含量均上升,这可能是由于菊芋中的蛋白质被微生物分泌的蛋白酶分解为多肽、氨基酸,在第 4 d 后老泡菜水发酵的氨基酸态氮含量继续上升,可能是由于老泡菜水的一部分氨基酸在发酵过程中渗透到菊芋中,其他 3 种发酵在第 4 d 达到最大之后开始下降,可能是由于菊芋泡菜中的多肽、氨基酸被微生物生长繁殖所利用或者一部分肽、氨基酸会渗透到泡菜液中;发酵至终点时, 4 种发酵方式的氨基酸态氮含量分别为 (0.021±0.003)%、(0.021±0.002)%、(0.028±0.003)%、(0.043±0.003)%。

3　结论

采用自然发酵、乳酸菌制剂发酵、自制泡菜菌发酵、老泡菜水发酵 4 种发酵方式制作菊芋泡菜,对菊芋泡菜发酵过程中第 0 d、2 d、4 d、6 d、8 d、10 d 的 pH、总酸度、维生素 C、盐含量、亚硝酸盐等化学指标进行检测、比较,得到以下结论:

(1)随着发酵时间的延长,4 种发酵方式的菊芋泡菜 pH、总糖、维生素 C 含量均呈不断下降的变化趋势;发酵至第 10 d,4 种不同发酵方式的 pH 均降至 3.5 左右,总糖含量均下降至 1.8% 以下,维生素 C 含量均下降至 1.2 mg/100 g 以下。

(2)4 种发酵方式的菊芋泡菜总酸、盐含量均呈不断上升的变化趋势,发酵至终点时,4 种发酵方式的总酸含量均上升至 0.62 mg/g 以上,盐含量均达到泡菜体系盐浓度的 5%左右的平衡值。

(3)4 种发酵方式的菊芋泡菜亚硝酸盐含量呈先上升后下降的变化趋势,发酵至终点时,亚硝酸盐含量均下降至 1.8 mg/kg 以下,均符合国家标准要求。

(4)4 种发酵方式菊芋泡菜氨基酸态氮含量呈不同的变化趋势,自然发酵、乳酸菌制剂发酵剂发酵、自制泡菜菌发酵呈先上升后下降的变化趋势,而老泡菜水发酵呈一直上升的变化趋势。

第 4 节　不同发酵方式下莲藕泡菜化学指标的变化分析

1　材料与方法

1.1　实验材料

新鲜莲藕、泡菜专用盐、冰糖、大蒜、干辣椒、生姜、八角、花椒、青椒、高粱酒等,均购自山西运城市盐湖区永辉超市;泡菜酸菜乳酸菌制剂发酵粉,北京川秀国际贸易有限公司;泡菜母水,四川峨眉山久久香食品有限公司。

1.2　实验试剂

同本章第 1 节"1.2 实验试剂"。

1.3　仪器与设备

同本章第 1 节"1.3 仪器与设备"。

1.4　实验方法

1.4.1　泡菜的制作

1.4.1.1　自然发酵

新鲜莲藕→清洗→晾干→切片(厚度为 0.5 cm)→装坛(莲藕:盐水质量比 = 1:2,盐水中盐浓度为 5%、糖浓度为 2%)→添加辅料(添加莲藕质量的 2%大蒜、2%生姜、1%干辣椒、0.5%花椒、0.8%八角)→密封→室温发酵→成品。

1.4.1.2　乳酸菌制剂发酵

新鲜莲藕→清洗→晾干→切片(厚度为 0.5 cm)→装坛→添加盐水(同自然发酵)→添加泡菜乳酸菌制剂发酵粉(莲藕质量的 2%)→添加辅料(同自然发酵)→密封→室温发酵→成品。

1.4.1.3　老泡菜水发酵

新鲜莲藕→清洗→晾干→切片(厚度为 0.5 cm)→装坛→添加 90%的糖盐

水→添加自然发酵多轮后的泡菜水替代 10% 的糖盐水→添加辅料（同自然发酵）→补加食盐使泡菜液最终盐浓度为 5%→密封→室温发酵→成品。

1.4.1.4　自制泡菜菌发酵

（1）自制泡菜菌制备：将高粱酒（53% vol）与食盐水（质量浓度为 5%）按体积比例 1:20 混合，然后加入总质量 5% 的青椒，密封，室温发酵 5~6 d，待青椒变黄后，自制泡菜菌发酵液制成。

（2）新鲜莲藕→清洗→晾干→切片（厚度为 0.5 cm）→装坛→添加 90% 的糖盐水→添加自制泡菜菌发酵液替代 10% 的糖盐水→添加辅料（同自然发酵）→补加食盐使泡菜液最终盐浓度为 5%→密封→室温发酵→成品。

1.4.2　测定方法

1.4.2.1　采样及样品处理

4 种发酵方式的莲藕泡菜均做 3 组平行，密封发酵 10 d，从第 0 d 开始，每隔 2 d 取 1 次样，共采样 6 次，测其 pH、总酸、总糖、维生素 C、盐含量、亚硝酸盐、氨基态氮含量等化学指标，最后求平均值。采样时，分别取莲藕泡菜及泡菜液各 100 g 放入组织捣碎机中打碎成匀浆，再根据每项化学指标的用量进行准确称取。

1.4.2.2　化学指标测定

（1）pH：采用酸度计法，参考国标 GB/T 10468—1989《水果和蔬菜产品 pH 值的测定方法》。

（2）总酸：采用酸碱滴定法，参照 GB/T 12456—2021《食品安全国家标准 食品中总酸的测定》。

（3）总糖：参考王海平的方法。

（4）维生素 C：采用 2,6-二氯靛酚滴定法，参照 GB 5009.86—2016《食品安全国家标准 食品中抗坏血酸的测定》。

（5）盐含量：硝酸银滴定法，参考国标 GB 5009.44—2016《食品安全国家标准 食品中氯化物的测定》。

（6）亚硝酸盐：采用盐酸萘乙二胺法，参照 GB 5009.33—2016《食品安全国家标准 食品中亚硝酸盐与硝酸盐的测定》，以亚硝酸钠为标准品绘制标准曲线，所得标准曲线回归方程为：$y = 1.0809x + 0.0096$，$R^2 = 0.9991$，标准曲线见图 2.4.1。

（7）氨基酸态氮：采用酸度计法，参照 GB 5009.235—2016《食品安全国家标准 食品中氨基酸态氮的测定》。

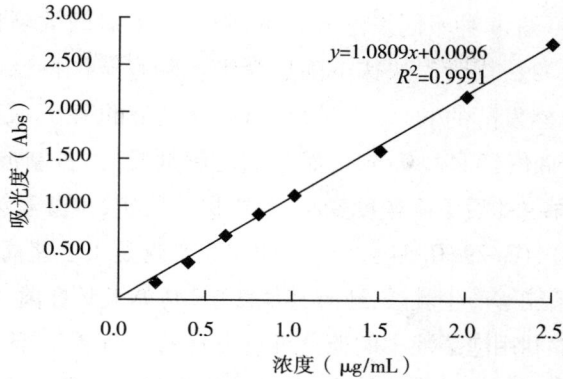

$y=1.0809x+0.0096$
$R^2=0.9991$

图 2.4.1　亚硝酸钠标准曲线

1.5　数据处理

每次实验均做 3 个平行,采用 SPSS 19.0 和 Excel 2007 软件进行数据处理与作图分析,结果以平均值±标准差(Mean±SD)表示。

2　结果与分析

2.1　莲藕泡菜发酵过程中 pH 的变化

pH 是泡菜发酵过程中的一项重要指标,对蔬菜发酵制品的风味、滋味和安全性等都有着重要的影响。不同发酵方式下,莲藕泡菜在发酵过程中 pH 的变化见图 2.4.2。

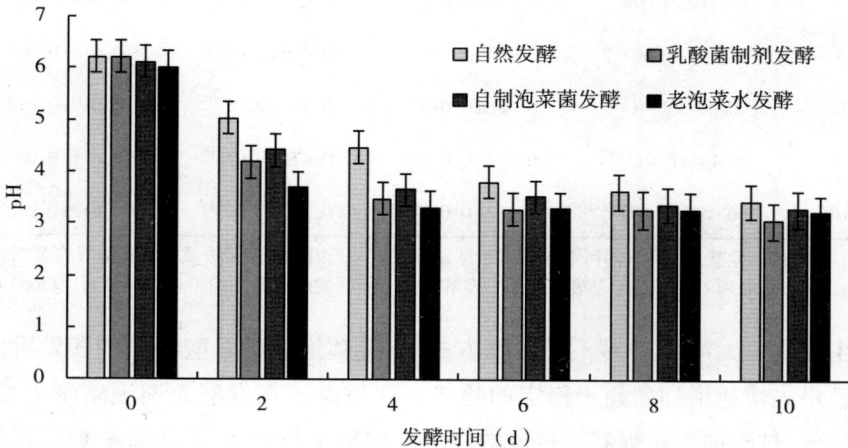

图 2.4.2　4 种不同发酵莲藕泡菜 pH 的变化

由图2.4.2可知,4种不同发酵方式下,随着发酵时间的延长,莲藕泡菜pH的变化趋势基本一致,均为先快速下降后缓慢下降直至保持稳定的趋势。在整个发酵过程中,自然发酵的pH下降速度最慢,在发酵的第6 d后下降幅度变小,第10 d下降至最低值(3.44±0.32);而乳酸菌制剂发酵、自制泡菜菌发酵、老泡菜水发酵在发酵第4 d后下降幅度变小,基本保持稳定,发酵至第10 d时,pH分别为(3.07±0.35)、(3.29±0.34)、(3.24±0.37)。这是由于莲藕泡菜的发酵环境中不仅存在乳酸菌能够产生乳酸,还有其他微生物(如大肠杆菌、酵母菌等),其中一部分微生物能够利用泡菜液中的糖分维持自身的生命活动,使泡菜中的糖分减少,同时产生除乳酸外的其他酸类物质,导致pH在发酵初期快速下降。当发酵至第4 d或6 d后,pH缓慢下降是由于乳酸的大量积累,酸度增加,不仅抑制了杂菌的生长繁殖,还抑制了部分乳酸菌的代谢活动,乳酸的生成减少,pH缓慢下降。

2.2　莲藕泡菜发酵过程中总酸含量的变化

总酸作为泡菜的一个至关重要的指标,与泡菜的口感、风味及安全性有着密切的关系,总酸含量的多少对泡菜品质有重要的影响。不同发酵方式下,莲藕泡菜在发酵过程中总酸含量的变化见表2.4.1。

表2.4.1　4种不同发酵莲藕泡菜的总酸含量的变化(mg/g)

发酵天数(d)	自然发酵	乳酸菌制剂发酵	自制泡菜菌发酵	老泡菜水发酵
0	0.136 ± 0.010^{eC}	0.128 ± 0.004^{dC}	0.389 ± 0.016^{eB}	0.533 ± 0.020^{cA}
2	0.216 ± 0.008^{dD}	0.240 ± 0.020^{eC}	0.408 ± 0.004^{dB}	0.669 ± 0.010^{bA}
4	0.348 ± 0.007^{cC}	0.440 ± 0.008^{bB}	0.449 ± 0.006^{cB}	0.678 ± 0.005^{bA}
6	0.454 ± 0.012^{bC}	0.480 ± 0.019^{bB}	0.465 ± 0.01^{bBC}	0.680 ± 0.012^{aA}
8	0.464 ± 0.011^{abC}	0.502 ± 0.014^{aB}	0.474 ± 0.011^{bC}	0.685 ± 0.007^{aA}
10	0.493 ± 0.009^{aC}	0.522 ± 0.017^{aB}	0.515 ± 0.014^{aB}	0.687 ± 0.010^{aA}

注　平均值±标准差,$n=3$;同行不同大写字母表示在同一天内不同发酵方式之间差异具有显著性($p<0.05$);同列不同小写字母表示在同一发酵方式下不同发酵天数之间差异具有显著性($p<0.05$)。

由表2.4.1可知,4种不同发酵方式下,莲藕泡菜的总酸含量均随发酵时间的延长呈先快速增加后趋于稳定的趋势。这是由于在发酵前期泡菜刚入坛时,酸度较低,抗酸能力较强和不抗酸的微生物均能生长繁殖,其中乳酸菌以产气乳酸球菌类进行异型乳酸发酵为主,除将莲藕原料中的糖分转化为乳酸外,还能产生乙醇、乙酸、二氧化碳等产物,而莲藕泡菜表面和容器带入的杂菌(如不抗酸大肠杆菌)也能利用莲藕原料中的糖类产生乳酸,导致总酸含量不断增加;进入发酵中期后,由于乳酸的不断积累,产酸速率加快,此时不抗酸的微生物受到抑制作用,主要由植物乳杆菌进行同型乳酸发酵,产生大量乳酸,导致总酸含量增加缓慢;在发酵后期,由于总酸含量过高,大部分乳酸菌被抑制,只有极少数的耐高酸的产气杆菌能够活动,此时产酸速率减缓,导致总酸含量趋于稳定。在整个发酵期间,老泡菜水发酵的总酸含量在同一天内较其他 3 种发酵差异显著($p < 0.05$),并且其总酸含量始终明显高于其他 3 种发酵,这是由于老泡菜水中的乳酸菌经过了多轮发酵,在微生物体系中能长期适应生存环境,繁殖能力强、产酸速度快,并具有一定的耐酸性。

2.3　莲藕泡菜发酵过程中总糖含量的变化

总糖是莲藕泡菜的重要质量指标,反映的是泡菜中可溶性单糖和低聚糖的总量。在不同发酵方式下,莲藕泡菜发酵过程中还原糖含量的变化见图 2.4.3。

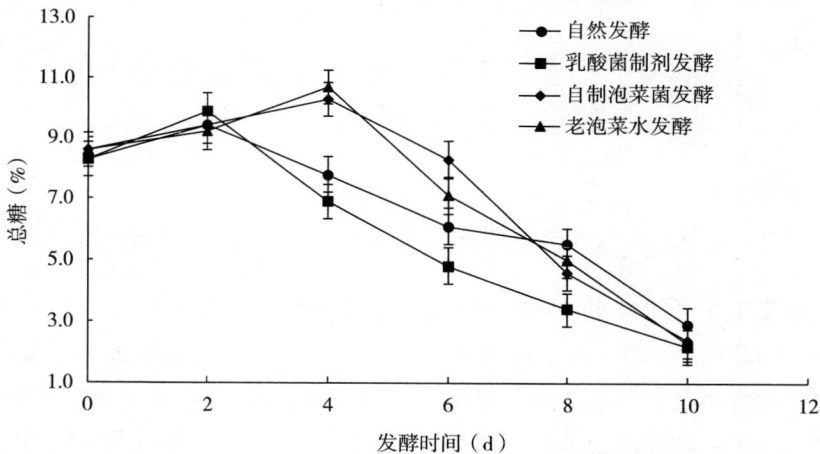

图 2.4.3　4 种不同发酵莲藕泡菜的总糖含量变化

由图 2.4.3 可知,4 种不同发酵方式下,莲藕泡菜的总糖含量均随发酵时间的延长呈先上升后下降的趋势。这是由于在发酵初期,莲藕中所含纤维素、淀粉等一部分多糖类物质在酸性环境中被水解为葡萄糖,并且各种微生物此时活动较弱,所利用的还原性单糖较少;在发酵的中、后期,泡菜中的乳酸菌不断生长繁殖,需要大量的碳源,即使莲藕中的其他多糖类物质降解为单糖,但由于微生物利用可溶性单糖速度大于其分解速度,因此发酵中后期的总糖含量呈逐渐下降趋势;自然发酵、乳酸菌制剂发酵剂发酵变化趋势基本一致,在发酵的第 2 d 上升至最大值 9.5% 左右后开始下降,自制泡菜菌发酵、老泡菜水发酵是在第 4 d 上升至最大值 10.5%左右后开始下降;发酵至终点时,乳酸菌制剂发酵剂发酵、自制泡菜菌发酵、老泡菜水发酵 3 种发酵的总糖含量均下降至 2.3%左右,而自然发酵的总糖含量下降至(2.9±0.56)%,与其他 3 种发酵存在显著性差异($p<0.05$)。

2.4　莲藕泡菜发酵过程中维生素 C 含量的变化

维生素 C 又称抗坏血酸,是最不稳定的维生素,极易受热、氧、光照的影响发生降解。在不同发酵方式下,莲藕泡菜发酵过程中维生素 C 含量的变化见图 2.4.4。

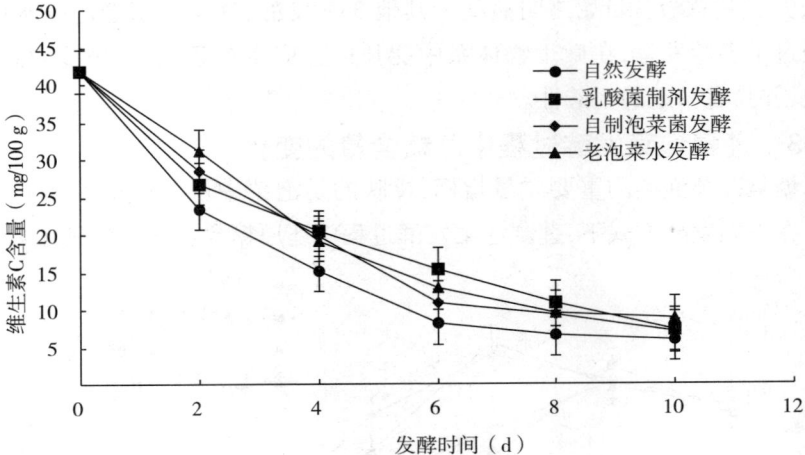

图 2.4.4　4 种不同发酵莲藕泡菜的维生素 C 含量变化

由图 2.4.4 可知,4 种不同发酵方式下,莲藕泡菜中维生素 C 的含量均随着发酵时间的延长呈下降趋势。莲藕中的维生素 C 慢慢溶出泡菜水中以及在腌制时莲藕中的维生素 C 可能被空气氧化,使发酵前期维生素 C 含量快速下降,而到发酵中后期则下降较慢甚至趋于平缓,是因为泡菜坛内逐渐形成厌氧和酸性环境,可抑制维生素 C 被氧化。在整个发酵过程中,自然发酵的维生素 C 含量始终低于其他 3 种发酵,这可能是由于其泡菜中的乳酸菌数量较少,产生的酸量也少,未能起到抑制维生素 C 被氧化的作用。发酵至终点时,4 种发酵方式的维生素 C 含量分别下降至(6.0±2.9)mg/100 g、(7.4±3.0)mg/100 g、(7.1±3.1)mg/100 g、(8.9±2.7)mg/100 g。

2.5　莲藕泡菜发酵过程中盐含量的变化

莲藕泡菜中的盐一方面为泡菜提供咸味,另一方面其浓度通过影响泡菜中微生物群落结构,直接或者间接影响发酵蔬菜的品质和风味。在不同发酵方式下,莲藕泡菜发酵过程中盐含量的变化见图 2.4.5。

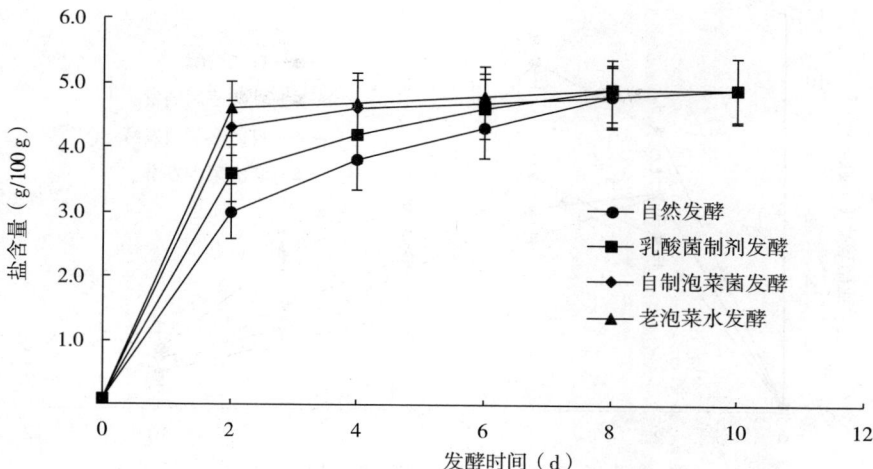

图 2.4.5　4 种不同发酵莲藕泡菜的盐含量变化

由图 2.4.5 可知,4 种不同发酵方式下,随着发酵时间的延长,莲藕泡菜的盐含量均呈先快速上升后缓慢上升直至稳定的趋势。食盐由于渗透作用,不断地溶入藕片中,使莲藕泡菜中的盐含量不断增加,到发酵后期藕片与泡菜水中的盐分相互渗透扩散,使其之间的盐浓度接近平衡。老泡菜水发酵在第 4 d 时,盐含量几乎接近平衡值,乳酸菌制剂发酵剂发酵、自制泡菜菌发酵在第 6 d 接近平衡值,而自然发酵是在第 8 d 接近平衡值,发酵终止时,4 种发酵方式的盐含量均上升至 4.9 g/100 mg 左右,不存在显著性差异($p>0.05$)。

2.6　莲藕泡菜发酵过程中亚硝酸盐含量的变化

由于蛋白质代谢产物中的仲胺基与亚硝酸反应能够生成具有很强毒性和致癌性的亚硝胺,而腌制泡菜在发酵期间会形成亚硝酸盐,因此亚硝酸盐含量是评价泡菜食用安全性的重要指标。不同发酵方式下,莲藕泡菜在发酵过程中亚硝酸盐含量的变化见图 2.4.6。

由图 2.4.6 可知,4 种不同发酵方式下,莲藕泡菜中亚硝酸盐含量均呈先快速上升后迅速下降的变化趋势。这是由于发酵前期莲藕表面附着的细菌将菜中的硝酸盐还原成亚硝酸盐;中、后期随着 pH 降低和总酸度的增加,有害菌的生长活动受到抑制,硝酸盐被还原的能力减弱,已生成的亚硝酸盐在酸性条件下一部分也会发生降解;自然发酵的亚硝酸盐含量以及出现的"亚硝峰"值明显高于其他 3 种发酵,这是因为其他 3 种发酵的泡菜水中含有大量的乳酸菌,而乳酸菌能够加快 NO_2^- 的还原,因而控制了亚硝酸盐含量的增加;自然发酵、乳酸菌制剂发

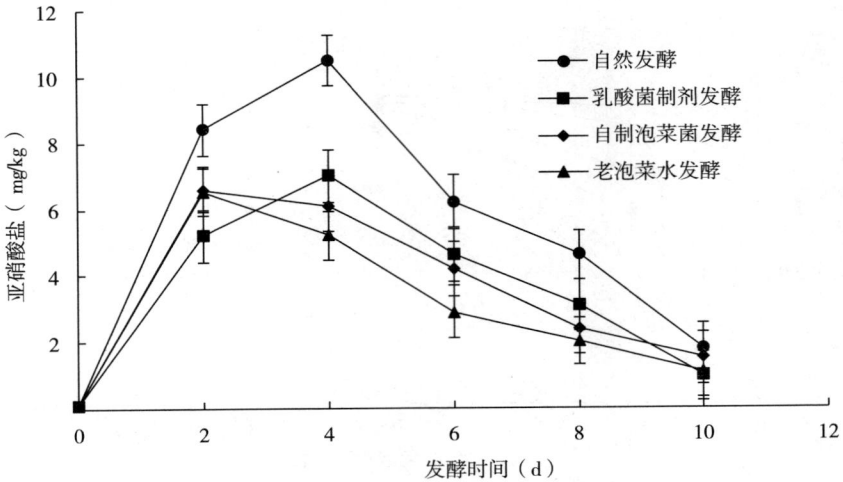

图 2.4.6　4 种不同发酵莲藕泡菜的亚硝酸盐含量变化

酵、自制泡菜菌发酵、老泡菜水发酵 4 种发酵方式的"亚硝峰"值分别为（10.5±0.75）mg/kg、（7.0±0.78）mg/kg、（6.6±0.67）mg/kg、（6.5±0.71）mg/kg，发酵至终点时亚硝酸盐含量分别为（1.8±0.78）mg/kg、（0.96±0.73）mg/kg、（1.5±0.78）mg/kg、（1.1±0.76）mg/kg，由此可见，无论在发酵的哪个时段，泡菜均符合国标规定的亚硝酸盐≤20 mg/kg 的限量要求。

2.7　莲藕泡菜发酵过程中氨基酸态氮含量的变化

不同发酵方式下，莲藕泡菜在发酵过程中氨基酸态氮含量的变化见图 2.4.7。

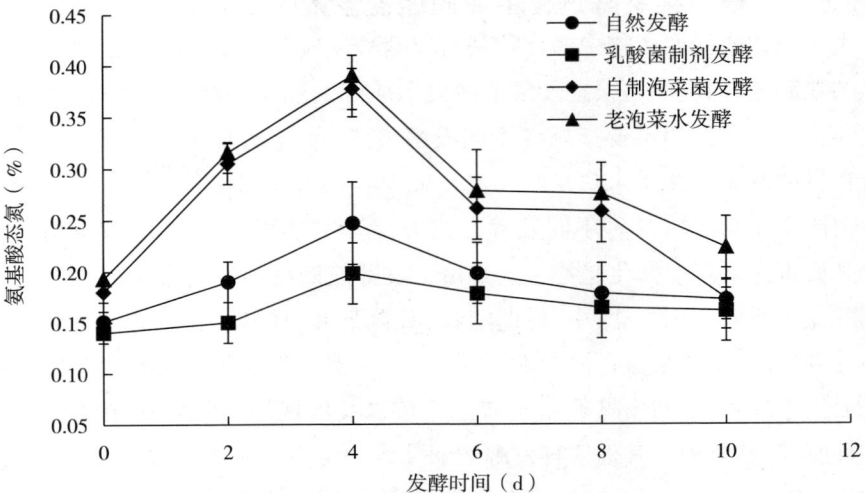

图 2.4.7　4 种不同发酵莲藕泡菜的氨基态氮含量变化

由图 2.4.7 可知,4 种不同发酵方式下,随着发酵时间的延长,莲藕泡菜中氨基酸态氮的含量呈先增加后下降的趋势。在第 0~4 d,4 种发酵方式的莲藕泡菜中的氨基酸态氮含量均呈上升趋势,在第 4 d 分别上升至最大值(0.25±0.04)%、(0.20±0.03)%、(0.38±0.02)%、(0.39±0.04)%,其上升的原因可能是莲藕所含的蛋白质在微生物水解酶的作用下被分解成各种氨基酸,第 4 d 后又开始下降可能是由于莲藕泡菜中的肽、氨基酸等作为氮源被各种微生物生长繁殖所利用,发酵至终点时,4 种发酵方式的莲藕泡菜中的氨基酸态氮含量分别下降至(0.17±0.02)%、(0.16±0.03)%、(0.17±0.03)%、(0.22±0.04)%。在整个发酵过程中,自制泡菜菌发酵、老泡菜水发酵的氨基酸态氮含量均明显高于自然发酵和接种发酵,这可能是由于自制泡菜菌发酵、老泡菜水发酵的泡菜水环境中本身含有一定量的氨基酸态氮。

3　结论

采用自然发酵、乳酸菌制剂发酵、自制泡菜菌发酵、老泡菜水发酵 4 种发酵方式制作莲藕泡菜,对莲藕泡菜发酵过程中第 0~10 d 的 pH、总酸度、维生素 C、盐含量、亚硝酸盐等化学指标进行检测、比较,得到以下结论:

(1)随着发酵时间的延长,4 种发酵方式的莲藕泡菜 pH、总糖、维生素 C 含量均呈不断下降的变化趋势;发酵至第 10 d,4 种不同发酵方式的 pH 均降至 3.44 以下,总糖含量均下降至 2.9%以下,维生素 C 含量均下降至 8.9 mg/100 g 以下。

(2)4 种发酵方式的莲藕泡菜总酸、盐含量均呈不断上升的变化趋势,发酵至终点时,4 种发酵方式的总酸含量均上升至 0.493 mg/g 以上,盐含量均达到泡菜体系盐浓度的 5.0%左右的平衡值。

(3)4 种发酵方式的莲藕泡菜亚硝酸盐含量、氨基酸态氮含量均呈先上升后下降的变化趋势,发酵至终点时,亚硝酸盐含量均下降至 1.8 mg/kg 以下,均符合国家标准要求,氨基酸态氮含量均下降至 0.223%以下。

参考文献

[1]杨性民,刘青梅,徐喜圆,等. 人工接种对泡菜品质及亚硝酸盐含量的影响[J]. 浙江大学学报,2003 (3):57-60.

[2]陈大鹏,郑娅,周芸,等. 自然发酵与人工接种发酵法发酵泡菜的品质比较

研究[J]. 食品工业科技, 2019, 40(18): 1-10.

[3]徐丹萍, 蒲彪, 罗松明, 等. 泡菜自然发酵过程中品质及挥发性成分分析[J]. 食品工业科技, 2015, 36(13): 288-293.

[4]CHANG J Y, CHANG H C. Improvements in the Quality and Shelf Life of Kimchi by Fermentation with the Induced Bacteriocin Producing Strain, Leuconostoc citreum GJ7 as a Starter[J]. Journal of Food Science, 2010, 75(2): 103-110.

[5]刘洪. 自然发酵与人工接种泡菜发酵过程中品质变化规律的动态研究[D]. 成都: 西华大学, 2012.

[6]赵江欣. 预添加乳酸对泡萝卜品质影响的研究[D]. 成都: 四川农业大学, 2018.

[7]纪淑娟, 孟宪军. 大白菜发酵过程中亚硝酸盐消长规律的研究[J]. 食品与发酵工业, 2001(2): 42-46.

[8]王海平, 黄和升, 田青. 发酵方式对苤蓝泡菜品质的影响[J]. 中国调味品, 2019, 44(12): 126-129.

[9]XIONG T, LI J B, LIANG F, et al. Effects of salt concentration on Chinese sauerkraut fermentation[J]. LWT – Food Science and Technology, 2016(69): 169-174.

[10]LIAO M, WU Z Y, YU G H, et al. Improving the quality of Sichuan pickle by adding a traditional Chinese medicinal herb Lycium barbarum in its fermentation [J]. International Journal of Food Science & Technology, 2017, 52(4): 936-945.

[11]闫征, 王昌禄, 顾晓波. pH对乳酸菌生长和乳酸产量的影响[J]. 食品与发酵工业, 2003, 29(6): 35-38.

[12]周光燕, 张小平, 钟凯. 乳酸菌对泡菜发酵过程中亚硝酸盐含量变化及泡菜品质的影响研究[N]. 西南农业学报, 2006, 19(2): 290-293.

[13]闫雅岚, 李小平, 陈喜彦. 泡菜在自然发酵过程中营养成分变化规律的研究[J]. 中国调味品, 2008, 33(9): 53-55.

[14]杨瑞, 张伟, 徐小会. 泡菜发酵过程中主要化学成分变化规律的研究[J]. 食品工业科技, 2005 (1): 95-98.

[15]赵书欣. 接种乳酸菌腌制渍菜过程中亚硝酸盐变化规律的研究[J]. 中国畜产与食品, 1998, 5(4): 153-154.

[16]贾秋思, 何芝菲, 罗佩文, 等. 不同发酵方式下泡青菜的品质分析[J]. 食

品与发酵工业，2015，41（8）：111-116.

[17]甘奕，李洪军，付杨，等. 韩国泡菜制作过程中理化特性及微生物的变化
[J]. 食品科学，2014，35（15）：166-171.

[18]黄业传，曾凡坤. 自然发酵与人工发酵泡菜的品质对比[J]. 食品工业，
2005（3）：41-42.

[19]GB 5009.33—2016《食品安全国家标准 食品中亚硝酸盐与硝酸盐的测定》
[S]. 北京：中国标准出版社，2016.

[20]GB 5009.7—2016《食品安全国家标准 食品中还原糖的测定》[S]. 北京：
中国标准出版社，2016.

[21]GB 5009.235—2016《食品安全国家标准 食品中氨基酸态氮的测定》[S].
北京：中国标准出版社，2016.

[22]GB/T 12456—2021《食品安全国家标准 食品中总酸的测定》[S]. 北京：中
国标准出版社，2016.

[23]GB 2762—2017《食品安全国家标准 食品中污染物限量》[S]. 北京：中国
标准出版社，2017.

[24]云琳，毛丙永，崔树茂，等. 不同发酵方式对萝卜泡菜理化特性和风味的影
响[J]，食品与发酵工业，2020，46（13）：69-75.

[25]毛丙永，殷瑞敏，赵楠，等. 四川老卤泡菜基本理化指标及特征菌群分离鉴
定[J]. 食品与发酵工业，2018，44（11）：22-27.

[26]纪淑娟，孟宪军. 大白菜发酵过程中亚硝酸盐消长规律的研究[J]. 食品与
发酵工业，2001（2）：42-46.

[27]柳建华，鲍长俊，常惟丹，等. 不同发酵方式下泡凉薯的营养成分分析及其
风味物质的主成分分析[J]. 食品与发酵工业，2016，42（11）：212-218.

[28]韩宏娇，丛敏，李欣蔚，等. 自然发酵酸菜化学成分含量和微生物数量的动
态变化及其相关性分析[J]. 食品工业科技，2019，40（2）：148-153.

[29]何淑玲. 泡菜发酵过程中亚硝酸盐生成何降解机理的研究[D]. 北京：中
国农业大学，2006.

[30]XIONG T, LI J, LIANG F, et al. Effects of salt concentration on Chinese
sauerkraut fermentation[J]. LWT-Food Science and Technology, 2016, 69
（3）：169-174.

[31]WUR N, WU Z X, ZHAO C Y, et al. Identification of lactic acid bacteria in
Suancai, a traditional northeastern Chinese fermented food, and salt response of

Lactobacillus paracasei, LN－1［J］. Annals of Microbiology, 2013, 64（3）: 1325－1332.

［32］杜书. 酸菜自然发酵过程中风味及质地变化规律研究［D］. 沈阳: 沈阳农业大学, 2013.

［33］马欢欢, 吕欣然, 林洋, 等. 传统东北酸菜自然发酵过程中乳酸菌与营养物质同步分析［J］. 食品与发酵工业, 2017, 43（2）: 79－84.

［34］马艳弘, 魏建明, 侯红萍, 等. 发酵方式对山药泡菜理化特性及微生物变化的影响［J］. 食品科学, 2016, 37（17）: 179－184.

［35］XIONG T, PENG F. Changes and metabolic characteristics of main microorgaisms during Chinese sauerkraut fermentation［J］. Food Science, 2005（36）: 158－161.

［36］丛敏, 李欣蔚, 武俊瑞, 等. PCR-DGGE 分析东北传统发酵酸菜中乳酸菌多样性［J］. 食品科学, 2016, 37（7）: 78－82.

［37］黄存辉, 朴泓洁, 金清, 等. 肠膜明串珠菌发酵对四川泡菜中有机酸生成的影响［J］. 食品科技, 2018, 43（6）: 23－28.

［38］JIANG X, QING S, WU T, et al. Effect of mixed fermentation of lactic acid bacteria on the quality of pickled cabbage［J］. Food and Ferment Industry, 2016, 42（5）: 126－131.

［39］刘笑笑, 金永梅, 李姝睿, 等. 人工接种肠膜明串珠菌对发酵樱菜中的化学成分和微生物数量的影响［J］. 食品与工业发酵, 2020, 46（15）: 107－112.

［40］麦馨允, 刁云春, 黄江奇, 等. 不同发酵方式对木瓜泡菜品质的影响［J］. 食品研究与开发, 2020, 41（14）: 117－123.

［41］朴泓洁, 黄存辉, 金清. 肠膜明串珠菌发酵对四川泡菜品质的影响［J］. 食品科技, 2018, 43（8）: 31－35.

［42］ZHANG F, TANG Y, REN Y. Microbial composition of spoiled industrial-scale Sichuan paocai and characteristics of the microorganisms responsible for paocai spoilage, International［J］. Journal of Food Microbiology, 2018（275）: 32－38.

［43］王健斌. 不同加工处理方式对蔬菜中亚硝酸盐含量的影响［J］. 青海农技推广, 2014（4）: 19－24.

［44］刘崇万, 董英, 肖香, 等. Lactobacillus plantarum（L. p）直投发酵剂低温发酵菊芋泡菜［J］. 食品与发酵工业, 2013（4）: 106－113.

［45］TANG J L, WANG X C, HU Y S, et al. Lactic Acid Fermentation from Food

Waste with Indigenous Microbiota：Effects of pH，Temperature and High OLR [J]．Waste management，2016(52)：278-285.

[46]ZHANG W J，LI X，ZHANG T，et al. High-rate Lactic Acid Production From Food Waste and Waste Activated Sludge via Interactive Control of pH Adjustment and Fermentation Temperature[J]．Chemical Engineering Journal，2017(328)：197-206.

[47]汪莉莎，陈光静，郑炯，等. 大叶麻竹笋腌制过程中品质变化规律[J]．食品与发酵工业，2013，39(10)：73-77.

[48]王跃华，王宗兵，许芮菡，等. 不同腌制方法对山葵酸菜中亚硝酸盐含量的影响[J]．中国调味品，2019，44(6)：26-35.

[49]姚荷，谭兴，张春艳，等. 发酵蔬菜中乳酸菌降解亚硝酸盐的研究进展[J]．食品工业科技，2019，40(2)：148-153.

第3章 不同发酵方式下4种泡菜中微生物的变化分析

第1节 不同发酵方式下甘蓝泡菜中微生物的变化分析

1 材料与方法

1.1 实验材料

甘蓝、白糖、生姜、干花椒、红辣椒、八角、蒜、高粱酒、青椒等,购于运城市感恩广场;泡菜盐,青海省盐业股份有限公司茶卡制盐分公司;泡菜酸菜乳酸菌制剂发酵粉,北京川秀国际贸易有限公司;老坛母水,四川省成都市蓉城味道商贸有限公司。

1.2 实验试剂

MRS培养基、月桂基硫酸盐胰蛋白胨(LST)肉汤、平板计数琼脂(plate count agar,PCA)培养基、马铃薯葡萄糖琼脂、结晶紫中性红胆盐琼脂(violet centrered bileagar,VRBA),北京奥博星生物技术有限责任公司;磷酸二氢钾,天津市大茂化学试剂厂。

1.3 仪器与设备

JJ-2型组织捣碎匀浆机,江苏省金坛市荣华仪器制造有限公司;FA2004分析天平,上海精密科学仪器有限公司;PHS-3C型pH计,上海仪电科学仪器有限公司;SPX-100B型生化培养箱、YXQ-30SII立式压力蒸汽灭菌器,上海博迅实业有限公司医疗设备厂。

1.4 实验方法

1.4.1 泡菜的制作

同第2章第1节"1.4.1泡菜的制作"

1.4.2 测定方法

1.4.2.1 乳酸菌测定

根据GB 4789.35—2016《食品安全国家标准 食品微生物学检验 乳酸菌检验》进行测定。

1.4.2.2　酵母菌测定

根据 GB 4789.15—2016《食品安全国家标准 食品微生物学检验 霉菌和酵母计数》,采用平板计数法进行测定。

1.4.2.3　大肠菌群测定

根据 GB 4789.3—2016《食品安全国家标准 食品微生物学检验 大肠菌群计数》,采用平板计数法进行测定。

1.4.2.4　菌落总数测定

根据 GB 4789.2—2016《食品安全国家标准 食品微生物学检验 菌落总数测定》进行测定。

2　结果与分析

2.1　不同发酵方式下甘蓝泡菜乳酸菌数的变化

乳酸菌是加速发酵甘蓝成熟、形成风味的决定性因素,4 种不同发酵方式下甘蓝泡菜乳酸菌数的变化见图 3.1.1。

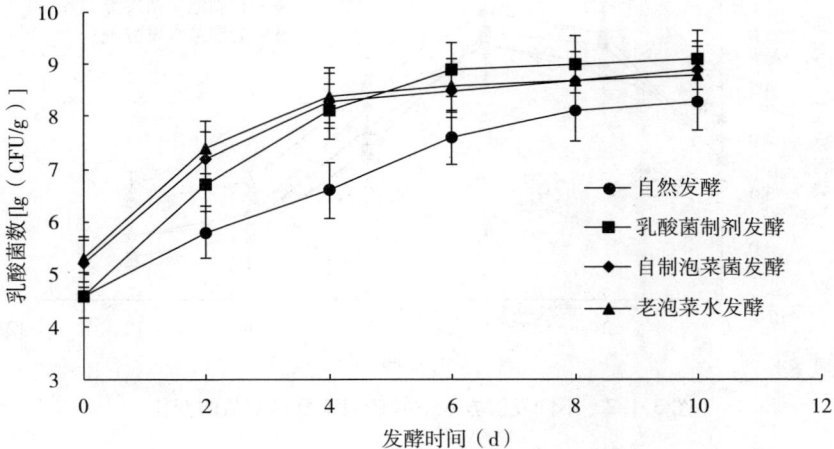

图 3.1.1　不同发酵方式下甘蓝泡菜乳酸菌数的变化

由图 3.1.1 可知,在自然发酵、乳酸菌制剂发酵、自制泡菜菌发酵、老泡菜水发酵 4 种发酵方式下,甘蓝泡菜的乳酸菌数整体变化趋势基本一致,均随着发酵时间的延长呈先上升后趋于稳定的趋势,这是由于在发酵前期,泡菜发酵过程中的乳酸菌逐渐成为优势菌,在发酵后期,一是由于乳酸富集抑制不耐酸乳酸菌的生长,二是随着发酵时间的延长,乳酸菌生长所需要的营养物质不足,使乳酸菌数量增长缓慢;在发酵的第 0~4 d,自制泡菜菌发酵、老泡菜水发酵的乳酸菌总数及乳酸菌增长速率均高于乳酸菌制剂发酵,乳酸菌制剂发酵方式又高于自然发酵,第4 d后,乳酸菌制剂发酵的乳酸菌数量、乳酸菌增长速率超过自制泡菜菌发酵和老泡菜水发酵的乳酸菌数量、乳酸菌增长速率,自然发酵的乳酸菌数量和增长速率始终低于其他3种发酵,这是由于乳酸菌制剂中含有经过筛选的具有耐酸能力较强的乳酸菌菌种,自制泡菜菌发酵和老泡菜水发酵方式的泡菜液中含有经过较长时间发酵的泡菜水,也具有一定的耐酸能力;发酵至终点时,自然发酵的乳酸菌数量上升至(8.3 ± 0.56) lg(CFU/g),其他3种发酵方式均上升至8.9 lg(CFU/g)左右。

2.2 不同发酵方式下甘蓝泡菜酵母菌数的变化

酵母菌对甘蓝泡菜独特的风味和质地以及贮藏有着重要的作用,在利用可发酵糖方面起着有益的作用。4种不同发酵方式下,甘蓝泡菜发酵过程中酵母菌数的变化见图3.1.2。

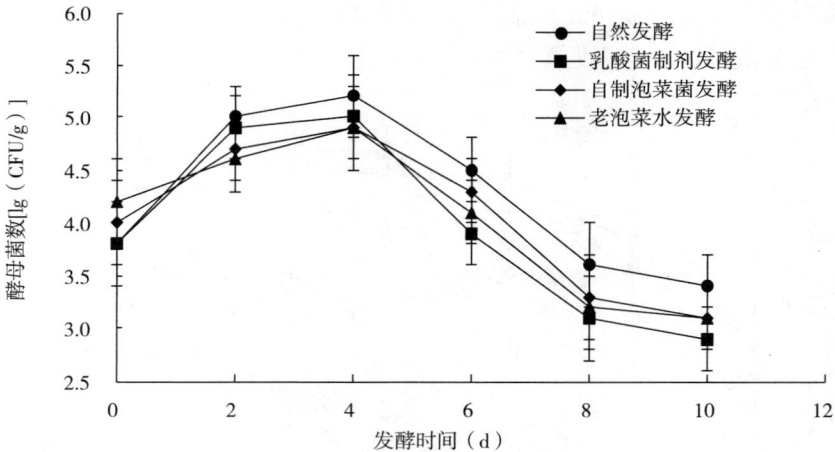

图3.1.2 不同发酵方式下甘蓝泡菜酵母菌数的变化

由图3.1.2可知,在自然发酵、乳酸菌制剂发酵、自制泡菜菌发酵、老泡菜水发酵4种发酵方式下,甘蓝泡菜的酵母菌数随着发酵时间的延长均呈先上升后下降最后趋于稳定的趋势。在发酵的第0~4 d,4种发酵方式的甘蓝泡菜的酵母菌数上升速度均较快,并且自然发酵、乳酸菌制剂发酵的酵母菌数上升速度大于自制泡菜菌发酵、老泡菜水发酵,4种发酵方式酵母菌数上升至最大值5.0 lg(CFU/g)左右后开始下降,第8 d后下降均趋于平缓,最终分别下降至最低值(3.4 ± 0.3) lg(CFU/g)、(2.9 ± 0.4) lg(CFU/g)、(3.1 ± 0.2) lg(CFU/g)、(3.1 ± 0.3) lg(CFU/g),在发酵初期酵母菌数增加是由于酵母菌在初期所需的营养物质丰富,氧气充足,并且总酸含量低,有利于兼性好氧酵母菌的生长,随着发酵时间的延长,营养物质逐渐被消耗,pH 逐渐降低、总酸含量逐渐增加,在厌氧环境中,乳酸菌逐渐成为优势菌群,抑制其他微生物的生长,因此在发酵后期酵母菌总数逐渐减少。

2.3 不同发酵方式下甘蓝泡菜大肠菌群数的变化

大肠菌群是判断甘蓝泡菜卫生安全的重要指标,4 种不同发酵方式下,甘蓝泡菜发酵过程中大肠菌群数的变化见图 3.1.3。

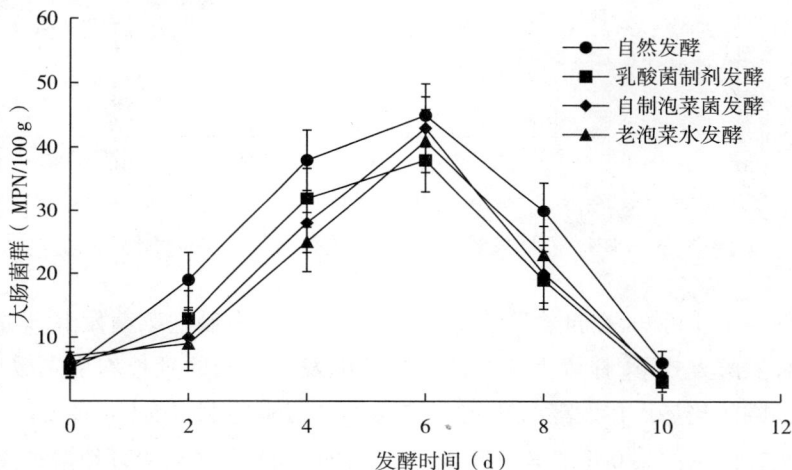

图 3.1.3 不同发酵方式下甘蓝泡菜大肠菌群数的变化

由图 3.1.3 可知,在自然发酵、乳酸菌制剂发酵、自制泡菜菌发酵、老泡菜水发酵 4 种发酵方式下,甘蓝泡菜的大肠菌群数变化趋势基本一致,均随发酵时间的延长呈先上升后下降最终接近于无的趋势,这可能是由于在发酵前期,甘蓝原料携带的大肠菌群在营养丰富、溶氧充足的发酵液环境中,生长代谢旺盛,繁殖能力强,但到了发酵的中后期,泡菜的 pH 降低,对酸性极敏感的大肠菌群数量减少,在发酵末期由于乳酸的不断积累,高酸性环境使大肠菌群无法生存;自然发酵的大肠菌群数在整个发酵过程中均高于其他 3 种发酵方式,说明乳酸菌制剂发酵、自制泡菜菌发酵、老泡菜水发酵有利于抑制大肠菌群的生长繁殖,有利于提高泡菜食用安全性;发酵至终点时,4 种发酵方式的大肠菌群数均下降至 6(MPN/100 g) 以下。

2.4 不同发酵方式下甘蓝泡菜菌落总数的变化

菌落总数可直观反映甘蓝泡菜发酵过程中的杂菌数量,是判断泡菜食用安全性的重要指标。4种不同发酵方式下,甘蓝泡菜发酵过程中菌落总数的变化见图3.1.4。

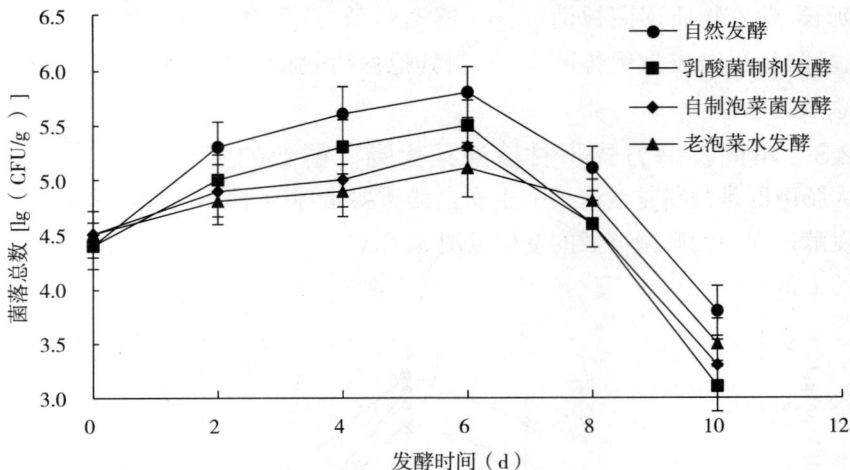

图 3.1.4　不同发酵方式下甘蓝泡菜菌落总数的变化

　　由图 3.1.4 可知,在自然发酵、乳酸菌制剂发酵、自制泡菜菌发酵、老泡菜水发酵 4 种发酵方式下,甘蓝泡菜的菌落总数随发酵时间的延长均呈先缓慢上升后迅速下降的趋势。在发酵前期,细菌均来自于甘蓝原料,因此 4 种发酵方式的菌落总数在发酵的第 0 d 基本一致,随着发酵时间的延长,外界环境溶氧充足,营养物质丰富,菌落总数在缓慢增加,到了发酵的中后期,随着泡菜液 pH 逐渐降低,总酸含量不断增加,抑制了细菌的生长繁殖,另外,由于到发酵的中后期乳酸菌群成为优势菌群,占主导地位,细菌的营养物质逐渐减少,生长缓慢,死亡速率大于繁殖速度,因此菌落总数不断减少;在整个发酵过程中,自然发酵方式的菌落总数始终高于其他 3 种发酵方式,这是由于自然发酵方式的乳酸菌生长缓慢,不能有效抑制细菌的生长繁殖;发酵至终点时,4 种发酵方式的大菌落总数均下降至 3.8 lg(CFU/g)以下。

3　结论

　　通过对自然发酵、乳酸菌制剂发酵、自制泡菜菌发酵、老泡菜水发酵 4 种不同发酵方式下,甘蓝泡菜第 0、2、4、6、8、10 d 发酵过程中的微生物指标进行检测,探究其动态变化规律,并进行对比分析,得出以下结论:

　　4 种发酵方式的甘蓝泡菜的乳酸菌数均随着发酵时间的延长呈先上升后趋于稳定的趋势,发酵至终点时,乳酸菌数均上升至 8.3 lg(CFU/g)以上。4 种发酵方式的酵母菌数均呈先上升后下降最后趋于稳定的趋势;在发酵的第 0~4d,4 种发酵方式的酵母菌数上升速度均较快,第 4 d 后开始下降,发酵至终点时,4 种发酵方式的酵母菌数均下降至 3.2 lg(CFU/g)左右。大肠菌群数均呈先上升后下降的变化趋势,自然发酵的大肠菌群数在整个发酵过程中均高于其他 3 种发酵方式,发酵至终点时,4 种发酵方式的大肠菌群数均下降至 6(MPN/100 g)以下。4 种发酵方式的菌落总数均呈先缓慢上升后迅速下降的变化趋势,发酵至终点时,4 种发酵方式的大菌落总数均下降至 3.8 lg(CFU/g)以下。

第 2 节　不同发酵方式下萝卜泡菜中微生物的变化分析

1　材料与方法

1.1　材料与试剂

1.1.1　材料

新鲜萝卜、泡菜盐、花椒、八角、生姜、冰糖、辣椒、高粱酒、青椒等均购于运城市佳缘超市;乳酸菌制剂发酵粉,北京川秀国际贸易有限公司;泡菜母水,四川李记酱菜调味品有限公司。

1.1.2　试剂

同本章第 1 节"1.2 实验试剂"。

1.2　仪器与设备

同本章第 1 节"1.3 仪器与设备"。

1.3　实验方法

1.3.1　泡菜的制作

同第 2 章第 2 节"1.3.1 泡菜的制作泡菜的制作"。

1.3.2　测定方法

同本章第 1 节"1.4.2 测定方法"。

2　结果与分析

2.1　萝卜泡菜发酵过程中乳酸菌数的变化

乳酸菌可加速萝卜泡菜的发酵过程,缩短发酵周期,并且对泡菜风味物质的形成具有决定性的作用。不同发酵方式下,萝卜泡菜发酵过程中乳酸菌数的变化见图 3.2.1。

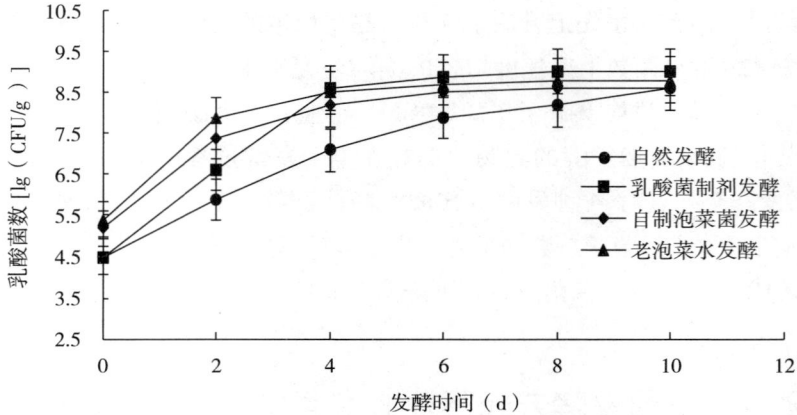

图 3.2.1 不同发酵方式下萝卜泡菜发酵过程乳酸菌数的变化

由图 3.2.1 可知,4 种不同发酵方式下,萝卜泡菜的乳酸菌数在发酵过程中均呈先上升后趋于稳定的变化趋势。在发酵的起始阶段,由于自制泡菜菌发酵、老泡菜水发酵的泡菜液是经过前期已发酵的泡菜液,本身含有一定数量的乳酸菌,因此乳酸菌数多于自然发酵、乳酸菌制剂发酵方式;在发酵的第 4 d,乳酸菌制剂发酵的乳酸菌数已超过自制泡菜菌发酵、老泡菜水发酵,这是由于乳酸菌制剂是经过筛选的菌种,具有活性强、能大量生长繁殖、耐酸性强的优势,第 6 d 后 3 种发酵方式乳酸菌数基本趋于稳定,这是由于泡菜环境中的 pH 降低到一定程度,种内竞争激烈,乳酸菌生长受到抑制,进入生长的稳定期,从而乳酸菌的数量基本稳定;在整个发酵过程中,自然发酵的乳酸菌数量始终低于其他 3 种发酵方式,并且上升速率较慢,这是由于自然发酵紧靠萝卜原料中携带的乳酸菌进行生长繁殖,并且活性弱、耐酸性低;发酵至终点时,4 种不同发酵方式的乳酸菌数均上升至 8.8 lg(CFU/g)左右。

2.2 萝卜泡菜发酵过程中酵母菌数的变化

在萝卜泡菜的发酵过程中,酵母菌的生长可以刺激乳酸菌的生长,降低 pH,抑制其他杂菌的生长。不同发酵方式下萝卜泡菜发酵过程中酵母菌数的变化见图 3.2.2。

由图 3.2.2 可知,4 种不同发酵方式的萝卜泡菜在发酵过程中随着时间的延长酵母菌数均呈先上升后下降趋势,在发酵的第 6 d,自然发酵、乳酸菌制剂发酵、自制泡菜菌发酵、老泡菜水发酵的酵母菌数分别上升至最高值(5.9±0.4)lg(CFU/g)、(5.2±0.3)lg(CFU/g)、(5.7±0.5)lg(CFU/g)、(5.6±0.3)lg(CFU/g)

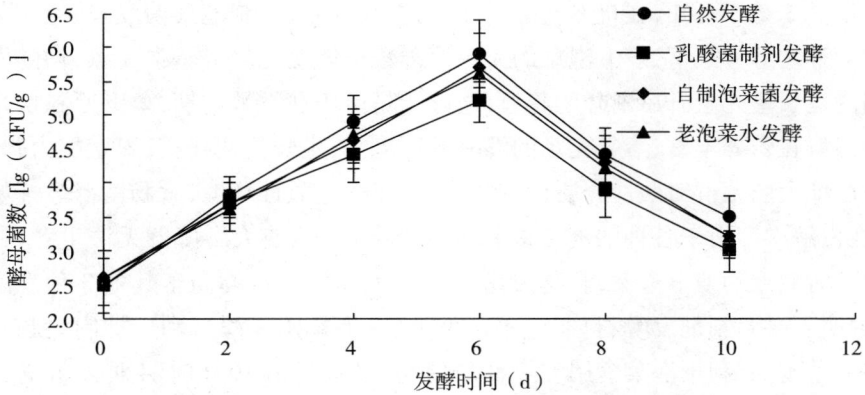

图 3.2.2　不同发酵方式下萝卜泡菜发酵过程酵母菌数的变化

后开始下降,这是由于在发酵前期,乳酸菌还未成为优势菌,在发酵后期乳酸菌成为优势菌,产酸造成的酸性和低氧环境抑制了酵母菌的生长。在整个发酵期间,自然发酵的酵母菌数始终高于其他3种发酵方式,表明乳酸菌制剂发酵、自制泡菜菌发酵、老泡菜水发酵对酵母菌的抑制优于自然发酵,发酵至终点时,自然发酵的酵母菌数为$(3.5 \pm 0.3) \lg (CFU/g)$,其他3种发酵的酵母菌数在$3.1 \lg (CFU/g)$左右,自然发酵的酵母菌数与其他3种发酵的酵母菌数差异性显著($p < 0.05$),其他3种发酵的酵母菌数之间差异性不显著($p > 0.05$)。

2.3　萝卜泡菜发酵过程中大肠菌群数的变化

不同发酵方式下,萝卜泡菜发酵过程中大肠菌群数的变化见图3.2.3。

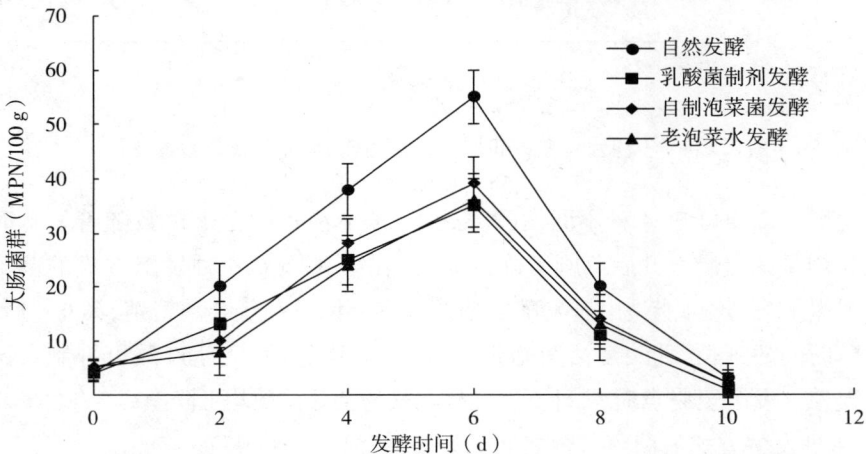

图 3.2.3　不同发酵方式下萝卜泡菜发酵过程大肠菌群数的变化

由图 3.2.3 可知,在自然发酵、乳酸菌制剂发酵、自制泡菜菌发酵、老泡菜水发酵 4 种发酵方式下,萝卜泡菜的大肠菌群数整体变化趋势基本一致,均随发酵时间的延长呈先上升后下降的趋势,这可能是由于在发酵前期,萝卜原料携带的大肠菌群在营养丰富、溶氧充足的发酵液环境中,生长代谢旺盛,繁殖能力强,到发酵后期大肠菌群对酸性介质比较敏感,不能适应酸性环境,大肠菌群数开始减少,在发酵末期由于各种酸的不断积累,高酸性环境使大肠菌群无法生存;在同一发酵时间点的萝卜泡菜,自然发酵方式的大肠菌群数均高于其他 3 种发酵方式,说明乳酸菌制剂发酵、自制泡菜菌发酵、老泡菜水发酵有利于抑制大肠菌群的生长繁殖,有利于泡菜食用安全性的提高;发酵至第 10 d 时,4 种发酵的大肠菌群数均小于 5 MPN/100 g,符合国家标准,适宜食用。

2.4 萝卜泡菜发酵过程中菌落总数的变化

菌落总数可直观反映萝卜泡菜中杂菌数量,是判断泡菜食用安全性的重要指标。不同发酵方式下,萝卜泡菜发酵过程中菌落总数的变化见图 3.2.4。

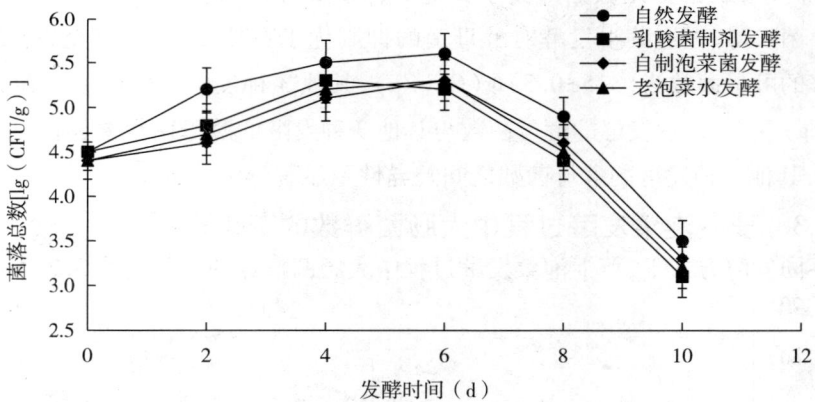

图 3.2.4　不同发酵方式下萝卜泡菜发酵过程中菌落总数的变化

由图 3.2.4 可知,4 种不同发酵方式下,萝卜泡菜的菌落总数随着发酵时间的延长均呈先缓慢上升后急剧下降的趋势,在第 0~6 d,4 种发酵方式的菌落总数均缓慢上升,这可能是由于发酵初期的泡菜环境有利于杂菌繁殖,第 6 d 后,随着发酵时间的延长,乳酸菌活力增强,逐渐成为优势菌,代谢产酸可抑制杂菌的生长繁殖。发酵至终点时,4 种不同发酵方式的菌落总数均下降至 3.3 lg(CFU/g)左右,4 种发酵方式的菌落总数之间无显著性差异($p>0.05$)。

3　结论

通过对自然发酵、乳酸菌制剂发酵、自制泡菜菌发酵、老泡菜水发酵 4 种不同发酵方式下,萝卜泡菜发酵过程中第 0~10 d 的微生物指标进行检测,探究其动态变化规律,并进行对比分析,得出以下结论:

4 种发酵方式的萝卜泡菜的乳酸菌数在发酵过程中均呈先上升后趋于稳定的变化趋势,发酵至终点时,4 种不同发酵方式的乳酸菌数均上升至 8.8 lg(CFU/g)左右;萝卜泡菜的酵母菌数均呈先上升后下降趋势,在整个发酵期间,自然发酵的酵母菌数始终高于其他 3 种发酵方式,发酵至终点时,自然发酵的酵母菌数为 (3.5±0.3)lg(CFU/g),其他 3 种发酵的酵母菌数在 3.1 lg(CFU/g)左右;4 种发酵方式的大肠菌群数均随发酵时间的延长呈先上升后下降的趋势,发酵至第 10 d 时,4 种发酵的大肠菌群数均小于 5 MPN/100 g,符合国家标准;4 种发酵方式的菌落总数随着发酵时间的延长均呈先缓慢上升后急剧下降的趋势,发酵至终点时,4 种不同发酵方式的菌落总数均下降至 3.3 lg(CFU/g)左右。

第 3 节　不同发酵方式下菊芋泡菜中微生物的变化分析

1　材料与方法

1.1　材料

菊芋,购于运城市北相镇农贸市场;花椒、大料、生姜、大蒜、辣椒、冰糖、高粱酒等,购于运城市佳缘超市;泡菜乳酸菌制剂发酵粉,北京川秀国际贸易有限公司;泡菜盐,四川省盐业总公司;泡菜母水,峨眉山久久香食品有限公司。

1.2　试剂

同本章第 1 节"1.2 实验试剂"。

1.3　仪器与设备

同本章第 1 节"1.3 仪器与设备"。

1.4　方法

1.4.1　泡菜的制备

同第 2 章第 3 节"1.4.1 泡菜的制备"。

1.4.2　分析方法

同本章第 1 节"1.4.2 分析方法"。

2 结果与分析

2.1 菊芋泡菜在不同发酵方式中乳酸菌数的变化

乳酸菌是菊芋泡菜发酵过程中的核心微生物,对提高菊芋泡菜的营养价值、风味、品质等方面起着至关重要的作用。菊芋泡菜在 4 种不同发酵方式中乳酸菌数的变化见图 3.3.1。

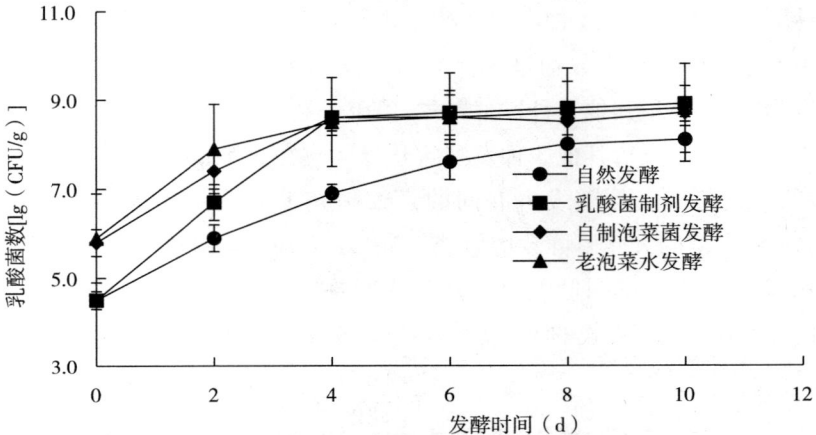

图 3.3.1 菊芋泡菜在不同发酵方式中乳酸菌数的变化

由图 3.3.1 可知,4 种发酵方式的乳酸菌数在发酵过程中均呈先上升后趋于稳定的趋势。4 种发酵方式的乳酸菌数上升速率不同,其中乳酸菌制剂发酵剂发酵高于自制泡菜菌发酵、老泡菜水发酵,而自制泡菜菌发酵、老泡菜水发酵又高于自然发酵,乳酸菌制剂发酵、自制泡菜菌发酵、老泡菜水发酵均在第 0~4 d 快速上升,第 4 d 后基本趋于稳定,自然发酵在第 0~8 d 上升速率缓慢,第 8 d 后基本趋于稳定;在整个发酵过程中,自然发酵的乳酸菌数始终低于其他 3 种发酵方式,这是由于自制泡菜菌发酵、老泡菜水发酵本身的泡菜液中就含有一定量的乳酸菌,乳酸菌制剂发酵剂发酵方式添加了乳酸菌制剂发酵剂,因此,在发酵过程中乳酸菌代谢比较旺盛,繁殖速度快,而自然发酵仅靠菊芋原料本身携带的乳酸菌,数量少、活力弱,繁殖速度较慢。发酵至终点时,4 种发酵方式的乳酸菌数分别上升至 (8.1 ± 0.5) lg(CFU/g)、(8.9 ± 0.4) lg(CFU/g)、(8.7 ± 0.3) lg(CFU/g)、(8.8 ± 0.4) lg(CFU/g)。

2.2 菊芋泡菜在不同发酵方式中酵母菌数的变化

在菊芋泡菜发酵过程中,酵母菌可代谢蔗糖、葡萄糖和果糖产生乙醇,在泡菜后熟过程中发生酯化反应产生芳香物质,对泡菜风味形成至关重要。菊芋泡菜在 4 种不同发酵方式中酵母菌数的变化见图 3.3.2。

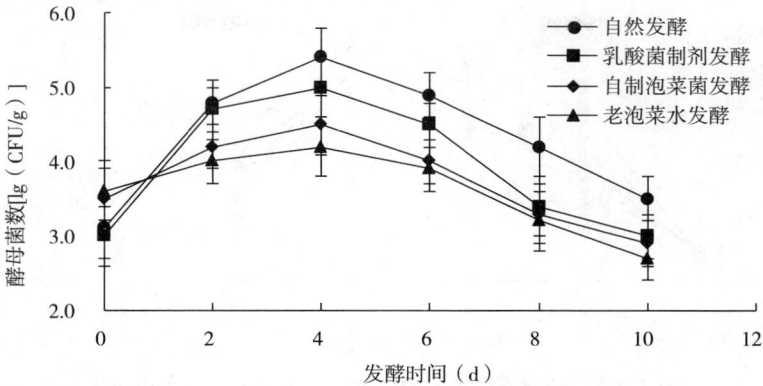

图 3.3.2　菊芋泡菜在不同发酵方式中酵母菌数的变化

　　由图 3.3.2 可知,4 种发酵方式的酵母菌数在发酵过程中均呈先不断上升后下降的趋势。在发酵前期,酵母菌生长所需的营养物质丰富,泡菜液中的总酸含量较低,氧含量也较多,对兼性好氧酵母菌的生长繁殖均有利,酵母菌数随发酵时间的延长逐渐增加;但到了发酵后期,酵母菌生长所需的营养物质逐渐被耗尽,泡菜液中的总酸含量升高,氧含量逐渐降低,在高酸、缺氧的环境中,酵母菌的生长、繁殖受到抑制,因此酵母菌数呈逐渐降低的趋势。由于自制泡菜菌发酵、老泡菜水发酵的泡菜液中的总酸含量高,酵母菌受高酸环境的抑制,在第 0 ~ 4 d 酵母菌数上升速率较小,第 4 d 后,其下降速率较大;在整个发酵期间,自然发酵的酵母菌总数始终高于其他 3 种方式,这是由于自制泡菜菌发酵、老泡菜水发酵的泡菜液中本身含有一定数量的酸性物质,直投式乳酸菌是经过筛选的代谢比较旺盛的菌种,产酸速度快,而自然发酵过程中乳酸菌生长缓慢、产酸速度也慢,酵母菌受高酸环境的抑制较弱。发酵至终点时,4 种发酵方式的酵母菌数分别为(3.5±0.4)lg(CFU/g)、(3.0±0.3)lg(CFU/g)、(2.9±0.2)lg(CFU/g)、(2.7±0.2)lg(CFU/g)。

2.3　菊芋泡菜在不同发酵方式中大肠菌群数的变化

　　菊芋泡菜在 4 种不同发酵方式中大肠菌群数的变化见图 3.3.3。

　　由图 3.3.3 可知,菊芋泡菜在 4 种不同发酵方式中,大肠菌群数均呈先上升后下降的变化趋势,这是由于在发酵初期,菊芋原料携带的大肠菌群在营养物质丰富、溶氧充足的发酵液环境中,生长繁殖代谢活动迅速,随着发酵的进行,泡菜

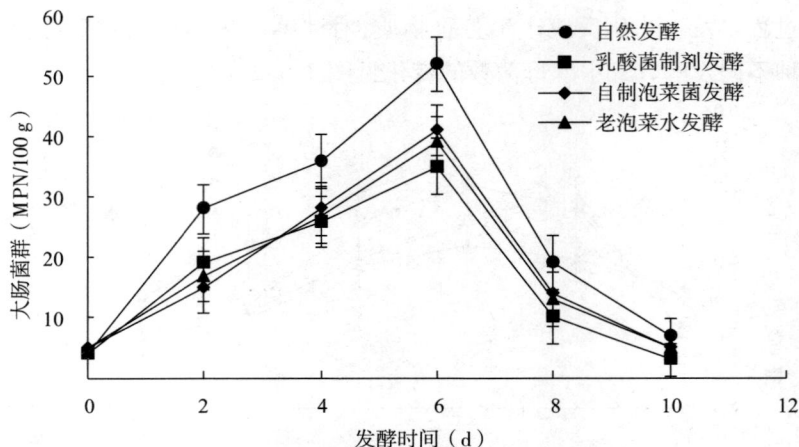

图 3.3.3　菊芋泡菜在不同发酵方式中大肠菌群数的变化

液的 pH 逐渐降低，大肠菌群对酸性介质极其敏感，不能适应酸性环境，因此呈快速下降的趋势；发酵至终点时，4 种发酵的大肠菌群数均下降至 7 MPN/100 g以下。

2.4　菊芋泡菜在不同发酵方式中菌落总数的变化

菊芋泡菜在 4 种不同发酵方式中菌落总数的变化见图 3.3.4。

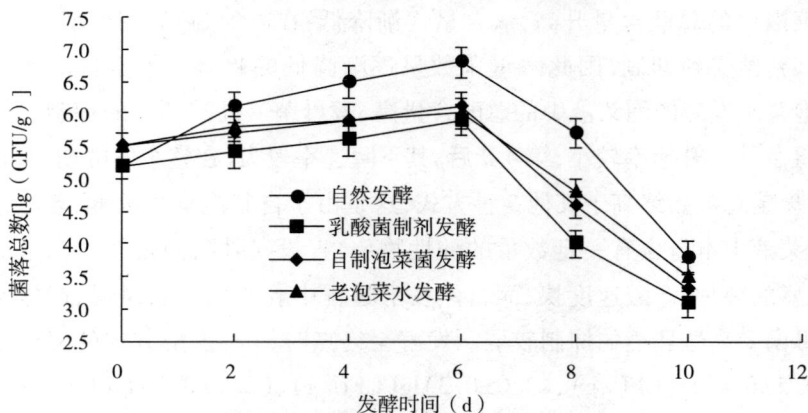

图 3.3.4　菊芋泡菜在不同发酵方式中菌落总数的变化

由图 3.3.4 可知，菊芋泡菜在 4 种不同发酵方式中，菌落总数随发酵时间的延长均呈先缓慢上升后快速下降的趋势。4 种发酵方式的菌落总数在发酵前期上升幅度均较小，在第 6 d 均上升至最高值 6 lg(CFU/g) 左右后开始快速下降，在第 10 d 均下降至最低值 3 lg(CFU/g) 左右；在发酵前期的细菌主要来源于菊芋原料,一小部分来自泡菜液,所以自制泡菜菌发酵、老泡菜水发酵的菌落总数在起始时稍高于自然发酵和乳酸菌制剂发酵剂发酵,在初始的泡菜环境中,营养物质丰富,氧含量较高,利于细菌的生长繁殖,发酵的中后期,泡菜环境中总酸含量不断增加,氧含量逐渐降低,抑制了细菌的生长繁殖,死亡数逐渐大于繁殖数,所以菌落总数不断降低;对比 4 种发酵方式,乳酸菌制剂发酵、自制泡菜菌发酵、老泡菜水发酵在发酵过程中,乳酸菌数量多、生长繁殖迅速,能有效抑制细菌的繁殖,因而 3 种发酵方式的菌落总数始终高于自然发酵的菌落总数。

3 结论

通过对自然发酵、乳酸菌制剂发酵、自制泡菜菌发酵、老泡菜水发酵 4 种不同发酵方式下,菊芋泡菜发酵过程中第 0、2、4、6、8、10 d 的微生物指标进行检测,探究其动态变化规律,并进行对比分析,得出以下结论:

4 种发酵方式的乳酸菌数在发酵过程中均呈先上升后趋于稳定的趋势,在整个发酵过程中,自然发酵的乳酸菌数始终低于其他 3 种发酵方式,发酵至终点时,4 种发酵方式的乳酸菌数均上升至 8.1 lg(CFU/g)以上;酵母菌数在发酵过程中均呈先不断上升后下降的趋势,在整个发酵期间,自然发酵的酵母菌总数始终高于其他 3 种方式,发酵至终点时,4 种发酵方式的酵母菌数为 3.0 lg(CFU/g)左右;大肠菌群数均呈先上升后下降的变化趋势,发酵至终点时,4 种发酵的大肠菌群数均下降至 7 MPN/100 g 以下;菌落总数随发酵时间的延长均呈先缓慢上升后快速下降的趋势,发酵至终点时,均下降至最低值 3.0 lg(CFU/g)左右,在整个发酵过程中,乳酸菌制剂发酵剂发酵、自制泡菜菌发酵、老泡菜水发酵的菌落总数始终高于自然发酵。

第 4 节 不同发酵方式下莲藕泡菜中微生物的变化分析

1 材料与方法

1.1 实验材料

新鲜莲藕、泡菜专用盐、冰糖、大蒜、干辣椒、生姜、八角、花椒、青椒、高粱酒等,均购自山西运城市盐湖区永辉超市;泡菜酸菜乳酸菌制剂发酵粉,北京川秀国际贸易有限公司;泡菜母水,峨眉山久久香食品有限公司。

1.2　实验试剂

同本章第 1 节"1.2 实验试剂"。

1.3　仪器与设备

同本章第 1 节"1.3 仪器与设备"。

1.4　实验方法

1.4.1　泡菜的制作

同第 2 章第 4 节"1.4.1 泡菜的制作"。

1.4.2　测定方法

同本章第 1 节"1.4.2 测定方法"。

1.5　数据处理

每次实验均做 3 个平行,采用 SPSS 19.0 和 Excel 2007 软件进行数据处理与作图分析,结果以平均值±标准差(Mean±SD)表示。

2　结果与分析

2.1　莲藕泡菜在不同发酵过程中乳酸菌数的变化

乳酸菌是莲藕泡菜发酵过程中最主要的优势菌,是一种兼性厌氧的益生菌,不同发酵方式下,莲藕泡菜在发酵过程中乳酸菌数的变化见图 3.4.1。

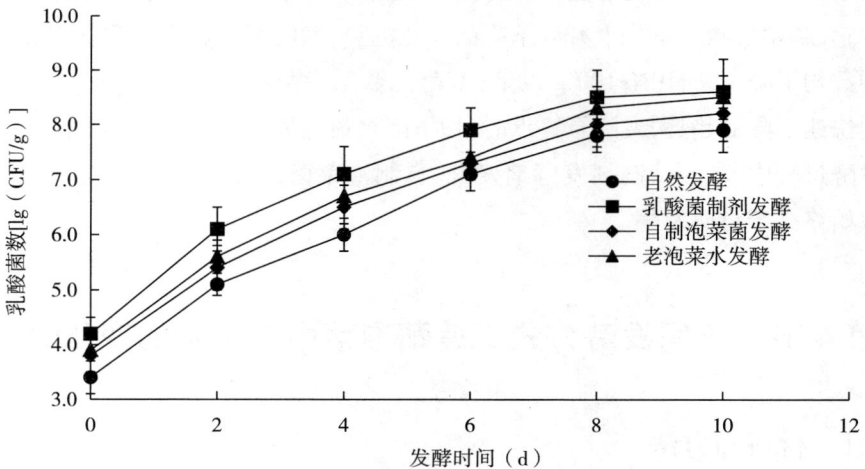

图 3.4.1　4 种不同发酵莲藕泡菜的乳酸菌数变化

由图 3.4.1 可知,4 种发酵方式的乳酸菌数量变化的趋势差异性不大,随着发酵时间的延长,均呈先上升后基本保持稳定的变化趋势。这是由于在发酵前期,泡菜坛中的环境利于乳酸菌的生长繁殖,乳酸菌进入对数生长期,乳酸菌大量繁殖。而在发酵后期 pH 降低到一定程度,种内竞争激烈,乳酸菌生长受到抑制,进入生长的稳定期,从而乳酸菌的数量基本稳定。通过 4 种发酵方式的对比,乳酸菌制剂发酵的乳酸菌总数高于自制泡菜菌发酵和老泡菜水发酵中的乳酸菌总数,自制泡菜菌发酵和老泡菜水发酵中的乳酸菌总数又高于自然发酵,这是由于乳酸菌制剂是经过筛选的菌种,更有酸度和盐度的耐受性,自制泡菜菌发酵和老泡菜水发酵泡菜液中本身含有一定数量的乳酸菌,自然发酵紧靠原料携带的一些少量乳酸菌。醇至终点时,4 种发酵方式的乳酸菌总数分别上升至(7.9 ± 0.4) lg(CFU/g)、(8.6 ± 0.5)lg(CFU/g)、(8.2 ± 0.5)lg(CFU/g)、(8.5 ± 0.4)lg(CFU/g)。

2.2　莲藕泡菜在不同发酵过程中酵母菌数的变化

酵母菌在泡菜发酵中主要可以提升产品的风味和品质,在泡菜发酵中也是主要的优势菌。不同发酵方式下,莲藕泡菜在发酵过程中酵母菌数的变化见图 3.4.2。

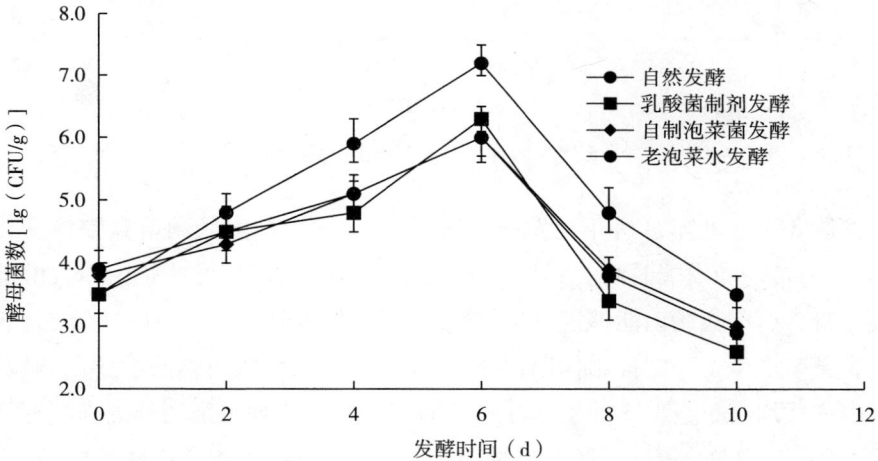

图 3.4.2　4 种不同发酵莲藕泡菜酵母菌数的变化

由图 3.4.2 可知,4 种不同发酵方式下,莲藕泡菜的酵母菌数均随发酵时间的延长呈先增加后降低的趋势。在第 0~6 d,酵母菌总数呈增加趋势,这是由于乳酸菌还未成为优势菌,对酵母菌的生长繁殖还未产生抑制作用;在第 6~10 d开始下降,乳酸菌开始逐渐成为优势菌,产酸造成的酸性和低氧环境抑制了酵母菌的生长。在整个发酵期间,自然发酵的酵母菌总数多于其他 3 种发酵,发酵至终点时,自然发酵、乳酸菌制剂发酵、自制泡菜菌发酵和老泡菜水发酵的酵母菌总数分别为(3.5±0.3)lg(CFU/g)、(2.6±0.2)lg(CFU/g)、(3.0±0.3)lg(CFU/g)、(2.9±0.4)lg(CFU/g),除自制泡菜菌发酵和老泡菜水发酵的酵母菌总数之间不存在差异性显著(p>0.05)外,但与其他2种发酵方式均存在显著性差异(p<0.05)。

2.3 莲藕泡菜在不同发酵过程中大肠菌群数的变化

在不同发酵方式下,莲藕泡菜发酵过程中大肠菌群数的变化见图3.4.3。

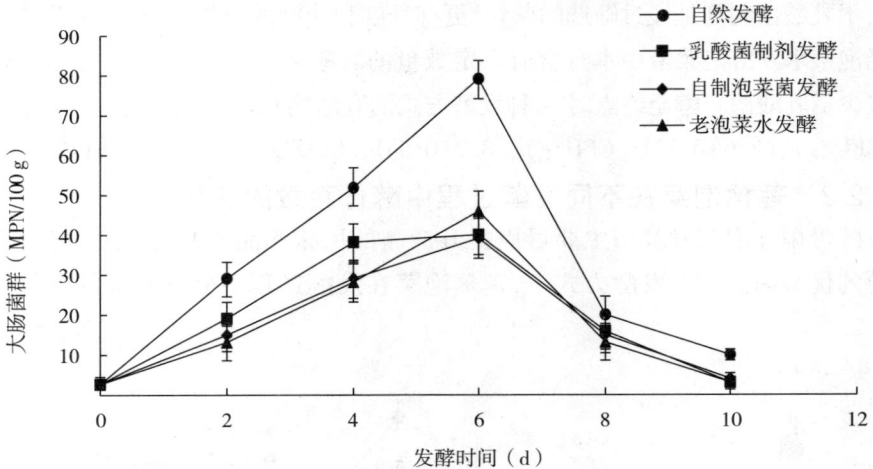

图3.4.3 4种不同发酵莲藕泡菜的大肠菌群数变化

由图3.4.3可知,4种不同发酵方式下,莲藕泡菜的大肠菌群数整体变化趋势基本一致,均随发酵时间的延长呈先上升后下降的趋势,可能是由于发酵前期蔬菜本身含有的大肠菌能够进行生物代谢活动,发酵后期泡菜液中较低的pH对其生长繁殖产生了一定抑制作用;在同一发酵时间点甘蓝泡菜的大肠菌群数,自然发酵方式均高于其他3种发酵方式;4种发酵方式出现大肠菌群的高峰期均为第6 d,随着发酵的进行,大肠菌群数对酸性介质敏感,不能适应酸性环境,大肠菌群数均开始下降,发酵至终点时,自然发酵的大肠菌群数下降至为(10.0±1.3)MPN/100 g,乳酸菌制剂发酵、自制泡菜菌发酵和老泡菜水发酵的大肠菌群数均下降至3 MPN/100 g左右,3种发酵方式的大肠菌群数差异性不显著(p>0.05),而自然发酵与其他3种发酵存在显著性差异(p<0.05)。

2.4 莲藕泡菜在不同发酵过程中菌落总数的变化

在不同发酵方式下,莲藕泡菜发酵过程中菌落总数的变化见图3.4.4。

由图3.4.4可知,4种不同发酵方式下,莲藕泡菜中菌落总数均随着发酵时间的延长呈先上升后下降的趋势,但变化情况不完全相同。在发酵初期,细菌主

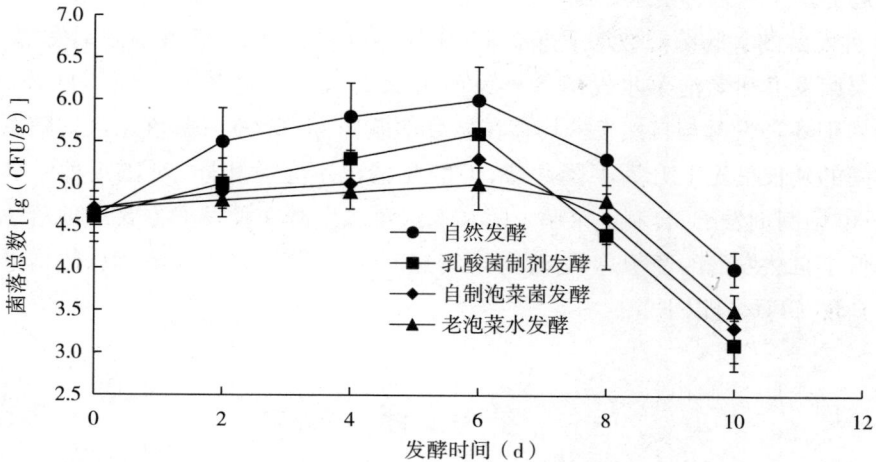

图 3.4.4　4 种不同发酵莲藕泡菜的菌落总数变化

要来自莲藕原材料,所以 4 种发酵方式的泡菜的菌落总数在起始时基本一致。在发酵的第 0~6 d,4 种发酵方式的菌落总数均呈上升趋势,这是由于发酵初期泡菜环境营养物质丰富,溶氧充足,有利于杂菌生长繁殖,第 6 d 后随发酵时间的延长,乳酸菌活力增强,逐渐成为优势菌,代谢产酸抑制杂菌的繁殖生长,菌落总数开始呈下降的趋势。对比 4 种发酵方式,乳酸菌制剂发酵、自制泡菜菌发酵和老泡菜水发酵在发酵过程中乳酸菌生长迅速,能有效抑制其他杂菌的繁殖,因而3 种发酵方式的菌落总数始终低于自然发酵的菌落总数;发酵至终点时,4 种发酵方式的菌落总数分别下降至$(4.0\pm0.2)\lg(CFU/g)$、$(3.1\pm0.3)\lg(CFU/g)$、$(3.3\pm0.4)\lg(CFU/g)$、$(3.5\pm0.2)\lg(CFU/g)$。

3　结论

通过对自然发酵、乳酸菌制剂发酵、自制泡菜菌发酵、老泡菜水发酵 4 种不同发酵方式下,莲藕泡菜发酵过程中第 0、2、4、6、8、10 d 的微生物指标进行检测,探究其动态变化规律,并进行对比分析,得出以下结论:

4 种不同发酵方式下,莲藕泡菜的乳酸菌数量变化的趋势差异性不大,随着发酵时间的延长,均为先上升后基本保持稳定的趋势,发酵至终点时,4 种发酵的乳酸菌数均上升至 7.9 lg(CFU/g)以上;酵母菌数均随发酵时间的延长呈先增加后降低的趋势,在整个发酵期间,自然发酵的酵母菌总数多于其他 3 种发酵,发酵至终点时,4 种发酵的酵母菌总数均为 3.0 lg(CFU/g)左右;大肠菌群数整体变化趋势基本一致,均随发酵时间的延长呈先上升后下降的趋势,发酵至终点时,4 种发酵的大肠菌群数均下降至 10.0 MPN/100 g 以下,乳酸菌制剂发酵、自制泡菜菌发酵和老泡菜水发酵 3 种发酵方式的大肠菌群数差异性不显著($p>$ 0.05),但 3 种发酵与自然发酵均存在显著性差异($p<0.05$);菌落总数均随着发酵时间的延长呈先上升后下降趋势,但变化情况不完全相同,对比 4 种发酵方式,乳酸菌制剂发酵、自制泡菜菌发酵和老泡菜水发酵 3 种发酵方式的菌落总数始终低于自然发酵的菌落总数,发酵至终点时,4 种发酵方式的菌落总数均下降至 4.0 lg(CFU/g)以下。

参考文献

[1]刘笑笑,金永梅,李姝睿,等. 人工接种肠膜明串珠菌对发酵樱菜中的化学成分和微生物数量的影响[J]. 食品与发酵工业,2020,45(15):107-112.

[2]JIANG X, QING S, WU T, et al. Effect of mixed fermentation of lactic acid bacteria on the quality of pickled cabbage[J]. Food and Ferment Industry, 2016, 42(5):126-131.

[3]李欣,武俊瑞,田甜,等. 大庆自然发酵酸菜中乳酸菌的分离鉴定及耐酸菌株初步筛选[J]. 食品科学,2014,35(1):150-154.

[4]王海平,黄和升,田青. 发酵方式对苤蓝泡菜品质的影响[J]. 中国调味品,2019,44(12):126-129.

[5]李冬梅,白月娥,李玲,等. SDS-PAGE 电泳法分析朝鲜族辣白菜中乳酸菌分布[J]. 食品科技,2012,37(11):10-13.

[6]韩新锋,刘书亮,张艾青,等. 产细菌素植物乳杆菌纯种半固态发酵对泡菜品质的影响[J]. 中国酿造,2012,31(7):72-76.

[7]韩宏娇,丛敏,李欣蔚,等. 自然发酵酸菜化学成分含量和微生物数量的动态变化及其相关性分析[J]. 食品工业科技,2019,40(2):148-153.

[8]马欢欢,吕欣然,林洋,等. 传统东北酸菜自然发酵过程中乳酸菌与营养物质同步分析[J]. 食品与发酵工业,2017,43(2):79-84.

[9]马艳弘,魏建明,侯红萍,等. 发酵方式对山药泡菜理化特性及微生物变化的影响[J]. 食品科学,2016,37(17):179-184.

[10]丛敏,李欣蔚,武俊瑞,等. PCR-DGGE 分析东北传统发酵酸菜中乳酸菌多样性[J]. 食品科学,2016,37(7):78-82.

［11］王文建，闵锡祥，李兰英，等. 川式泡菜、韩式泡菜发酵过程中理化特性及微生物变化比较. 食品科技，2020，45(6)：6-17.

［12］杨振泉，张咪，王晓霖，等. 泡菜中乳酸菌的分离鉴定及其耐 NaCl 胁迫与产酸能力研究［J］. 食品与发酵工业，2015，41(5)：64-70.

［13］于新颖，刘文丽，殷杰，等. 不同食盐浓度下白菜泡菜的乳酸菌数及理化指标变化［J］. 食品与发酵工业，2015，41(10)：124-129.

［14］夏姣. 四川泡菜发酵过程中乳酸菌的动态变化及其对泡菜风味的影响［D］. 雅安：四川农业大学，2014.

［15］王海平，黄和升，田青. 不同腌制方式对泡甘蓝品质的影响［J］. 食品研究与开发，2019，40(23)：149-224.

［16］范丽平，任国平，张学兵，等. 接菌发酵泡菜品质分析［J］. 食品与机械，2012，28(5)：55-58.

［17］中华人民共和国国家卫生和计划生育委员会，国家食品药品监督管理总局. GB 4789.35—2016 食品安全国家标准 食品微生物检验 乳酸菌检验［S］. 北京：中国标准出版社，2016.

［18］中华人民共和国国家卫生和计划生育委员会，国家食品药品监督管理总局. GB 4789.15—2016 食品安全国家标准 食品微生物检验 霉菌和酵母计数［S］. 北京：中国标准出版社，2016.

［19］中华人民共和国国家卫生和计划生育委员会，国家食品药品监督管理总局. GB 4789.3—2016 食品安全国家标准 食品微生物检验 大肠菌群计数［S］. 北京：中国标准出版社，2016.

［20］中华人民共和国国家卫生和计划生育委员会，国家食品药品监督管理总局. GB 4789.2—2016 食品安全国家标准 食品微生物检验 菌落总数计数［S］. 北京：中国标准出版社，2016.

［21］云琳，毛丙永，崔树茂，等. 不同发酵方式对萝卜泡菜理化特性和风味的影响［J］. 食品与发酵工业，2020，46(13)：69-75.

［22］付莎莉. 新、老泡菜水对泡菜乳酸菌群的影响［D］. 雅安：四川农业大学，2013.

［23］纪淑娟，孟宪军. 大白菜发酵过程中亚硝酸盐消长规律的研究［J］. 食品与发酵工业，2001(2)：42-46.

［24］毛丙永，殷瑞敏，赵楠，等. 四川老卤泡菜基本理化指标及特征菌群分离鉴定［J］. 食品与发酵工业，2018，44(11)：26-31.

［25］李啸. 我国传统泡菜自然发酵与单菌发酵微生物及代谢特性研究［D］. 南昌：南昌大学，2014.

［26］彭飞. 我国传统泡菜自然发酵与接种发酵中微生物及其代谢特性研究［D］. 南昌：南昌大学，2015.

［27］赵楠. 四川泡菜的主要特性及其成因分析［D］. 无锡：江南大学，2017.

［28］李文婷，车振明，雷激，等. 不同发酵方式泡菜理化指标及微生物数量变化的研究［J］. 中国调味品，2011，36(9)：45-50.

［29］熊家卉，李璨. 泡菜生产过程主要发酵微生物的研究进展［J］. 山东化工，2021，50(4)：87-88.

第4章 不同发酵方式下4种泡菜的物理特性分析

第1节 不同发酵方式下甘蓝泡菜的物理特性分析

1 材料与方法

1.1 实验材料

甘蓝、食盐、白糖、花椒、八角、生姜等,购于运城市永辉超市;泡菜酸菜乳酸菌制剂发酵粉,北京川秀科技有限公司;老坛母水,四川省成都市蓉城味道商贸有限公司。

1.2 仪器与设备

PX125DZH 型电子天平,奥豪斯仪器(上海)有限公司;NH310 高品质便携式电脑色差仪,深圳市三恩时科技有限公司;食品物性分析仪质构仪,北京盈盛恒泰科技有限责任公司。

1.3 实验方法

1.3.1 甘蓝泡菜的制作

1.3.1.1 自然发酵

新鲜甘蓝→清洗→沥干→切片→装坛(以料液质量比 1:2 将甘蓝和含盐6%、糖 1.5% 的凉开水装入坛内)→添加香辛辅料(按甘蓝和盐水总量计,加生姜0.05%、花椒 0.06%、八角 0.06%)→密封→室温发酵。

1.3.1.2 乳酸菌制剂发酵

新鲜甘蓝→清洗→沥干→切片→装坛(料液比、盐水浓度同自然发酵)→添加香辛辅料(添加量同自然发酵)→添加泡菜质量 2% 的泡菜乳酸菌制剂发酵剂→密封→室温发酵。

1.3.1.3 老泡菜水发酵

新鲜甘蓝→清洗→沥干→切片→装坛(以料液质量比 1:1 将甘蓝和含盐6%、糖 1.5% 的凉开水装入坛内,其余的盐水用老泡菜水代替,补充添加食盐、白糖,使泡菜液最终的盐、糖浓度分别为 6%、1.5%)→添加香辛辅料(同自然发酵)→密封→室温发酵。

1.3.1.4 自制泡菜菌发酵

（1）将高粱酒（53% vol）与食盐水（质量浓度为 6%）按体积比例 1:20 混合，然后加入总质量 5% 的青椒和各种调味料，密封，室温发酵 5~6 d，待青椒变黄后，自制泡菜菌发酵液制成。

（2）新鲜甘蓝→清洗→沥干→切片→装坛（以料液质量比 1:2 将甘蓝和自制泡菜菌发酵液装入坛内）→添加香辛辅料（按甘蓝和盐水总量计，加生姜 0.05%、花椒 0.06%、八角 0.06%）→密封→室温发酵。

1.3.2 试验设计

试验分为 4 组，自然发酵组、乳酸菌制剂发酵组、自制泡菜菌发酵组、老泡菜水发酵。每组平行泡制 3 坛，对每坛发酵过程中第 0、2、4、6、8、10 d 的泡菜的色差、质构参数进行测定。

1.3.3 甘蓝泡菜色差的测定

采用便携式电脑色差仪对甘蓝泡菜的 L^*、a^* 及 b^* 值进行测量，其中 L^* 表示明度差异，ΔL^* 大（为正）体现偏白，ΔL^* 小（为负）体现偏黑；a^* 表示红绿差异，Δa^* 大（为正）体现偏红，Δa^* 小（为负）体现偏绿；b^* 表示黄蓝差异，Δb^* 大（为正）体现偏黄，Δb^* 小（为负）体现偏蓝。每个样品选取 3 个测量点，测量前将样品测量面整理平整。色差根据 GB/T 7921—2008《均匀色空间和色差公式》中的色差公式计算。其公式为：

$$\Delta E^* = \sqrt{\Delta L^{*2} + \Delta a^{*2} + \Delta b^{*2}}$$

式中：ΔL 为甘蓝泡菜叶所测亮度值与未进行泡制甘蓝叶亮度值之差；Δa 为甘蓝泡菜叶所测红绿度值与未进行泡制甘蓝叶红绿度值之差；Δb 为甘蓝泡菜叶所测黄蓝度值与未进行泡制甘蓝叶黄蓝度值之差。

1.3.4 甘蓝泡菜质构的测定

采用食品物性分析仪对甘蓝泡菜样品的硬度、弹性、咀嚼性、黏附性、内聚性等质构特性进行测定，以评价甘蓝泡菜的质构品质。硬度：TPA 测试中第一次压缩泡菜时的最大峰值，即获得指定形变所必需的力；弹性：指泡菜经过第一次压缩后能够再恢复的程度，即已变形泡菜在去除压力后恢复到变形前的高度比率；咀嚼性：咀嚼泡菜达到可吞咽状态时所做的功；黏附性：表示咀嚼泡菜时对人体上颚、牙齿、舌头等接触面黏着的性质，指泡菜表面与上颚、牙齿、舌头附着时，剥离它们时所需要的力；内聚性：泡菜经过第一次压缩变形后所表现出来的对第二次压缩的相对抵抗性,在曲线上表现为两次压缩所做正功之比。

测定条件:力量感应量程 1000 N,表面上升高度 70 mm,形变百分量 50%,速度 60 mm/min,起始力 0.5 N。每片泡菜叶取三个点测量,每个点测定 5 个平行,剔除最大值和最小值,结果求平均值。

1.4　数据处理

采用 SPSS 19.0 和 Excel 2010 对实验原始数据进行处理,采用 ANOVA 进行显著性分析,显著水平 $p<0.05$,以不同字母表示,用 Origin 8.5 处理作图。

2　结果与分析

2.1　不同发酵方式下甘蓝泡菜色差的变化

甘蓝泡菜的品质与其色差变化有密切的关系。自然发酵、乳酸菌制剂发酵、自制泡菜菌发酵、老泡菜水发酵 4 种不同发酵方式下,甘蓝泡菜的亮度值(L^*)、红度值(a^*)、黄度值(b^*)和总色差(ΔE)随发酵时间延长发生不同的变化,其变化情况见表 4.1.1。

由表 4.1.1 可知:

(1)在自然发酵、乳酸菌制剂发酵、自制泡菜菌发酵、老泡菜水发酵 4 种发酵方式下,甘蓝泡菜的亮度值(L^*)均随发酵时间延长呈整体下降趋势,在第 0~4 d 4 种发酵方式的亮度值变化趋势均比较平缓,由第 0 d 的最高值(64.49)分别下降至第 4 d 的(59.25±1.64)、(55.48±3.33)、(56.23±1.32)、(58.99±1.53),在发酵第 4 d 后,乳酸菌制剂发酵方式的亮度值下降速度加快,最终下降至最低值(28.17±1.64),而自然发酵、自制泡菜菌发酵、老泡菜水发酵方式的亮度值在第 4~8 d 下降趋势仍比较平缓,第 8 d 后下降趋势比较显著,第 10 d 分别下降至最低值(46.24±2.67)、(37.36±2.36)、(38.86±2.27)。

(2)4 种不同发酵方式下,甘蓝泡菜的红度值(a^*)均随发酵时间延长呈上升趋势,自然发酵方式的红度值变化趋势比较平稳,由第 0 d 的最低值(-5.78)上升至第 10 d 的最高值(1.98±0.94),乳酸菌制剂发酵、自制泡菜菌发酵、老泡菜水发酵方式的红度值变化趋势比较显著,由第 0 d 的最低值-5.78 分别上升至第 10 d 的最高值(3.16±0.91)、(3.03±0.31)、(4.11±0.20),这可能是由于自制泡菜菌发酵、老泡菜水发酵方式本身的泡菜液中含有一定量的色素,在发酵过程中会迅速渗透到甘蓝中,乳酸菌制剂发酵可能由于乳酸菌数量多、活力强,能够加快泡菜液中的色素渗透到甘蓝中的速度。

(3)4 种不同发酵方式下,甘蓝泡菜黄度值(b^*)均随发酵时间延长呈上升趋

表 4.1.1 不同发酵方式下甘蓝泡菜的色差变化

发酵天数	亮度值（L^*）				红度值（a^*）			
	自然发酵	乳酸菌制剂发酵	自制泡菜菌发酵	老泡菜水发酵	自然发酵	乳酸菌制剂发酵	自制泡菜菌发酵	老泡菜水发酵
0 d	64.49±3.38[aA]	64.49±3.04[aA]	64.49±2.61[aA]	64.49±2.21[aA]	-5.78±1.83[dA]	-5.78±0.68[fA]	-5.78±0.79[eA]	-5.78±0.62[eA]
2 d	63.71±2.11[aA]	63.04±1.72[aA]	62.30±1.43[bB]	60.83±1.67[bC]	-2.71±0.25[cB]	-2.31±1.44[eB]	-1.18±0.35[dA]	-0.75±0.21[dA]
4 d	59.25±1.64[bA]	55.48±3.33[bB]	56.23±1.32[cB]	58.99±1.53[cA]	0.21±0.06[bB]	-0.81±0.05[dC]	0.60±0.10[cA]	0.98±0.08[cA]
6 d	56.19±2.50[cA]	47.50±2.87[cB]	54.90±2.51[dA]	55.60±2.37[dA]	0.77±0.06[bA]	0.18±0.86[cB]	0.66±0.50[cB]	1.78±0.50[cA]
8 d	53.08±1.55[dA]	41.90±2.52[dC]	52.23±1.56[eAB]	51.41±1.89[eB]	1.38±0.83[aB]	2.09±1.61[bA]	1.11±0.52[bB]	2.11±0.31[bB]
10 d	46.24±2.67[eA]	28.17±1.64[eC]	37.36±2.36[fB]	38.86±2.27[fB]	1.98±0.94[aB]	3.16±0.91[aA]	3.03±0.31[aA]	4.11±0.20[aA]

续表

发酵天数	黄度值（b^*）				总色差（ΔE）			
	自然发酵	乳酸菌制剂发酵	自制泡菜菌发酵	老泡菜水发酵	自然发酵	乳酸菌制剂发酵	自制泡菜菌发酵	老泡菜水发酵
0 d	8.71±1.39[dA]	8.71±1.98[dA]	8.71±1.07[eA]	8.71±1.02[eA]	36.82±3.99[eA]	36.82±3.61[eA]	36.82±3.24[eA]	36.82±3.67[eA]
2 d	11.65±2.36[cA]	9.88±2.40[dB]	11.26±2.10[dA]	11.94±2.21[dA]	38.41±2.91[deB]	38.88±2.73[eB]	39.71±2.35[deA]	40.52±2.43[deA]
4 d	12.03±1.65[cB]	11.77±3.87[cB]	13.36±2.93[cdA]	14.82±2.78[cA]	40.97±2.32[cdC]	48.98±3.69[dA]	41.47±3.62[dB]	42.25±3.21[dB]
6 d	14.16±2.69[bcB]	11.83±1.99[cC]	14.16±2.69[bcB]	15.94±2.57[bcA]	42.68±2.50[cC]	54.12±5.26[cA]	44.87±4.17[cBC]	47.02±4.43[cB]
8 d	16.70±1.60[bA]	15.16±1.21[bB]	15.45±1.30[bB]	16.52±1.42[bA]	50.10±2.73[bC]	67.56±2.64[bA]	51.61±3.14[bC]	57.61±3.14[bB]
10 d	20.65±2.85[aA]	19.27±2.76[aA]	18.34±2.18[aB]	18.94±2.85[aB]	55.48±2.33[aC]	70.90±2.32[aA]	56.30±2.67[aC]	61.30±3.15[aB]

注：1. 平均值±标准差，$n=3$；2. 同列不同小写字母表示同一发酵方式的不同发酵天数间差异显著（$p<0.05$），同行不同大写字母表示在同一发酵天数内不同发酵方式间差异显著（$p<0.05$）。

势,自然发酵方式的黄度值变化比较显著,由第 0 d 的最低值(8.71)上升至第 10 d 的最高值(20.65±2.85),乳酸菌制剂发酵、自制泡菜菌发酵、老泡菜水发酵方式的黄度值变化比较平稳,由第 0 d 的最低值(8.71)分别上升至第 10 d 的最高值(19.27±2.18)、(18.34±2.18)、(18.94±2.85)。

(4)4 种不同发酵方式下,甘蓝泡菜总色差(ΔE)均随发酵时间延长呈上升趋势,乳酸菌制剂发酵方式的总色差变化趋势比较显著,由第 0 d 的最低值(36.82)上升至第 10 d 的最高值(70.90±2.32),自然发酵、自制泡菜菌发酵、老泡菜水发酵方式的总色差的变化趋势比较平缓,由第 0 d 的最低值 36.82 分别上升至第 10 d 的最高值(55.48±2.33)、(56.30±2.67)、(61.30±3.15)。

(5)在同一发酵方式下,甘蓝泡菜的亮度值(L^*)、红度值(a^*)、黄度值(b^*)和总色差(ΔE)在不同发酵天数之间均存在显著性差异($p < 0.05$);在同一发酵天内,除第 0 d 不存在显著性差异($p > 0.05$)外,其余基本上均存在显著性差异($p < 0.05$)。

2.2 不同发酵方式下甘蓝泡菜质构的变化

2.2.1 不同发酵方式下甘蓝泡菜硬度的变化

硬度是使物体形变所需要的力,是评价果蔬质构品质的最重要指标之一,主要与果蔬组织中细胞壁结构中果胶种类和含量变化有关。原果胶是在植物和未成熟果实中发现的一种不溶性物质,常与纤维素进行结合,同时也被称为果胶纤维素,使果实看起来坚实而坚硬。4 种发酵方式甘蓝泡菜的硬度变化见图 4.1.1。

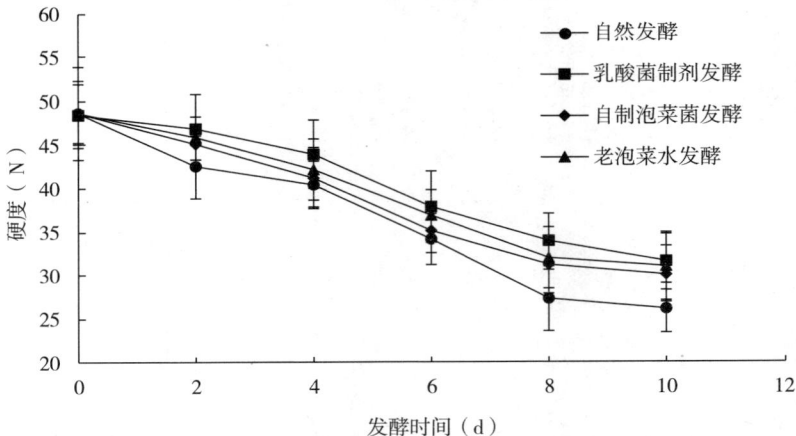

图 4.1.1 不同发酵方式下甘蓝泡菜的硬度变化

由图 4.1.1 可知,在 4 种不同发酵方式下,甘蓝泡菜的硬度均随发酵时间的延长呈下降趋势,这是由于甘蓝泡菜中含有的果胶分解酶可将细胞壁中的原果胶分解为果胶或果胶酸的缘故;在发酵前期,4 种发酵方式的硬度值下降均比较迅速,在发酵的第 8～10 d 下降比较缓慢,这是由于在发酵后期泡菜中含有较多数量的乳酸菌,而乳酸菌能够抑制果胶分解酶类物质产生的缘故;在整个发酵过程中,自然发酵方式的硬度值始终低于其他 3 种发酵方式,发酵至终点时,硬度值分别下降至(26.20±2.91)N、(31.50±3.29)N、(30.11±3.19)N、(30.98±3.86)N,自然发酵方式的硬度值与其他 3 种发酵方式的硬度值之间均存在显著性差异($p < 0.05$)。

2.2.2　不同发酵方式下甘蓝泡菜弹性变化

弹性表示当食品受到外力作用且当外力消除后能恢复到原来状态的能力,4 种不同发酵方式下甘蓝泡菜的弹性变化见图 4.1.2。

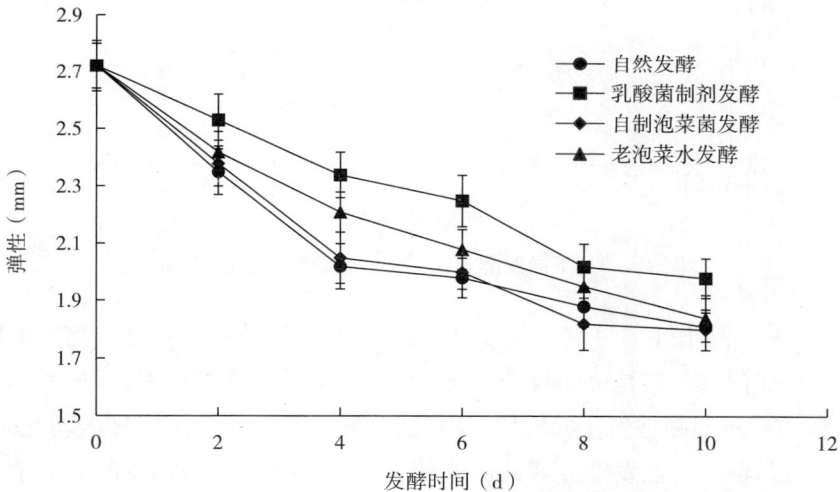

图 4.1.2　不同发酵方式下甘蓝泡菜的弹性变化

由图 4.1.2 可知,在 4 种不同发酵方式下,甘蓝泡菜的弹性均随发酵时间的延长呈前期下降迅速、后期下降平缓的趋势,这可能是由于在发酵初期细胞与外界溶液有渗透的作用,细胞中所含的水分就会流失,导致原生质层收缩,发生了质壁分离,此时甘蓝组织细胞发生形变后,其就会较难恢复其原状,在发酵后期,细胞在食盐溶液中缺氧会导致死亡,原生质膜就由半渗透性变成全渗透性,此时当甘蓝组织细胞发生形变后,外界的溶液可直接进入细胞内,细胞膨胀可以部分回复状态,因此发酵后期弹性下降比较平缓;在整个发酵过程中,乳酸菌制剂发酵的弹性值始终高于其他 3 种发酵方式,发酵至终点时,其弹性值为(1.98±0.07)mm,显著高于自然发酵(1.81±0.05)mm、自制泡菜菌发酵(1.80±0.07)mm、老泡菜水发酵($1.89±0.08$)mm($p<0.05$)。

2.2.3　不同发酵方式下甘蓝泡菜咀嚼性变化

咀嚼性是将固体食物咀嚼成可拖延的状态所需要的能量,它在数值上等于硬度、凝聚性、弹性的乘积,可以综合反映牙齿在咀嚼食物时对外力的抵抗作用。4 种不同发酵方式下甘蓝泡菜的咀嚼性变化见图 4.1.3。

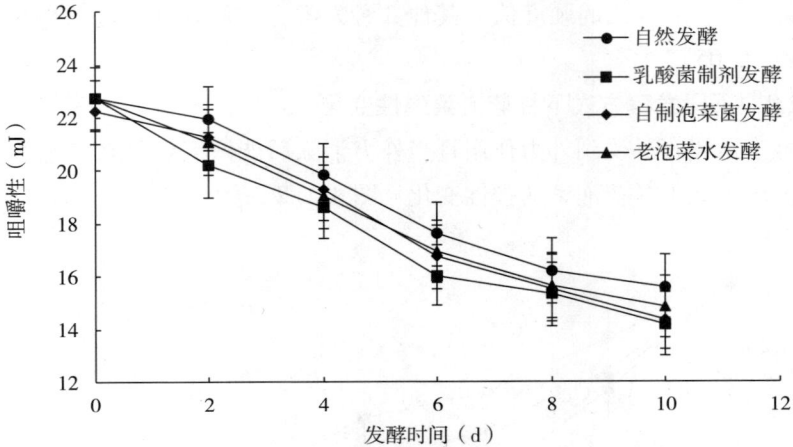

图 4.1.3　不同发酵方式下甘蓝泡菜的咀嚼性变化

由图 4.1.3 可知,在 4 种不同发酵方式下,甘蓝泡菜的咀嚼性均随发酵时间的延长呈下降趋势,这是可能与甘蓝细胞内的水分流失有关;在发酵的前、后期,4 种发酵方式的咀嚼性变化幅度均较小,在发酵的第 2~8 d 下降速度均显著;在整个发酵过程中,自然发酵方式的咀嚼值始终高于乳酸菌制剂发酵和老泡菜水发酵方式,发酵至终点时,自然发酵、乳酸菌制剂发酵、自制泡菜菌发酵、老泡菜水发酵方式的咀嚼性值分别下降至($15.60±1.21$)mJ、($14.18±1.20$)mJ、($14.35±1.11$)mJ、($14.85±1.16$)mJ,4 种发酵方式之间差异性不显著($p>0.05$)。

2.2.4　不同发酵方式下甘蓝泡菜黏附性的变化

在 4 种不同发酵方式下,甘蓝泡菜的黏附性变化见图 4.1.4。

由图 4.1.4 可知,在 4 不同种发酵方式下,甘蓝泡菜的黏附性均随发酵时间的延长呈上升趋势,这可能是由于泡菜中的乳酸菌、酵母菌、霉菌等多种微生物代谢产生的各种黏性物质附着在甘蓝叶片的表面;在发酵的第 0~4 d,4 种发酵方式黏附性的变化均比较平缓,且黏附性值比较接近,在第 4~10 d 黏附性的变化均比较显著;在整个发酵过程中,自然发酵方式的黏附性值始终高于乳酸菌制剂发酵和老泡菜水发酵方式,发酵至终点时,自然发酵、乳酸菌制剂发酵、自制泡

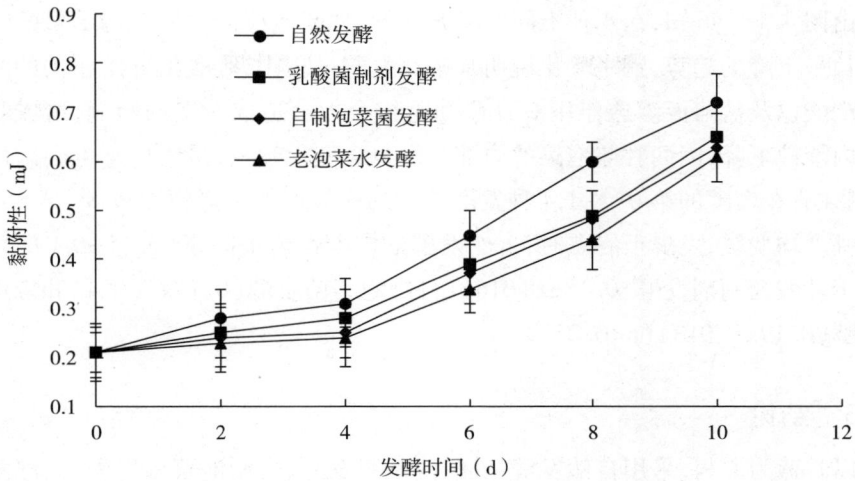

图 4.1.4　不同发酵方式下甘蓝泡菜的黏附性变化

菜菌发酵、老泡菜水发酵方式的黏附性值分别上升至（0.72±0.06）mJ、（0.65±0.05）mJ、（0.63±0.07）mJ、（0.61±0.05）mJ。

2.2.5　不同发酵方式下甘蓝泡菜内聚性变化

内聚性又叫凝聚性，是指形成一种食物形式所需要的内部约束力的大小，体现食物内部各组分结合力的大小。不同发酵方式下甘蓝泡菜的内聚性变化见图 4.1.5。

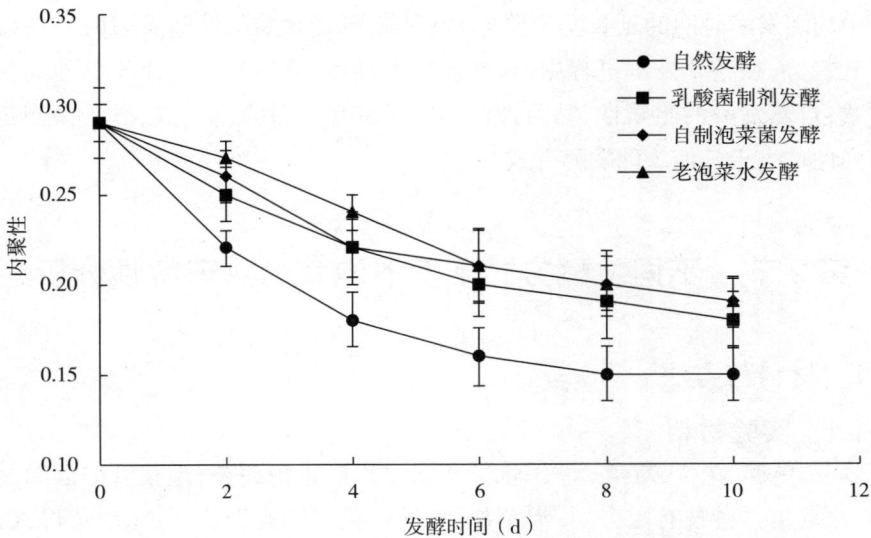

图 4.1.5　不同发酵方式下甘蓝泡菜的内聚性变化

由图 4.1.5 可知,在 4 种不同发酵方式下,甘蓝泡菜的内聚性均随发酵时间的延长呈下降的趋势,这一变化说明甘蓝在发酵过程中,乳酸菌分泌相关的酶和代谢产酸以及盐溶液渗透作用对甘蓝细胞结合力会造成一定的影响,造成甘蓝泡菜内聚性下降,因而甘蓝泡菜的内部组织也会变得疏松,最终口感也会因此而受到影响;在发酵的第 0~8 d,4 种发酵方式的内聚性值下降幅度较大,第 8 d 后下降幅度均变缓;发酵至终点时,自然发酵的内聚性值下降至(0.15±0.015),显著低于乳酸菌制剂发酵(0.18±0.016)、自制泡菜菌发酵(0.19±0.014)和老泡菜水发酵(0.19±0.013)($p<0.05$)。

3 结论

以甘蓝为原料,采用自然发酵、乳酸菌制剂发酵、自制泡菜菌发酵、老泡菜水发酵 4 种不同发酵方式制作泡菜,对泡菜在第 0、2、4、6、8、10 d 发酵过程中的色差和质构的动态变化规律进行测定、分析、比较,得出以下结论:

(1)在 4 种发酵方式下,甘蓝泡菜的亮度值均随发酵时间延长呈整体下降趋势,甘蓝泡菜的红度值、黄度值、总色差均随发酵时间延长呈上升趋势;在同一发酵方式下,甘蓝泡菜的亮度值、红度值、黄度值和总色差在不同发酵天数之间均存在显著性差异,在同一发酵天内,除第 0 d 不存在显著性差异外,其余基本上均存在显著性差异。

(2)在 4 种不同发酵方式下,甘蓝泡菜的硬度、弹性、咀嚼性、内聚性在发酵过程中均随发酵时间的延长呈下降趋势,甘蓝泡菜的黏附性随发酵时间的延长呈上升趋势;在整个发酵过程中,自然发酵的硬度、内聚性值均小于其他 3 种发酵方式,自然发酵的咀嚼性、黏附性值均大于其他 3 种发酵方式,乳酸菌制剂发酵的弹性均大于其他 3 种发酵方式。

第 2 节　不同发酵方式下萝卜泡菜的物理特性分析

1 材料与方法

1.1 实验材料

萝卜、白糖、花椒、八角、生姜等,购于运城市沃尔玛超市;泡菜乳酸菌制剂发酵粉,北京川秀科技有限公司;泡菜盐,大连盐化集团有限公司;老泡菜母水,成都市新繁真的老食品有限公司。

1.2　仪器与设备

同本章第 1 节"1.2 仪器与设备"。

1.3　实验方法

1.3.1　萝卜泡菜的制作

1.3.1.1　基本配方

萝卜 500 g、水 1000 mL、泡菜盐 50 g、冰糖 30 g、蒜 20 g、姜 20 g、八角 5 g、花椒 10 g。

1.3.1.2　工艺流程

盐水、各种调味料
↓

原料选择→清洗→沥干→切分→装坛→密封→发酵→成品

1.3.1.3　操作要点

(1)原材料选择:选择品质优良、新鲜、无蛀虫、无腐烂的萝卜为原料。

(2)清洗、沥干、切分:将萝卜洗净、沥干后,切分为 2 cm×2 cm×3 cm 的长条。

(3)盐、糖溶解:将泡菜盐和冰糖放入开水中充分溶解,冷却到室温,备用。

(4)装坛:把切分的萝卜、盐水以及各种调料按比例进行装坛。

(5)密封、发酵:盖上坛盖,用水密封,在室温下进行发酵。

1.3.1.4　发酵方式

(1)自然发酵:按上述工艺配方和操作要点进行制作。

(2)乳酸菌制剂发酵:装坛时同时加入萝卜质量分数 2.5%的泡菜乳酸菌制剂发酵剂,其他制作过程同自然发酵。

(3)老泡菜水发酵:将 1000 mL 水、60 g 泡菜盐、30 g 冰糖替换成等质量的老泡菜水,然后补加泡菜盐、糖使泡菜液的盐浓度为 5%、糖浓度为 3%,其他制作过程同自然发酵。

(4)自制泡菜菌发酵:将高粱酒(53% vol)与食盐水(质量浓度为 5%)按体积比例 1:20 混合,然后加入总质量 6%的青椒和各种调味料,密封,室温发酵 6~8 d,待青椒变黄后,自制泡菜菌发酵液制成。按萝卜与自制泡菜菌发酵液质量比 1:2 的比例装入泡菜坛中,然后补加泡菜盐、糖使泡菜液的盐、糖浓度分别为 5%、3%,其他制作过程同自然发酵。

1.3.2　试验设计

同本章第 1 节"1.3.2 试验设计"。

1.3.3　萝卜泡菜色差的测定

同本章第1节"1.3.3 甘蓝泡菜色差的测定"。

1.3.4　萝卜泡菜质构的测定

同本章第1节"1.3.4 甘蓝泡菜质构的测定"。

1.4　数据处理

采用 SPSS 19.0 和 Excel 2010 对实验原始数据进行处理,采用 ANOVA 进行显著性分析,显著水平 $p < 0.05$,以不同字母表示,用 Origin 8.5 处理作图,所有实验重复三次。

2　结果与分析

2.1　不同发酵方式下萝卜泡菜色差的变化

萝卜泡菜的品质与其色差变化有密切的关系。在自然发酵、乳酸菌制剂发酵、自制泡菜菌发酵、老泡菜水发酵4种不同发酵方式下,萝卜泡菜的色差随发酵时间的变化见表4.2.1。

由表4.2.1可知,随着发酵时间的延长,4种不同发酵方式萝卜泡菜的亮度值(L^*)、红度值(a^*)、黄度值(b^*)和总色差(ΔE)发生不同的变化。

(1)在4种发酵方式下,萝卜泡菜的亮度值(L^*)均随发酵时间延长呈整体下降趋势,在发酵第0 d,4种发酵方式萝卜泡菜的亮度值均为70.36左右,差异性不显著($p > 0.05$),在整个发酵过程中,老泡菜水发酵的亮度值下降速度较快,始终低于其他3种发酵方式,发酵至终点时,老泡菜水发酵的亮度值为(30.96±0.95),下降率为56.03%,其他3种发酵方式的下降率均在43%以下,除乳酸菌制剂发酵、自制泡菜菌发酵的亮度值之间差异不显著($p > 0.05$)外,与其他2种方式的亮度值之间差异性显著($p < 0.05$)。

(2)4种不同发酵方式萝卜泡菜的红度值(a^*)均随发酵时间延长呈上升趋势,这可能是由于在泡菜的酸性环境中,调味料的色素会溶出至泡菜液中,由泡菜液再进一步渗透至萝卜的组织中;在发酵第0 d,4种发酵方式萝卜泡菜的红度值均为5.06左右,差异性不显著($p > 0.05$),第4 d后乳酸菌制剂发酵的红度值增长迅速,几乎与自制泡菜菌发酵、老泡菜水发酵的红度值持平,发酵至终点时,3种发酵的红度值均上升至11左右,上升率均为54%左右,3种发酵方式的红度值之间差异不显著($p > 0.05$),自然发酵至终点时的红度值为(9.32±0.74),上升率为45.70%,与其他3种发酵方式的红度值之间差异显著($p < 0.05$)。

(3)4种发酵方式萝卜泡菜黄度值(b^*)均随发酵时间延长呈整体上升趋势,

表 4.2.1　不同发酵方式下萝卜泡菜的色差变化

发酵天数	亮度值(L^*)				红度值(a^*)			
	自然发酵	乳酸菌制剂发酵	自制泡菜菌发酵	老泡菜水发酵	自然发酵	乳酸菌制剂发酵	自制泡菜菌发酵	老泡菜水发酵
0 d	70.39± 3.08^{aA}	70.38± 3.06^{aA}	70.36± 2.91^{aA}	70.35± 2.96^{aA}	5.07± 0.73^{eA}	5.06± 0.69^{eA}	5.08± 0.56^{eA}	5.06± 0.64^{eA}
2 d	65.24± 2.18^{bA}	64.25± 2.26^{bA}	61.75± 2.43^{bB}	60.26± 2.47^{aB}	5.69± 0.65^{bC}	5.92± 0.44^{dBC}	6.25± 0.55^{dAB}	6.79± 0.61^{dA}
4 d	61.25± 2.47^{cA}	59.72± 2.53^{cB}	59.23± 2.32^{bB}	58.15± 2.43^{bC}	7.35± 0.56^{cC}	8.32± 0.65^{cBC}	8.57± 0.49^{cAB}	8.96± 0.58^{cA}
6 d	55.21± 2.32^{dA}	53.39± 2.05^{dB}	54.17± 2.11^{cAB}	48.32± 2.38^{cC}	8.26± 0.46^{bC}	9.95± 0.56^{bA}	10.04± 0.50^{bA}	10.15± 0.53^{bA}
8 d	52.32± 2.21^{eA}	51.08± 2.17^{dB}	51.36± 1.89^{dAB}	45.72± 2.12^{dC}	8.82± 0.63^{abC}	10.73± 0.61^{aA}	10.86± 0.52^{bA}	11.01± 0.61^{aA}
10 d	47.81± 2.58^{fA}	40.25± 2.32^{eB}	39.48± 2.19^{eB}	30.96± 1.95^{eC}	9.32± 0.74^{aC}	10.97± 0.71^{aA}	11.03± 0.69^{aA}	11.86± 0.64^{aA}

续表

发酵天数	黄度值（b^*）				总色差（ΔE）			
	自然发酵	乳酸菌制剂发酵	自制泡菜菌发酵	老泡菜水发酵	自然发酵	乳酸菌制剂发酵	自制泡菜菌发酵	老泡菜水发酵
0 d	5.51± 0.85[dA]	5.52± 0.69[eA]	5.53± 0.76[eA]	5.53± 0.49[eA]	7.30± 3.99[fA]	7.35± 3.61[eA]	7.37± 3.24[eA]	7.35± 3.67[fA]
2 d	5.95± 0.67[cC]	6.19± 0.68[dB]	6.26± 0.76[dB]	6.94± 0.75[dA]	8.21± 2.91[eC]	8.85± 2.73[eBC]	9.71± 2.35[eAB]	10.52± 2.43[eA]
4 d	6.03± 0.65[cC]	6.97± 0.87[cB]	7.36± 0.93[cAB]	7.82± 0.78[cA]	12.97± 2.32[dC]	13.98± 3.69[dB]	15.47± 3.62[dA]	16.25± 3.21[dA]
6 d	7.16± 0.69[bC]	7.93± 0.89[bB]	8.16± 0.69[bB]	8.94± 0.87[bA]	22.68± 2.50[cC]	24.12± 5.26[cB]	26.87± 4.17[cA]	27.02± 4.43[cA]
8 d	7.70± 0.60[bC]	8.16± 0.72[abB]	8.45± 0.68[abB]	9.02± 0.52[abA]	30.10± 2.73[bC]	31.53± 2.64[bC]	33.61± 3.14[bB]	35.61± 3.14[bA]
10 d	8.14± 0.85[aC]	8.27± 0.82[aBC]	8.68± 0.88[aB]	9.21± 0.93[aA]	32.26± 2.33[aC]	35.94± 2.32[aB]	36.35± 2.67[aAB]	37.46± 2.67[aA]

注：1. 平均值±标准差，$n=3$；2. 同列不同小写字母表示同一发酵方式的不同发酵天数之间差异性显著（$p<0.05$），同行不同大写字母表示同一天的不同发酵方式之间差异性显著（$p<0.05$）。

在发酵第 0 d,4 种发酵方式萝卜泡菜的黄度值均为 5.52 左右,差异性不显著($p>$0.05),在整个发酵过程中,4 种发酵方式萝卜泡菜的黄度值上升速度由大到小为:老泡菜水发酵>自制泡菜菌>乳酸菌制剂发酵>自然发酵,发酵第 10 d 时,4 种发酵方式黄度值上升率分别为 40.06%、35.67%、33.25%、32.19%,除乳酸菌制剂发酵的黄度值与自然发酵、自制泡菜菌的黄度值之间差异不显著($p>0.05$)外,其余均差异性显著($p<0.05$)。

(4)4 种发酵方式萝卜泡菜总色差(ΔE)均随发酵时间延长呈上升趋势,在发酵前期上升度较快,发酵后期上升速度变缓,它的变化规律与红度值的变化规律基本一致,表明红色的颜色变化在整个发酵过程中是最主要的颜色变化。在发酵第 0 d,4 种发酵方式萝卜泡菜的总色差值均为 7.35 左右,差异性不显著($p>$0.05),发酵至终点时,4 种发酵的总色差值上升率均为 78% 左右,差异性基本不显著($p>0.05$)。

2.2 不同发酵方式下萝卜泡菜质构的变化

2.2.1 不同发酵方式下萝卜泡菜硬度的变化

硬度是使物体形变所需要的力,是评价萝卜泡菜质构品质的最重要指标之一,主要与萝卜泡菜组织中细胞壁结构中果胶种类和含量变化有关。原果胶是在植物和未成熟果实中发现的一种不溶性物质,常与纤维素进行结合,同时也被称为果胶纤维素,使果实看起来坚实而坚硬。自然发酵、乳酸菌制剂发酵、自制泡菜菌发酵、老泡菜水发酵 4 种发酵方式萝卜泡菜的硬度变化见图 4.2.1。

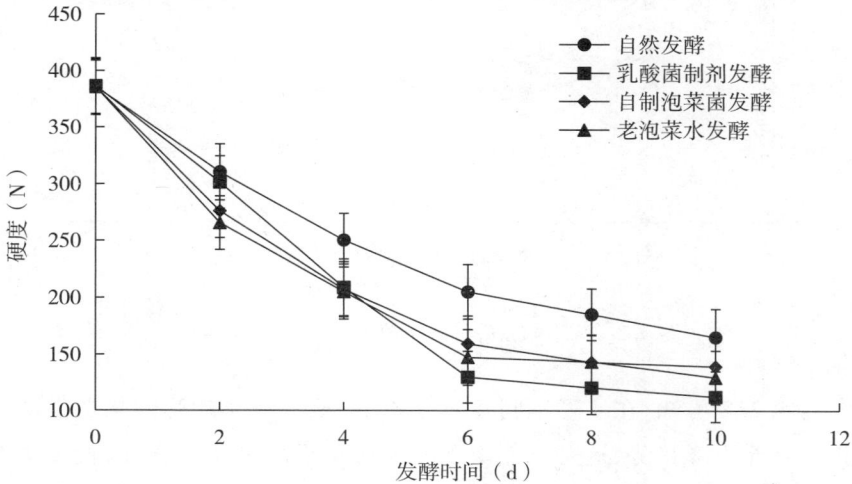

图 4.2.1 不同发酵方式下萝卜泡菜的硬度变化

由图 4.2.1 可知,在 4 种不同发酵方式下,萝卜泡菜的硬度均随发酵时间的延长呈下降趋势,这是由于萝卜泡菜中含有的果胶分解酶可将细胞壁中的原果胶分解为果胶或果胶酸的缘故;在发酵的第 0~6 d,4 种发酵方式的硬度值下降均比较迅速,第 6~10 d 下降均比较缓慢,这是由于在发酵后期泡菜中含有较多数量的乳酸菌,而乳酸菌能够抑制果胶分解酶类物质产生的缘故;4 种发酵方式在发酵的第 0 d,硬度值均为 385.35 N 左右,差异不显著($p > 0.05$),发酵至第 4 d,自然发酵的硬度值下降至(250.40±23.65)N,下降率为 35.03%,乳酸菌制剂发酵、自制泡菜菌发酵、老泡菜水发酵的硬度值下降至 207.00 N 左右,下降率为 46.28%左右;在整个发酵过程中,自然发酵方式的硬度值始终低于其他 3 种发酵方式,发酵至终点时,自然发酵、乳酸菌制剂发酵、自制泡菜菌发酵、老泡菜水发酵方式的硬度值下降率分别为 57.14%、70.81%、63.84%、66.37%,乳酸菌制剂发酵的硬度值下降率最大,这可能与乳酸菌制剂发酵的酸度上升速度较快有关。

2.2.2 不同发酵方式下萝卜泡菜弹性变化

弹性表示萝卜泡菜受到外力作用且外力消除后能恢复到原来状态的能力,在不同发酵方式下,萝卜泡菜发酵过程中弹性的变化见图 4.2.2。

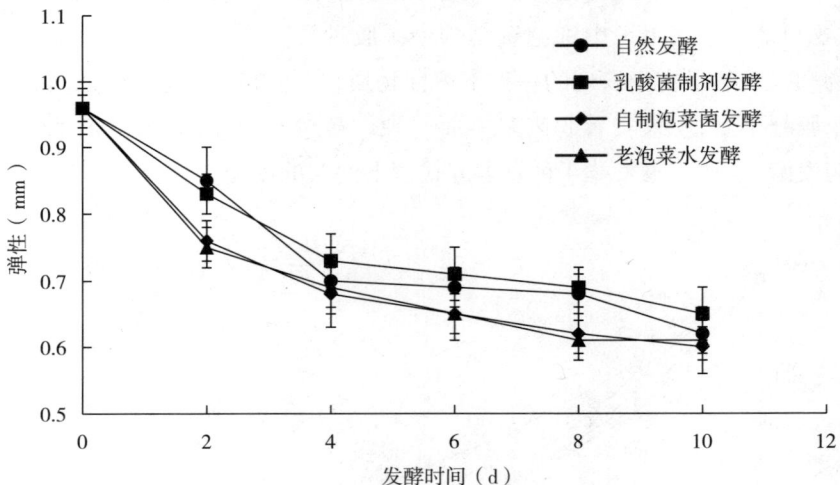

图 4.2.2 不同发酵方式下萝卜泡菜的弹性变化

由图 4.2.2 可知,在 4 种不同发酵方式下,萝卜泡菜的弹性均随发酵时间的延长呈整体下降趋势,这是可能由于泡菜中盐水渗透压的作用,使萝卜细胞内的水分流失的缘故;在发酵的第 0~4 d,4 种发酵方式的弹性值下降均比较迅速,可能是由于细胞与外界溶液有渗透的作用,造成细胞所含的水分流失,导致原生质层收缩,发生了质壁分离,所以萝卜组织内的细胞发生形变后就较难恢复原状;第 4~10 d 下降均比较缓慢,可能是萝卜组织内的细胞在泡菜液缺氧环境中死亡,原生质膜由半渗透性变成全渗透性,萝卜组织细胞发生形变后,外界的溶液可直接进入到细胞内,细胞膨胀可以部分回复状态,导致第 4 d 后弹性下降缓慢。发酵至终点时,4 种发酵方式的弹性值由第 0 d 的 0.96 mm 均下降至 0.62 mm 左右,下降率为 35.42% 左右,差异性不显著($p>0.05$)。

2.2.3　不同发酵方式下萝卜泡菜咀嚼性变化

咀嚼性可以描述食品在口中被吞咽所需时间或咀嚼的次数,与硬度、弹性、凝聚性有关,反映了在咀嚼食物时牙齿对外力的抵抗作用,不同发酵方式下,萝卜泡菜的咀嚼性变化见图 4.2.3。

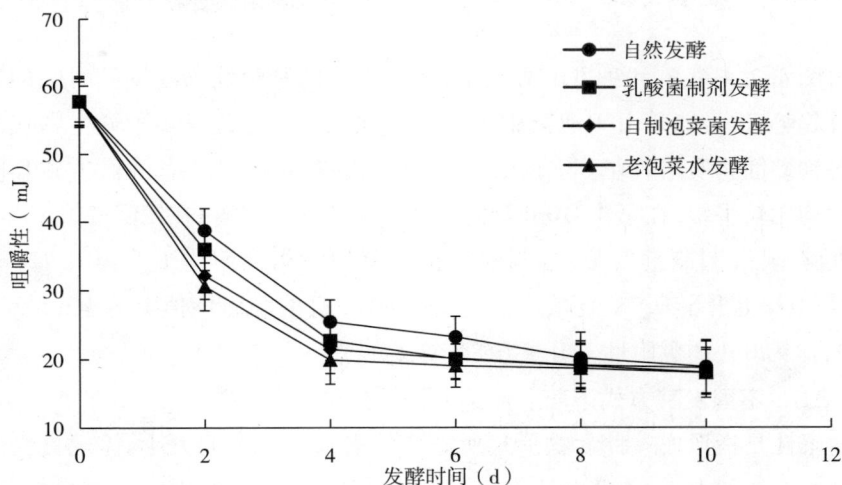

图 4.2.3　不同发酵方式下萝卜泡菜的咀嚼性变化

由图 4.2.3 可知,在 4 种不同发酵方式下,萝卜泡菜的咀嚼性均随发酵时间的延长呈下降趋势,这可能是由于泡菜组织中的盐度不断升高,使得萝卜细胞液泡中的渗透压变大,导致组织中的水分向外转移,使得萝卜组织变软,咀嚼性变小;在发酵的前期,4 种发酵方式的咀嚼性下降幅度均较大,在发酵的后期,咀嚼性的变化趋于较稳定状态,发酵至终点时,4 种发酵方式的咀嚼性值均下降至 18 mJ 左右,不同发酵方式的咀嚼性之间差异不显著($p>0.05$);在整个发酵过程中,自然发酵方式的咀嚼值始终高其他 3 种发酵方式。

2.2.4　不同发酵方式下萝卜泡菜黏附性的变化

不同发酵方式下萝卜泡菜的黏附性变化见图 4.2.4。

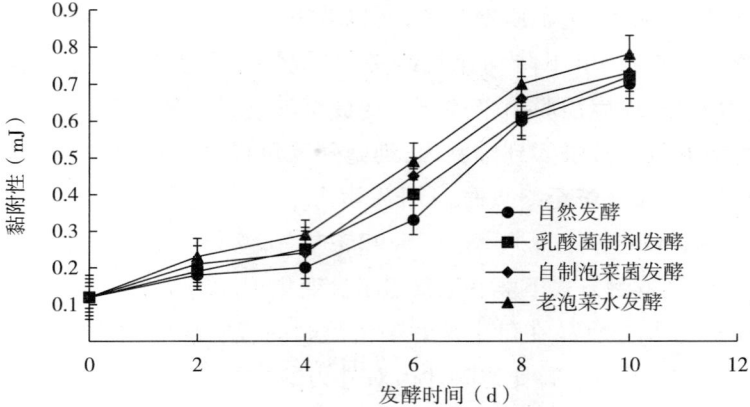

图 4.2.4　不同发酵方式下萝卜泡菜的黏附性变化

　　由图 4.2.4 可知,4 种发酵方式下,萝卜泡菜的黏附性均随发酵时间的延长呈上升趋势,这可能是由于泡菜中的乳酸菌、酵母菌、霉菌等多种微生物代谢产生的各种黏性物质附着在萝卜的表面;在发酵的第 0~4 d,4 种发酵方式黏附性的变化均比较平缓,在第 4~10 d 黏附性的变化均比较显著;在发酵的第 10 d 时,自然发酵、乳酸菌制剂发酵、自制泡菜菌发酵的黏附性值均上升至 0.72 mJ 左右,比第 0 d 上升了 0.78 个百分点,老泡菜水发酵的黏附性值上升至(0.78±0.05)mJ,比第 0 d 的黏附性上升了 0.84 个百分点。

2.2.5　不同发酵方式下萝卜泡菜内聚性变化

　　内聚性是指形成一种食物形式所需要的内部约束力的大小,体现食物内部各组分结合力的大小,不同发酵方式下萝卜泡菜的内聚性变化见图 4.2.5。

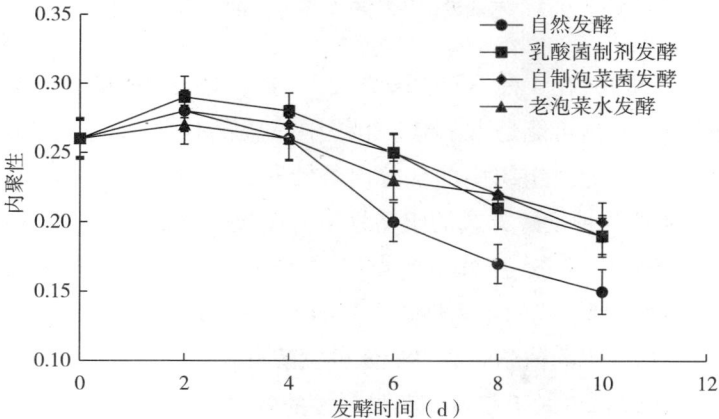

图 4.2.5　不同发酵方式下萝卜泡菜的内聚性变化

由图 4.2.5 可知,在 4 种发酵方式下,萝卜泡菜的内聚性均随发酵时间的延长呈先上升后下降的趋势,这是因为在发酵过程中,乳酸菌分泌相关的酶、代谢产生的酸以及盐溶液渗透作用使萝卜细胞结合力减小,从而导致内聚性呈整体下降趋势;在发酵的第 0~2 d,4 种发酵方式的内聚性值稍有上升,由 0.26 上升至 0.28 左右,上升了 0.07 个百分点;第 4 d 后,4 种发酵方式的内聚性值呈不同的下降趋势,发酵至终点时,乳酸菌制剂发酵、自制泡菜菌发酵、老泡菜水发酵的黏附性值较初始的黏附性值下降了 23.08% 左右,自然发酵下降了 42.31%。

3　结论

通过对自然发酵、乳酸菌制剂发酵、自制泡菜菌发酵、老泡菜水发酵 4 种不同发酵方式的萝卜泡菜在第 0、2、4、6、8、10 d 发酵过程中的色差和质构的动态变化规律进行测定、分析、比较,得出以下结论:

(1)在 4 种发酵方式下,萝卜泡菜的亮度值均随发酵时间延长呈整体下降趋势,萝卜泡菜的红度、黄度、总色差值均随发酵时间延长呈整体上升趋势,4 种发酵方式总色差的变化规律与红度值的变化规律基本一致,在发酵前期上升速度较快,发酵后期上升速度较慢。

(2)在 4 种发酵方式下,萝卜泡菜的硬度、弹性、咀嚼性在发酵过程中的变化趋势基本一致,均随发酵时间的延长呈下降趋势,在整个发酵过程中,自然发酵方式的咀嚼值始终高其他 3 种发酵方式;萝卜泡菜的黏附性均随发酵时间的延长呈上升趋势,老泡菜水发酵的上升幅度大于其他 3 种发酵方式;萝卜泡菜的内聚性均随发酵时间的延长在发酵初期稍有上升,之后呈一直下降的趋势,自然发酵的下降幅度大于其他 3 种发酵方式。

第 3 节　不同发酵方式下菊芋泡菜的物理特性分析

1　材料与方法

1.1　实验材料

菊芋,产于江苏徐州丰县;泡菜盐,四川南充顺城盐化有限责任公司;白糖、花椒、大料、生姜、茴香等,购于运城市家缘超市;乳酸菌制剂发酵粉,北京川秀科技有限公司;老坛母水,成都市鼎翔现代农业开发有限公司。

1.2 仪器与设备

PX125DZH 型电子天平,奥豪斯仪器(上海)有限公司;EX124 型分析天平,上海津平科学仪器有限公司;电磁炉,美的集团有限公司;食品物性分析质构仪,北京盈盛恒泰科技有限责任公司;NH310 型高品质便携式电脑色差仪,深圳市三恩时科技有限公司。

1.3 实验方法

1.3.1 菊芋泡菜制作

1.3.1.1 工艺配方

菊芋 300 g、水(自然发酵、乳酸菌制剂发酵方式均为 600 g,老泡菜水发酵、自制泡菜菌发酵方式为 200 g)、盐 42 g、糖 12 g、大料 1 g、花椒 2.5 g、生姜 1 g,其他如茴香等适量。

1.3.1.2 工艺流程

盐水、调味料
↓

菊芋→清洗→晾干→切分→装坛→加水密封→发酵→成品→检测

1.3.1.3 操作要点

(1)菊芋预处理:挑选新鲜、无病虫害的菊芋,用自来水清洗干净,自然晾干后切成均匀的小块,备用。

(2)盐水的配制:按照上述工艺配方配制糖、盐水,加热煮沸之后,冷却备用。

(3)香料包准备:称取大料、花椒、生姜、茴香等调料,用布包裹,备用。

(4)装坛、密封:将切好的菊芋装入已经清洗并且消毒好的泡菜坛中,再加入盐水将菜完全腌住,并加入香料包,用竹片将原料卡住,避免菊芋浮出水面,加水密封。

(5)发酵:放入阴凉环境中腌制 10 d,从第 0 d 开始每隔 48 h 进行物理特性指标的检测。

1.3.1.4 发酵方式

(1)自然发酵:按上述工艺流程和操作要点进行操作。

(2)乳酸菌制剂发酵:将 1 g 乳酸菌制剂发酵粉用适量温水溶解后加入泡菜坛内,其他步骤同自然发酵。

(3)老泡菜水发酵:将自然发酵方式加入总水量(600 g)其中的 400 g 替换为老坛母水,其他步骤同自然发酵。

(4)自制泡菜菌发酵:将高粱酒(53% vol)与食盐水(质量浓度为 5%)按体积比例 1:20 混合,然后加入总质量 6% 的青椒和各种调料,密封,室温发酵 6~8 d,

待青椒变黄后,自制泡菜菌发酵液制成。将自然发酵方式加入总水量(600 g)其中的 400 g 替换为自制泡菜菌发酵液,其他步骤同自然发酵。

1.3.2　色差测定

同本章第 1 节"1.3.2 甘蓝泡菜色差的测定"。

1.3.3　质构测定

同本章第 1 节"1.3.3 甘蓝泡菜质构的测定"。

1.3.4　数据处理

每次实验做 3 个平行实验,数据处理采用 SPSS 19.0 软件,作图分析用 Excel 2007 软件,结果用平均值±标准差(Mean±SD)来表示。

2　结果与分析

2.1　不同发酵方式下菊芋泡菜色差值的变化

2.1.1　不同发酵方式下菊芋泡菜亮度值(L^*)的变化

在自然发酵、乳酸菌制剂发酵、自制泡菜菌发酵、老泡菜水发酵 4 种不同发酵方式下,菊芋泡菜在发酵过程中亮度值的变化见图 4.3.1。

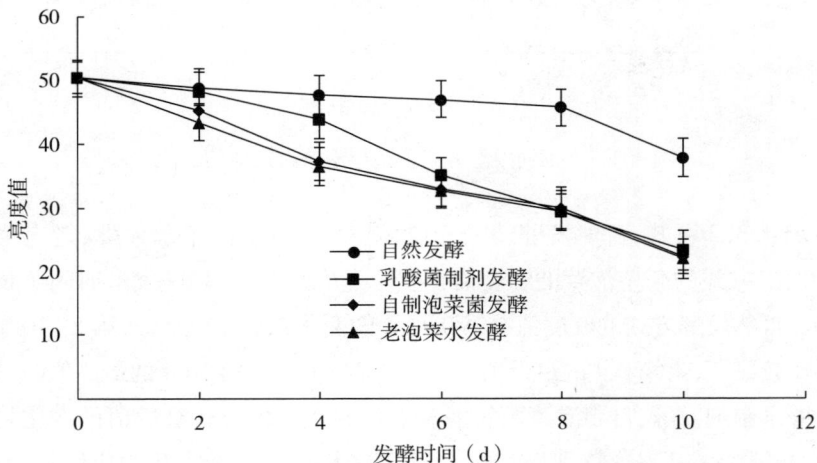

图 4.3.1　不同发酵方式下菊芋泡菜亮度值的变化

由图 4.3.1 可知,在自然发酵、乳酸菌制剂发酵、自制泡菜菌发酵、老泡菜水发酵 4 种发酵方式下,菊芋泡菜的亮度值在整个发酵过程中,均随发酵时间延长呈下降趋势。自然发酵方式的菊芋泡菜亮度值在第 0~8 d 下降比较平缓,在第 8~10 d 下降速度加快,发酵至终点时由第 0 d 的最高值(50.29±2.53)下降至最低值(37.76±3.35),并且在整个发酵过程中,其亮度值始终高于其他 3 种发酵方式;乳酸菌制剂发酵、自制泡菜菌发酵和老泡菜水发酵方式的菊芋亮度值在整个发酵过程中下降趋势基本一致,均由第 0 d 的最高值 50.29 下降至第 10 d 最低值 22.00 左右,3 种发酵方式发酵终点的亮度值之间无显著性差异($p>0.05$),与自然发酵方式发酵终点的亮度值均存在显著性差异($p<0.05$)。

2.1.2 不同发酵方式下菊芋泡菜红度值(a^*)的变化

自然发酵、乳酸菌制剂发酵、自制泡菜菌发酵、老泡菜水发酵 4 种不同发酵方式菊芋泡菜的红度值变化见图 4.3.2。

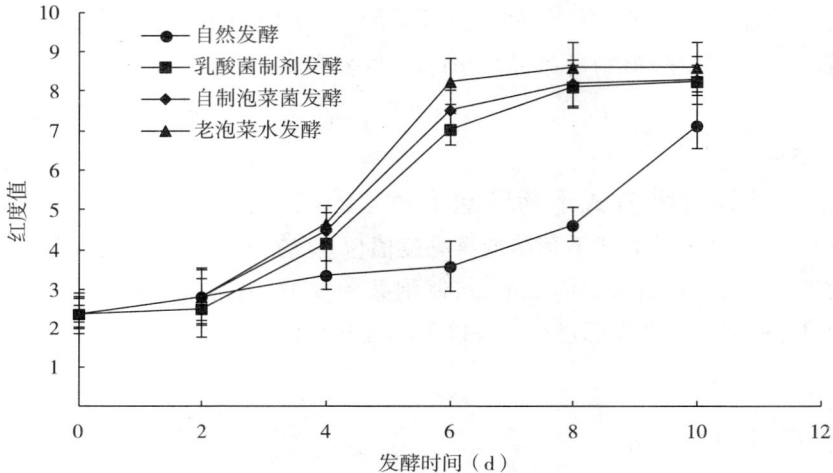

图 4.3.2　不同发酵方式下菊芋泡菜红度值的变化

由图 4.3.2 可知,自然发酵、乳酸菌制剂发酵、自制泡菜菌发酵、老泡菜水发酵 4 种发酵方式的菊芋泡菜的红度值在整个发酵过程中,均随发酵时间延长呈上升趋势。自然发酵方式的红度值在第 0~8 d 的变化趋势比较平缓,第 8~10 d 的变化趋势比较显著,由第 0 d 的最低值(2.39±0.22)上升至第 10 d 的最高值(7.10±0.54);乳酸菌制剂发酵、自制泡菜菌发酵和老泡菜水发酵方式红度值的变化趋势基本一致,在第 2~6 d 变化特别显著外,在发酵初期和末期的变化均比较平稳,在发酵的第 10 d 红度值分别上升至(8.26±0.39)、(8.27±0.60)、(8.61±0.62);老泡菜水发酵方式的红度值在整个发酵过程中均高于其他 3 种发酵方式。

2.1.3 不同发酵方式下菊芋泡菜黄度值(b^*)的变化

自然发酵、乳酸菌制剂发酵、自制泡菜菌发酵、老泡菜水发酵 4 种发酵方式菊芋泡菜的黄度值变化见图 4.3.3。

由图 4.3.3 可知,自然发酵、乳酸菌制剂发酵、自制泡菜菌发酵、老泡菜水发

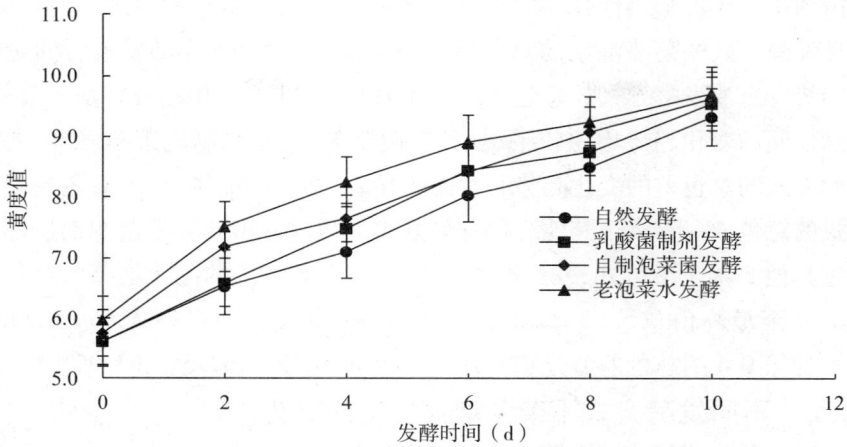

图 4.3.3 不同发酵方式下菊芋泡菜黄度值的变化

酵 4 种发酵方式菊芋泡菜的黄度值在整个发酵过程中,均随发酵时间的延长呈上升趋势;在整个发酵期间,4 种发酵方式的变化幅度基本一致,老泡菜水发酵方式的黄度值一直高于其他 3 种发酵方式,自然发酵方式一直低于其他 3 种发酵方式;发酵至终点时,4 种发酵方式的黄度值均上升至 9.50 左右,比第 0 d 的黄度值均上升了 66.7% 左右,4 种发酵方式之间不存在显著性差异($p>0.05$)。

2.1.4 不同发酵方式菊芋泡菜总色差(ΔE)的变化

自然发酵、乳酸菌制剂发酵、自制泡菜菌发酵、老泡菜水发酵 4 种不同发酵方式菊芋泡菜的总色差变化见图 4.3.4。

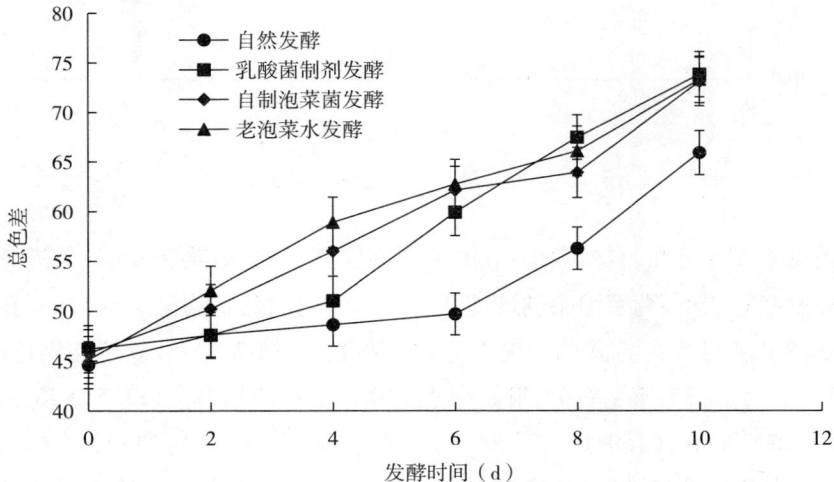

图 4.3.4 不同发酵方式下菊芋泡菜的总色差的变化

由图4.3.4可知,自然发酵、乳酸菌制剂发酵、自制泡菜菌发酵、老泡菜水发酵4种发酵方式的菊芋泡菜的总色差在整个发酵过程中,均随发酵时间延长呈上升趋势。自然发酵方式的总色差除了在第6~10 d的变化趋势特别显著外,其他发酵期间的变化趋势均比较平缓,乳酸菌制剂发酵、自制泡菜菌发酵、老泡菜水发酵方式的总色差的变化趋势一直比较显著,在发酵的第0~6 d,老泡菜水发酵方式的总色差一直高于其他3种发酵方式,在第6~10 d乳酸菌制剂发酵方式已超过其他3种发酵方式;发酵至终点时,4种发酵方式的菊芋泡菜的总色差值分别上升至最高值(65.95±2.24)、(73.87±2.29)、(73.14±2.46)、(73.34±2.36),比第0 d的总色差值分别上升了46.6%、64.2%、62.5%、63.0%。

2.2 不同发酵方式下菊芋泡菜质构的变化

2.2.1 不同发酵方式下菊芋泡菜硬度的变化

菊芋泡菜的硬度主要与细胞壁原果胶成分有关,原果胶不溶于水且有黏着性,能粘连细胞并让菊芋组织保持硬脆。4种不同发酵方式下,菊芋泡菜的硬度变化见图4.3.5。

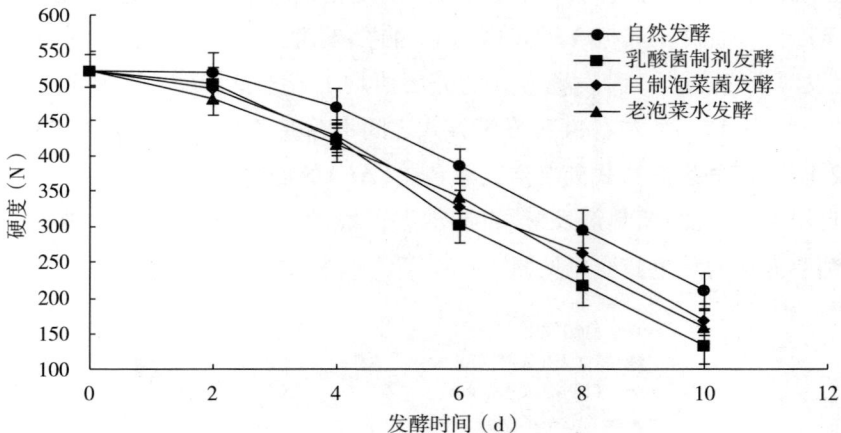

图4.3.5 不同发酵方式下菊芋泡菜硬度的变化

由图4.3.5可知,自然发酵、乳酸菌制剂发酵、自制泡菜菌发酵、老泡菜水发酵4种发酵方式下,菊芋泡菜的硬度随着发酵时间的延长均呈下降趋势,在发酵的第0~2 d,4种发酵方式的硬度下降幅度不大,在第2~10 d硬度均迅速减小,由第0 d的521.35 N左右分别减小到(210.27±24.91)N、(132.51±23.99)N、(169.3±22.86)N、(159.6±23.69)N,分别下降了59.68%、74.59%、67.52%、69.39%;在整个发酵过程中,自然发酵方式的硬度值始终高于其他3种发酵方式,这可能是因为其他 3 种发酵方式的菊芋泡菜中含有较多的乳酸菌,乳酸菌可以抑制菊芋中的果胶分解酶产生,从而减缓果胶分解酶对菊芋细胞壁组织中的原果胶的分解速度。

2.2.2　在不同发酵方式下菊芋泡菜弹性的变化

弹性表示当菊芋泡菜受到外力作用并外力消除后,能恢复到原来状态的能力的大小,4 种不同发酵方式下,菊芋泡菜的弹性变化见图 4.3.6。

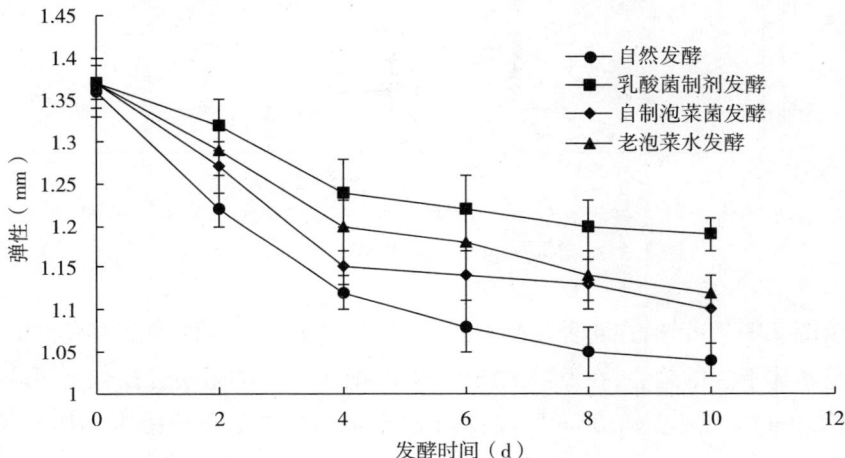

图 4.3.6　不同发酵方式下菊芋泡菜弹性的变化

由图 4.3.6 可知,在 4 种发酵方式下,菊芋泡菜的弹性均随着发酵时间的延长呈整体下降趋势;在发酵的第 0~4 d,下降幅度较大,可能是因为细胞与外界溶液有渗透的作用,导致细胞中所含的水分流失,原生质层收缩后发生质壁分离,菊芋细胞发生形变后就会较难恢复其原状;第 4 d 后下降幅度相对较小,可能是由于菊芋细胞在食盐溶液中缺氧会窒息死亡,那么原生质膜就由半渗透性变成全渗透性,菊芋组织细胞就会发生形变,导致外界的溶液可直接进入到细胞内,细胞膨胀可以部分恢复原状,因此发酵后期弹性下降幅度变小;发酵至第 10 d 时,自然发酵、乳酸菌制剂发酵、自制泡菜菌发酵、老泡菜水发酵方式的弹性值由最初的 1.37 mm 分别下降至(1.04±0.02)mm、(1.19±0.02)mm、(1.10±0.04)mm、(1.12±0.03)mm。

2.2.3　在不同发酵方式下菊芋泡菜咀嚼性的变化

咀嚼性是将固体食物咀嚼成可拖延的状态所需要的能量,它在数值上等于硬度、凝聚性、弹性的乘积,可以综合反映牙齿在咀嚼食物时对外力的抵抗作用。4 种不同发酵方式下,菊芋泡菜的咀嚼性变化见图 4.3.7。

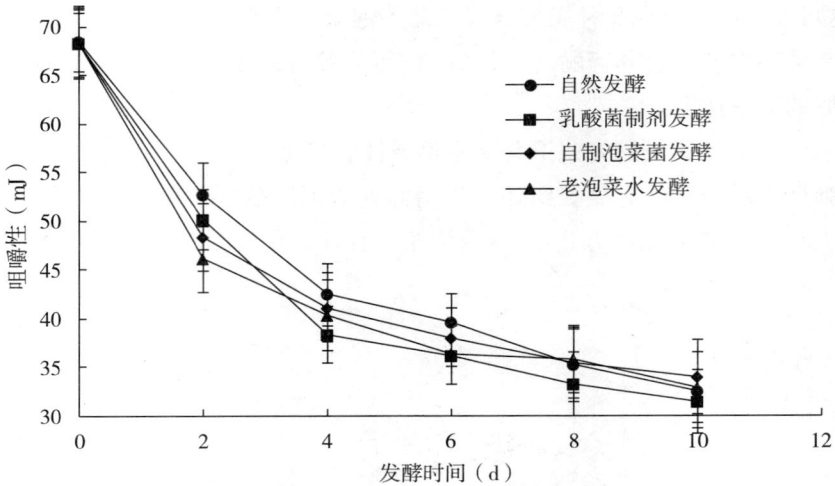

图 4.3.7　不同发酵方式下菊芋泡菜咀嚼性的变化

由图 4.3.7 可知,在 4 种发酵方式下,菊芋泡菜的咀嚼性均随着发酵时间的延长呈整体下降的趋势,在发酵的第 0~4 d,菊芋泡菜的咀嚼性呈快速下降的趋势,由第 0 d 的最高值 68.35 mJ 左右均下降至 41 mJ 左右,下降了 40.01% 左右,第 4 d 后下降速度变缓,4 种发酵方式的咀嚼性差异不大;发酵至第 10 d 时,4 种发酵方式的咀嚼性值均下降至 32 mJ 左右,较发酵第 0 d 的咀嚼性值下降了 53.18%。

2.2.4　在不同发酵方式下菊芋泡菜黏附性的变化

黏附性又称黏着性,是指菊芋泡菜与泡菜液中各种黏性物质接触时发生相互结合的力。在不同发酵方式下,菊芋泡菜的黏附性变化见图 4.3.8。

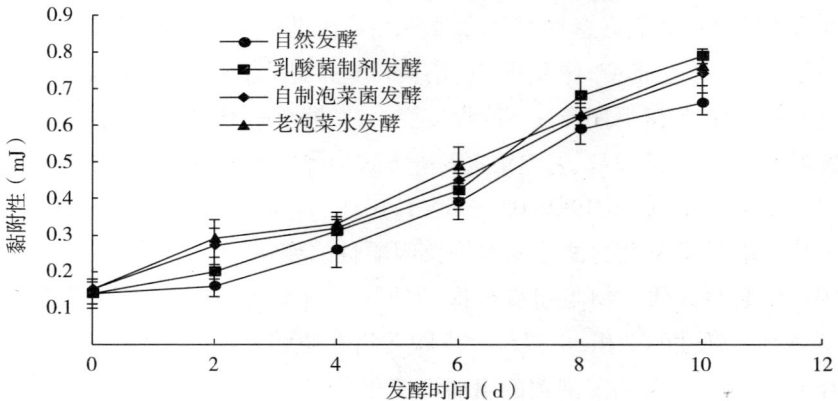

图 4.3.8　不同发酵方式下菊芋泡菜黏附性的变化

由图 4.3.8 可知,在自然发酵、乳酸菌制剂发酵、自制泡菜菌发酵、老泡菜水发酵 4 种发酵方式下,菊芋泡菜的黏附性随着发酵时间的延长均呈上升趋势,这可能是由于在发酵过程中微生物代谢产生各种黏性物质附着在菊芋表面的缘故;4 种发酵方式的黏附性由第 0 d 的最小值 0.14 mJ 左右分别上升至第 10 d 的最大值(0.66±0.03)mJ、(0.78±0.02)mJ、(0.74±0.05)mJ、(0.76±0.05)mJ,乳酸菌制剂发酵、自制泡菜菌发酵、老泡菜水发酵 3 种发酵方式的黏附性差异不显著($p>0.05$),但均与自然发酵方式的黏附性差异显著($p<0.05$)。在整个发酵过程中,自然发酵方式的黏附性始终低于 3 种发酵方式,这可能是自然发酵所含的乳酸菌数量较少,分泌代谢的黏性物质数量也较少的缘故。

2.2.5　在不同发酵方式下菊芋泡菜内聚性的变化

内聚性又叫凝聚性,是体现菊芋泡菜组织内部各组分结合力的大小,在 4 种不同发酵方式下,菊芋泡菜的内聚性变化见图 4.3.9。

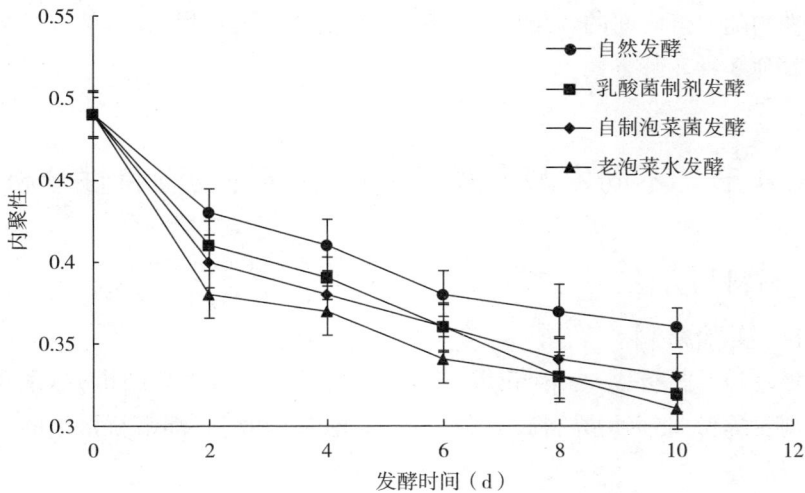

图 4.3.9　不同发酵方式下菊芋泡菜内聚性的变化

由图 4.3.9 可知,在自然发酵、乳酸菌制剂发酵、自制泡菜菌发酵、老泡菜水发酵 4 种发酵方式下,菊芋泡菜的内聚性均随着发酵时间的延长呈下降的趋势,这可能是由于菊芋在发酵过程中,乳酸菌分泌相关的酶和代谢所产生酸以及盐溶液渗透作用会减小菊芋组织细胞的结合力,造成菊芋泡菜的内聚性呈下降的趋势;在发酵的第 0~2 d,菊芋泡菜的内聚性下降速度较快,第 2 d 之后下降速度均变得较缓慢,发酵第 10 d 时,4 种发酵方式的内聚性分别下降至(0.36±0.014)、(0.32±0.012)、(0.33±0.013)、(0.31±0.012),较最初的内聚性值 0.49

分别下降了 26.53%、34.69%、32.65%、36.73%;在整个发酵过程中,自然发酵方式的菊芋泡菜的内聚性始终高于其他 3 种发酵方式,可能是自然发酵所含的乳酸菌数量较少,分泌相关酶的数量和代谢所产生的酸的数量也较少的缘故。

3　结论

通过对菊芋泡菜在自然发酵、乳酸菌制剂发酵、自制泡菜菌发酵、老泡菜水发酵 4 种发酵方式下的色差值、质构参数进行测定,研究其在发酵过程中第 0、2、4、6、8、10 d 的动态变化趋势并且比较分析,得出以下结论:在 4 种发酵方式下,菊芋泡菜的亮度值均随发酵时间延长呈下降趋势,菊芋泡菜的红度、黄度、总色差均随发酵时间延长呈不同的上升趋势。在整个发酵过程中,4 种发酵方式菊芋泡菜的硬度、弹性、咀嚼性、内聚性值均呈不同的下降变化趋势;4 种发酵方式的弹度、咀嚼性、内聚性值均在发酵前期变化显著后期变化幅度变小;4 种发酵方式的黏附性均随发酵时间的延长呈上升趋势,在整个发酵过程中,自然发酵方式始终低于其他 3 种发酵方式。

第 4 节　不同发酵方式下莲藕泡菜的物理特性分析

1　材料与方法

1.1　实验材料

莲藕、白砂糖、精盐、八角、花椒、生姜等,购于运城市永辉超市;泡菜酸菜乳酸菌制剂发酵粉,北京川秀科技有限公司;老泡菜母液,成都市新繁真的老食品有限公司。

1.2　仪器与设备

同本章第 1 节"1.2 仪器与设备"。

1.3　实验方法

1.3.1　莲藕泡菜的制作

1.3.1.1　自然发酵

将莲藕洗净去皮,切成 0.5 cm 厚的均匀薄片,沥干水分后,按莲藕:水:食盐:白糖为 500:750:45:15 的质量比入坛,另外加入花椒 1.2 g、八角 1.2 g、生姜 10 g后,加水密封,在室温环境中发酵,从第 0 d 开始,每隔 48 h 测定泡菜的物理特性指标。

1.3.1.2　老泡菜水发酵

将自然发酵加入总水量的30%替换为老泡菜水,其他步骤同自然发酵。

1.3.1.3　乳酸菌制剂发酵

在装坛时加入莲藕质量1%的乳酸菌制剂粉末,其他步骤同自然发酵。

1.3.1.4　自制泡菜菌发酵

(1)自制泡菜菌培养:在冷水里加入花椒1.2 g、八角1.2 g、生姜10 g、适量的盐,将水烧开并完全冷却后装入坛内,并加入50 g高粱酒和60 g青椒,2~3 d后仔细观察青椒周围是否有气泡形成,若有十分细小的气泡,则发酵继续,待青椒颜色完全变黄后,再继续发酵2~3 d,自制泡菜菌就培养完成。

(2)泡菜制作:将自然发酵加入水量的30%替换为自制泡菜菌液,其他步骤同自然发酵。

1.3.2　莲藕泡菜色差的测定

同本章第1节中"1.3.2 甘蓝泡菜色差的测定"。

1.3.3　莲藕泡菜质构的测定

同本章第1节中"1.3.3 甘蓝泡菜质构的测定"。

1.3.4　数据处理

每次实验均做3个平行,采用SPSS19.0和Excel 2007软件进行数据处理与作图分析,结果以平均值±标准差(Mean±SD)表示。

2　结果与分析

2.1　不同发酵方式下莲藕泡菜色差的变化

莲藕泡菜的品质与其色差变化有密切的关系。自然发酵、乳酸菌制剂发酵、自制泡菜菌发酵、老泡菜水发酵4种不同发酵方式下,莲藕泡菜的色差随发酵时间的变化情况见表4.4.1。

由表4.4.1可知,随着发酵时间的延长,4种不同发酵方式莲藕泡菜的亮度值(L^*)、红度值(a^*)、黄度值(b^*)和总色差(ΔE)发生不同的变化。

(1)在4种发酵方式下,莲藕泡菜的亮度值(L^*)均随发酵时间延长呈整体下降趋势,在发酵第0 d,4种发酵方式萝卜泡菜的亮度值均为75.32左右,差异性不显著($p>0.05$),在整个发酵过程中,老泡菜水发酵的亮度值下降速度较快,始终低于其他3种发酵方式,发酵至终点时,老泡菜水发酵的亮度值下降至(58.17±1.64),下降率为22.77%,其他3种发酵方式的亮度值分别下降至(62.86±1.56)、(62.00±1.13)、(59.36±2.36),下降率分别为16.54%、17.69%、

表 4.4.1 不同发酵方式下莲藕泡菜的色差变化

发酵天数	亮度值(L^*)				红度值(a^*)			
	自然发酵	乳酸菌制剂发酵	自制泡菜菌发酵	老泡菜水发酵	自然发酵	乳酸菌制剂发酵	自制泡菜菌发酵	老泡菜水发酵
0 d	75.32±2.35^aA	75.32±1.89^aA	75.32±2.57^aA	75.32±2.60^aA	1.15±0.32^dA	1.15±0.38^dA	1.15±0.35^eA	1.15±0.42^eA
2 d	75.10±1.78^aA	74.12±1.70^aAB	73.30±2.43^bB	73.13±2.22^bB	1.43±0.45^dB	1.58±0.44^dB	2.18±0.35^dA	2.86±0.39^dA
4 d	71.89±1.80^bA	70.48±2.82^bA	68.23±2.32^cB	67.48±2.29^cB	3.25±0.36^cB	3.67±0.45^cB	4.19±0.38^cA	4.98±0.40^cA
6 d	66.75±2.85^cA	65.16±2.20^cA	64.90±2.71^dAB	63.50±2.84^dB	4.28±0.44^bB	4.52±0.31^bB	5.24±0.41^bA	5.84±0.45^bA
8 d	63.36±2.46^dA	62.29±2.21^dB	60.23±1.56^eC	59.90±1.54^eC	4.53±0.41^aC	5.21±0.54^aB	6.04±0.55^aA	6.76±0.51^aA
10 d	62.86±1.56^eA	62.00±1.13^dA	59.36±2.36^eB	58.17±1.64^fC	4.85±0.42^aD	5.53±0.39^aC	6.19±0.51^aB	6.82±0.52^aA

续表

发酵天数	黄度值（b^*）				总色差（ΔE）			
	自然发酵	乳酸菌制剂发酵	自制泡菜菌发酵	老泡菜水发酵	自然发酵	乳酸菌制剂发酵	自制泡菜菌发酵	老泡菜水发酵
0 d	3.32±0.62[eA]	3.32±0.78[eA]	3.32±0.79[eA]	3.32±0.72[eA]	35.47±3.09[eA]	35.62±2.81[eA]	36.21±2.83[eA]	36.21±2.67[fA]
2 d	4.19±0.66[dB]	4.58±0.69[dB]	5.26±0.59[dA]	5.82±0.52[dA]	38.65±2.81[dD]	42.06±2.93[dC]	45.71±2.95[dB]	48.61±2.93[eA]
4 d	4.69±0.55[dC]	5.23±0.58[cB]	6.36±0.56[cA]	6.97±0.53[cA]	47.66±2.32[cD]	49.93±3.09[cC]	52.47±2.62[cB]	59.04±3.11[dA]
6 d	5.75±0.64[cB]	5.95±0.53[cB]	7.16±0.58[bA]	7.82±0.57[bA]	55.73±2.50[bC]	59.75±2.26[bB]	60.87±3.17[bB]	62.94±3.03[cA]
8 d	7.31±0.49[bA]	7.36±0.78[bA]	7.45±0.65[bA]	7.97±0.62[bA]	58.22±2.53[aC]	63.11±2.64[aB]	62.61±2.59[abB]	68.51±2.68[bA]
10 d	8.43±0.57[aA]	8.42±0.54[aA]	8.34±0.55[aA]	8.51±0.59[aA]	59.15±2.29[aC]	64.24±2.42[aB]	63.30±2.69[aB]	70.87±2.87[aA]

注：1. 平均值±标准差，$n=3$；2. 同列不同小写字母表示同一发酵方式的不同发酵天数间差异显著（$p<0.05$），同行不同大写字母表示在同一发酵天内不同发酵方式间差异显著（$p<0.05$）。

125

21.19%,除自然发酵与乳酸菌制剂发酵之间的亮度值差异性不显著($p>0.05$)外,其他发酵方式之间的亮度值均存在显著差异($p<0.05$)。

(2)4种不同发酵方式莲藕泡菜的红度值(a^*)均随发酵时间延长呈上升趋势,这可能是由于在酸性环境中,泡菜中各种调味料的色素会溶出至泡菜液中,由泡菜液会进一步渗透至莲藕的组织中;在发酵第0 d,4种发酵方式莲藕泡菜的红度值均为1.15左右,差异性不显著($p>0.05$),在整个发酵过程中,老泡菜水发酵的红度值上升速度较快,始终高于其他3种发酵方式,发酵至终点时,老泡菜水发酵的红度值上升至(6.82±0.52),比第0 d的红度值增加了4.93倍,其他3种发酵方式的亮度值分别上升至(4.85±0.42)、(5.53±0.39)、(6.19±0.51),比第0 d的红度值分别增加了3.22、3.81、4.38倍,4种发酵方式第10 d的红度值之间均存在显著差异($p<0.05$)。

(3)4种发酵方式莲藕泡菜黄度值(b^*)均随发酵时间延长呈上升的变化趋势,在发酵第0 d,4种发酵方式萝卜泡菜的黄度值均为3.52左右,差异性不显著($p>0.05$),在整个发酵过程中,老泡菜水发酵方式的黄度值始终高于其他3种发酵方式,发酵第10 d时,4种发酵方式的黄度值分别上升至(8.43±0.57)、(8.42±0.54)、(8.34±0.555)、(8.51±0.59),4种发酵方式发酵终点的黄度值之间差异不显著($p>0.05$)。

(4)4种发酵方式莲藕泡菜总色差(ΔE)均随发酵时间延长呈上升趋势,在整个发酵过程中,老泡菜水发酵的总色差上升速度较快,始终高于其他3种发酵方式,发酵至终点时,老泡菜水发酵的总色差值上升至(70.87±2.87),比第0 d的总色差值提高了95.72%,其他3种发酵方式分别上升至(59.15±2.29)、(64.24±2.42)、(63.30±2.69),比第0 d的总色差值分别提高了66.87%、80.35%、74.81%,除乳酸菌制剂发酵与自制泡菜菌发酵之间的总色差值差异性不显著($p>0.05$)外,其他发酵方式之间的总色差值均存在显著差异($p<0.05$)。

2.2 不同发酵方式莲藕泡菜质构参数的变化

2.2.1 不同发酵方式莲藕泡菜硬度的变化

在自然发酵、乳酸菌制剂发酵、自制泡菜菌发酵、老泡菜水发酵4种不同发酵方式下,莲藕泡菜发酵过程中硬度的变化见图4.4.1。

由图4.4.1可知,自然发酵、乳酸菌制剂发酵、自制泡菜菌发酵、老泡菜水发酵4种发酵方式下,莲藕泡菜的硬度变化趋势大致相同,均随着发酵时间的延长呈下降趋势,在发酵的前期下降速度较快,后期下降比较平缓,这可能是由于在发酵前期,随着发酵时间的延长,泡菜液环境中的乳酸菌数量逐渐增加,pH逐渐

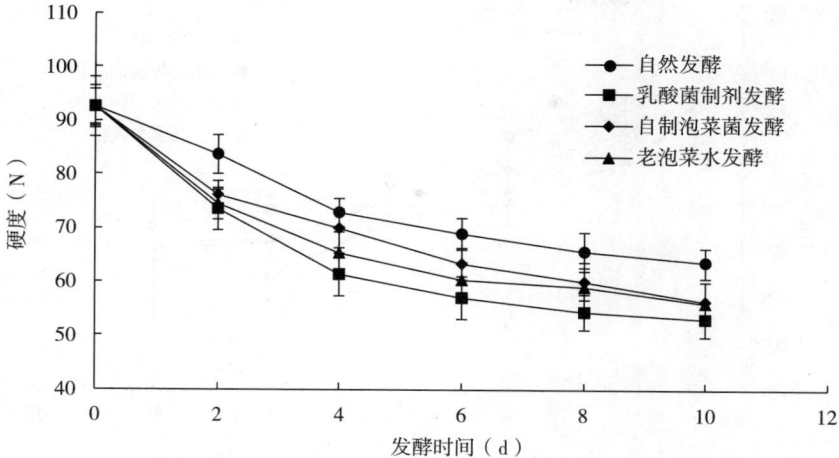

图 4.4.1 不同发酵方式下莲藕泡菜的硬度变化

下降,有机酸逐渐累积,莲藕中的果胶在酸的作用下,会导致原果胶和纤维素分离,生成果胶,其细胞之间的黏结作用也会被破坏,最后导致组织变得松弛,果胶会继续被果胶酸酶逐渐水解成为果胶酸,果胶酸由于没有黏结能力,细胞之间黏结性就会降低,导致莲藕的硬度逐渐下降;到发酵后期,可能是由于过酸的环境会抑制乳酸菌制剂发酵,果胶酸酶活力受到抑制,导致硬度发酵后期下降比较平缓;在整个发酵过程中,4 种发酵方式的硬度从大到小依次为自然发酵、自制泡菜菌发酵、老泡菜水发酵、乳酸菌制剂发酵,这可能是由于泡菜液中所含的乳酸菌数量不同,所产生的总酸含量不同,导致果胶分解的速度也不一致;发酵至终点时,4 种发酵方式的硬度值分别下降至(63.53±2.91)N、(53.23±3.29)N、(56.28±3.86)N、(56.19±3.82)N。

2.2.2 不同发酵方式的莲藕泡菜弹性的变化

在自然发酵、乳酸菌制剂发酵、自制泡菜菌发酵、老泡菜水发酵 4 种不同发酵方式下,莲藕泡菜发酵过程中弹性的变化见图 4.4.2。

由图 4.4.2 可知,自然发酵、乳酸菌制剂发酵、自制泡菜菌发酵、老泡菜水发酵 4 种不同发酵方式下,莲藕泡菜的弹性变化趋势大致相同,均随着发酵时间的延长呈下降趋势。在发酵初期下降速度较快,可能是因为细胞与外界溶液有渗透的作用,因此细胞中所含的水分就会流失,导致原生质层收缩,发生了质壁分离,此时如果莲藕组织细胞发生形变就会较难恢复其原状。到了发酵后期下降速度变缓,可能是由于细胞由于食盐溶液中缺氧所以导致死亡,原生质膜就由半渗透性变成全渗透性,此时如果莲藕组织细胞发生形变,外界的溶液可直接进入

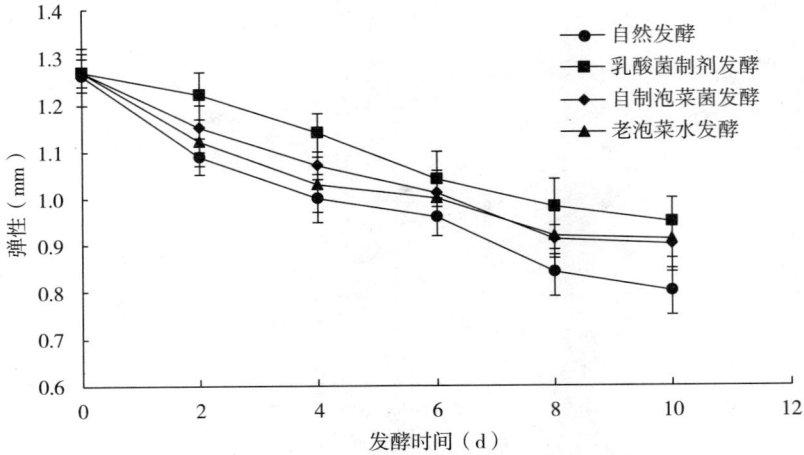

图 4.4.2　不同发酵方式下莲藕泡菜的弹性变化

到细胞内,细胞膨胀可以部分回复状态,导致发酵后期弹性下降没有初期明显。在整个发酵过程中,自然发酵方式始终低于其他 3 种发酵方式;发酵至终点时,4种发酵方式的弹性值由第 0 d 的最高值 1.27 左右分别下降至(0.80±0.05)mm、(0.95±0.05)mm、(0.90±0.06)mm、(0.95±0.04)mm。

2.2.3　不同发酵方式的莲藕泡菜咀嚼性的变化

自然发酵、乳酸菌制剂发酵、自制泡菜菌发酵、老泡菜水发酵 4 种不同发酵方式下,莲藕泡菜发酵过程中咀嚼性的变化见图 4.4.3。

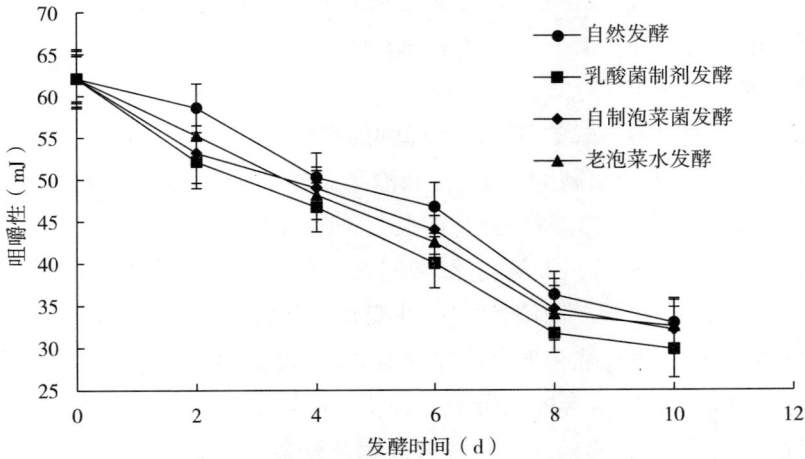

图 4.4.3　不同发酵方式下莲藕泡菜的咀嚼性变化

由图 4.4.3 可知,自然发酵、乳酸菌制剂发酵、自制泡菜菌发酵、老泡菜水发酵 4 种不同发酵方式下,莲藕泡菜的咀嚼性变化趋势大致相同,随着发酵时间的延长均呈下降趋势,这可能由于泡菜中各种微生物的代谢活动和渗透作用影响了莲藕组织细胞间的结合力,使莲藕组织变得疏松的缘故;在发酵的第 0~8 d,4种发酵方式的咀嚼性变化均比较显著,在发酵的第 8~10 d 变化均比较平稳;发酵至终点时,自然发酵、自制泡菜菌发酵、老泡菜水发酵的咀嚼性由第 0 d 的最大值 62.12 mJ 均下降至 32 mJ 左右,3 种发酵方式的咀嚼性之间不存在显著性差异($p>0.05$),乳酸菌制剂发酵的咀嚼性下降至($29.68±3.29$)mJ,与其他 3 种发酵方式之间存在显著性差异($p<0.05$)。

2.2.4　不同发酵方式的莲藕泡菜黏附性的变化

自然发酵、乳酸菌制剂发酵、自制泡菜菌发酵、老泡菜水发酵 4 种不同发酵方式下,莲藕泡菜在发酵过程中黏附性的变化见图 4.4.4。

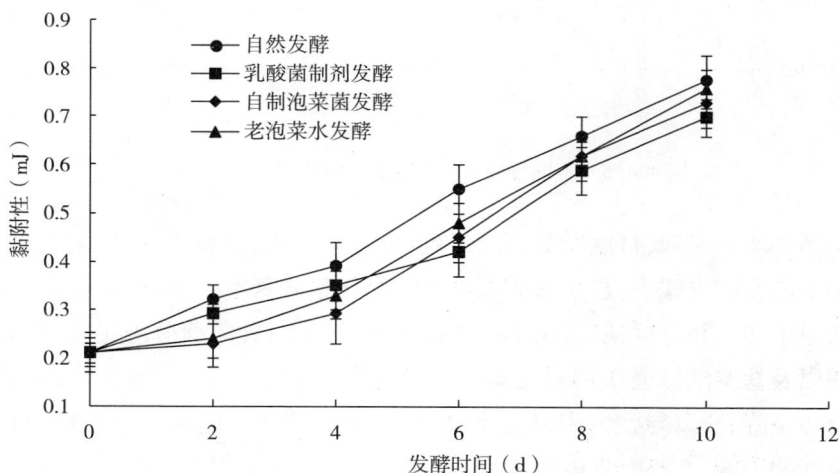

图 4.4.4　不同发酵方式下莲藕泡菜黏附性的变化

由图 4.4.4 可知,自然发酵、乳酸菌制剂发酵、自制泡菜菌发酵、老泡菜水发酵 4 种不同发酵方式下,莲藕泡菜的黏附性变化趋势基本一致,均随着发酵时间的延长呈上升趋势,这可能由于泡菜中含有的微生物在发酵过程中会代谢产生各种黏性物质黏附在莲藕表面的缘故;在整个发酵过程中,自然发酵方式的黏附性始终高于其他 3 种发酵方式,在发酵后期,乳酸菌制剂发酵、自制泡菜菌发酵、老泡菜水发酵上升速度较快,到达发酵终点时与自然发酵方式的黏附性比较接近,最终的黏附性值均由最初的 0.21 mJ 上升至到最高值 0.76 mJ 左右,4 种发酵方式终点时的黏附性值之间无显著性差异($p>0.05$)。

2.2.5　不同发酵方式的莲藕泡菜内聚性的变化

在自然发酵、乳酸菌制剂发酵、自制泡菜菌发酵、老泡菜水发酵 4 种不同发酵方式下,莲藕泡菜发酵过程中内聚性的变化见图 4.4.5。

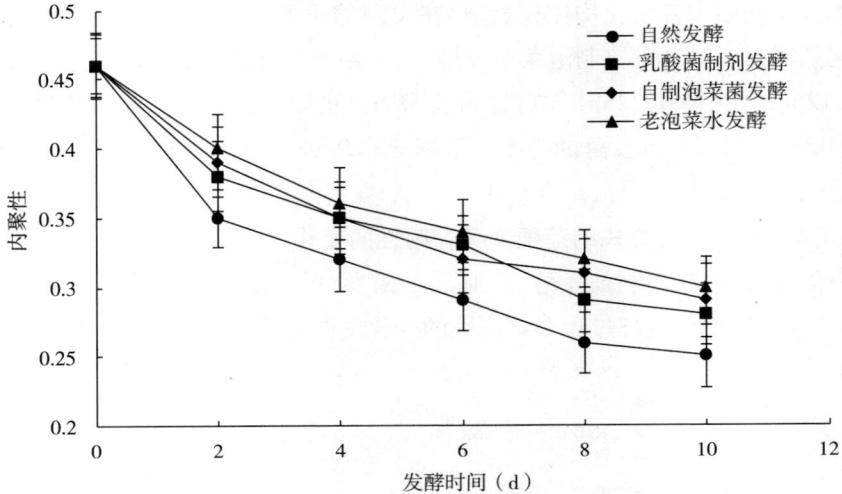

图 4.4.5　不同发酵方式下莲藕泡菜的内聚性变化

由图 4.4.5 可知,自然发酵、乳酸菌制剂发酵、自制泡菜菌发酵、老泡菜水发酵 4 种不同发酵方式下,莲藕泡菜的黏附性变化趋势基本一致,均随着发酵时间的延长呈下降趋势,这可能是由于莲藕在发酵过程中,乳酸菌分泌相关的酶和代谢产酸以及盐溶液渗透作用对莲藕细胞结合力会造成一定的影响,使莲藕细胞间结合力下降,所以导致内聚性会下降,最终导致莲藕的组织变得疏松,口感也因此会受到影响;在整个发酵过程中,自然发酵方式的内聚性值始终低于其他 3 种发酵方式,发酵至终点时,4 种不同发酵方式的内聚性值由第 0 d 的最大值 0.46 分别下降至(0.25 ± 0.023)、(0.28 ± 0.022)、(0.29 ± 0.026)、(0.30 ± 0.028)。

3　结论

通过测定自然发酵、乳酸菌制剂发酵、自制泡菜菌发酵、老泡菜水发酵 4 种不同发酵方式莲藕泡菜发酵过程中第 0、2、4、6、8、10 d 的物理特性指标,探究其动态变化规律,并进行对比分析,得出以下结论:

(1)4 种发酵方式的莲藕泡菜的亮度值在整个发酵过程中均呈下降趋势,莲藕泡菜的红度、黄度、总色差值在整个发酵过程中均呈上升趋势,且老泡菜水发酵方式的红度、黄度、总色差值始终高于其他3种发酵方式。

(2)4种发酵方式的莲藕泡菜的硬度、弹性、咀嚼性随着发酵时间的延长均呈下降趋势,在整个发酵过程中,自然发酵方式的硬度、弹性值均低于其他两种发酵方式,其咀嚼性均高于其他两种发酵方式;莲藕泡菜的黏附性、内聚性随着发酵时间的延长均呈上升趋势,在整个发酵过程中,自然发酵方式的黏附性、内聚性值均高于其他2种发酵方式。

参考文献

[1]沈菲儿. 乳酸菌制剂发酵对莲藕泡菜质构和风味影响的研究[D]. 扬州:扬州大学, 2016.

[2]王毓宁, 李鹏霞, 胡花丽, 等. 风味莲藕泡菜的加工工艺[J]. 江苏农业科学, 2013, 41(11):279-283.

[3]LEE C Y, BOURNE M C, BUREN J P V. Effect of blanching treatments on the firmness of carrots[J]. Journal of Food Science, 1979, 44(2):615-616.

[4]TOMITA S, WATANABE J, NAKAMURE T, et, al. Characterisation of the bacterial community structures of sunki, a traditional unsalted pickle of fermented turnip leaves[J]. Journal of Bioscience and Bioengineering, 2020, 129(5):541-551.

[5]杨性民, 刘青梅, 徐喜圆, 等. 人工接种对泡菜品质及亚硝酸盐含量的影响[J]. 浙江大学学报(农业与生命科学版), 2003(3):57-60.

[6]陈大鹏, 郑娅, 周芸, 等. 自然发酵与人工接种发酵法发酵泡菜的品质比较[J]. 食品工业科技, 2019, 40(18):368-372.

[7]周强, 黄林, 田陈聃, 等. 发酵条件对腌制功能性泡菜的品质影响及工艺优化[J]. 中国调味品, 2018, 43(11):6-11.

[8]赵楠. 四川泡菜的主要特性及其成因分析[D]. 无锡:江南大学, 2017.

[9]刘刚, 邓钱江, 汪淑芳, 等. 发酵过程中韩式泡菜质构变化的研究[J]. 食品工业科技, 2017, 38(15):112-116.

[10]麦馨允, 刁云春, 黄江奇, 等. 不同发酵方式对木瓜泡菜品质的影响[J]. 食品研究与开发, 2020(14):117-123.

[11]夏季, 方勇, 王梦梦, 等. 不同发酵处理对香菇泡菜质构及风味物质的影响[J]. 食品科学, 2019, 40(20):171-177.

[12]库晓，钱杨，李娅琳，等. 不同品种豇豆发酵过程中质构品质变化及产植物细胞壁降解酶微生物种类分析[J]. 食品工业科技，2019，40（2）：1-12.

[13]赵江欣. 预添加乳酸对泡萝卜品质影响的研究[D]. 成都：四川农业大学，2018.

[14]黄盛蓝，杜木英，周先容，等. 发软泡菜品质及风味物质主成分分析[J]. 食品与机械，2017，33（12）：36-44.

[15]龙谋. 重庆市某厂软化、色变泡萝卜品质及其菌群组成研究[D]. 重庆：西南大学，2017.

[16]陈安特，张文娟，张羲，等. 酿酒酵母对萝卜泡菜发酵过程的影响[J]. 食品与机械，2017，43（6）：129-133.

[17]代程洋，陈江红，郭壮，等. 枣阳酸浆水来源乳酸菌对泡菜及泡菜水发酵品质的影响[J]. 中国酿造，2019，38（5）：54-58.

[18]魏直升，王勇峰，余群力，等. 新疆褐牛不同部位牛肉在成熟过程中的品质变化[J]. 食品工业科技，2020，41（2）：64-70.

[19]倪慧，王强，魏冰倩，等. 恩施市泡萝卜中乳酸菌的分离鉴定及其对品质的影响[J]. 食品工业科技，2019，40（17）：64-78.

[20]张慧敏，姜林君，赵江欣，等. 预添加乳酸对直投式发酵泡萝卜感官品质的影响[J]. 基因组学与应用生物学，2020，36（1）：246-253.

[21]范丽萍，张立彦. NaCl对猪肉干燥过程中质构特性的影响[J]. 食品工业科技，2018，39（6）：43-47.

[22]黄维，王永，林亚秋，等. 不同冷冻保存时间对肥羔型黑山羊肌肉色差的影响[J]. 黑龙江畜牧兽医，2020（13）：7-11.

[23]王改萍，张磊，姚雪冰，等. 金叶银杏叶色变化特性分析[J]. 南京林业大学学报（自然科学版），2020，44（5）：41-48.

[24]王敬，钱坤，任连泉. 鲤鱼在冷冻贮藏下鱼肉品质变化研究[J]. 农产品质量与安全，2020（1）：91-93.

[25]刘成梅，褚贝贝，陈军，等. 南酸枣皮脱涩工艺优化及其对枣皮品质影响[J]. 食品工业，2020，41（1）：113-117.

[26]周中帆，丁德玥，张沛枫，等. 色差仪与DigiEye对预制蔬菜颜色的表征[J]. 食品研究与开发，2019，40（23）：1-8.

[27]王蒙，蓝蔚青，邱泽慧，等. 苹果多酚处理后冰鲜大黄鱼贮藏期间品质与水分迁移的变化[J]. 食品与发酵工业，2019，45（21）：93-101.

［28］王宝贝，邱颖辉，陈玟璇，等. 小球藻对青稞面包品质的影响及其抗氧化特性［J］. 食品与发酵工业，2019，45（23）：157-162.

［29］刘文，岳琪琪，李贝贝，等. 基于初始微生物控制冷鲜鲟鱼肉减菌工艺优化及品质控制［J］. 食品科技，2019，44（7）：167-173.

［30］崔莉，杜利平，闫慧娇，等. 皱皮木瓜真空冻干工艺优化及基 LF-NMR 技术的复水特性研究［J］. 中国食品学报，2019，19（6）：124-133.

［31］张婷婷，骆其君，陈娟娟，等. 坛紫菜干品色差测定条件的优化研究［J］. 食品工业科技，2019，40（23）：213-220.

［32］冯呈艳，余志，陈玉琼，等. 茶鲜叶反射光谱和色差特性及其应用初探［J］. 中国茶叶加工，2019（2）：33-39.

［33］王教领，宋卫东，金诚谦，等. 杏鲍菇转轮除湿热泵干燥系统结构设计及工艺参数优化［J］. 农业工程学报，2019，35（4）：273-280.

［34］杨兵，梅小飞，阚建全. 热泵干制对青花椒色差和品质的影响及工艺优化［J］. 食品与发酵工业，2019，45（12）：140-151.

［35］张玉梅，董铭，邓绍林，等. 菊粉对低脂乳化肠质构及风味品质的影响［J］. 核农学报，2020，34（12）：2769-2779.

［36］陈嘉慧，顾欣，李迪，等. 柠檬果粒凝固型发酵乳的工艺研究及质构分析［J］. 食品工业，2020，41（10）：50-53.

［37］牛丽影，沈凌雁，刘春菊，等. 鲜食玉米质构特性分析［J］. 食品研究与开发，2020，41（12）：48-53.

［38］杜昕美，赵前程，吕可，等. 五种苹果质构测定方法的比较及与感官评价的相关性分析［J］. 食品工业科技，2020，41（22）：240-246.

［39］黄元相，赵声兰，马雅鸽，等. 低热能低钠盐广味香肠的配方优化及其质构特性研究［J］. 肉类工业，2019（8）：16-24.

［40］李晓，王文亮，王月明，等. 外源性果胶甲酯酶对低盐腌渍黄瓜质构性质的影响［J］. 食品科学技术学报，2018，36（6）：88-94.

［41］黎瑶，刘书来，熊素彬. 质构仪在片剂研究中的应用进展［J］. 中国医药工业杂志，2018，49（7）：875-884.

［42］张爱霞，刘敬科，赵巍，等. 小米馒头质构分析和品质评价［J］. 食品科技，2017，42（6）：156-161.

［43］吴业北，江英兰，张若宇，等. 3D 扫描仪、质构仪在哈密瓜物料特性测试中的应用［J］. 新疆农机化，2017（1）：16-22.

[44]任凯，陶康，于政鲜，等. TPA 测试条件对豆腐质构测试结果的影响[J]. 中国调味品，2019，44(9)：29-38.

[45]韩翠萍，历卓，葛子榜，等. 加工工艺对传统豆干质构特性的影响[J]. 中国食品学报，2019，19(4)：203-208.

[46]李丽娜，赵武奇，曾祥源，等. 苹果的质构与感官评定相关性研究[J]. 食品与机械，2017，33(6)：37-45.

[47]王晶晶，董福，冯叙桥，等. TPA 质构分析在凌枣贮藏时间判定中的应用[J]. 中国食品学报，2017，17(3)：218-224.

[48]陆娅，陈慧，彭文怡. 挂面感官品质质构检测方法初探[J]. 粮食与油脂，2016，29(10)：67-69.

[49]王丹，姜启兴，许艳顺，等. 鱼糕质构的仪器分析与感官评定间的相关性[J]. 食品与机械，2016，32(4)：24-210.

[50]李翔. 血豆腐质构感官评定与机械测定的相关性分析[J]. 食品研究与开发，2016，37(7)：145-149.

[51]蒋小雅，郑炯. 不同干燥方式对梨干质构特性和微观结构的影响[J]. 食品与发酵工业，2016，42(3)：137-141.

[52]夏吉庆，邢靓，施灿璨，等. 自然冷资源储藏环境下稻谷质构特性及蒸煮品质的试验研究[J]. 沈阳农业大学学报，2016，47(1)：114-118.

[53]郑加旭，姚开，贾冬英，等. 不同包装方式对冷鲜牛肉质构和物化性质的影响[J]. 食品科技，2016，41(1)：96-104.

[54]汪莉莎，陈光静，郑炯，等. 大叶麻竹笋腌制过程中品质变化规律[J]. 食品与发酵工业，2013，39(10)：73-77.

[55]岳喜庆. 酸菜自然发酵过程中的质地变化[J]. 食品与发酵工业，2013，39(4)：68-71.

[56]陈军，赵立，郑春华. 前处理对 4 ℃贮藏条件下鲢鱼质构的影响[J]. 食品研究与开发，2013(6)：108-110.

[57]姜松，孟庆君，赵杰文. 腌渍菊芋的质地分析与感官评价研究[J]. 食品科学，2007，28(12)：78-81.

第5章 不同发酵方式下4种泡菜的感官评价

第1节 不同发酵方式下甘蓝泡菜的感官评价

1 材料与方法

1.1 实验材料

甘蓝、冰糖、生姜、干花椒、红辣椒、八角、蒜、高粱酒、青椒,购于运城市感恩广场;泡菜盐、乳酸菌制剂发酵粉,网购。

1.2 实验方法

1.2.1 泡菜的制作

1.2.1.1 基本配方

甘蓝 500 g、水 1000 g、泡菜盐 60 g、白糖 40 g、八角 5 g、花椒 2 g、蒜 2 个、辣椒 2 个。

1.2.1.2 工艺流程

甘蓝→挑选→整理筛选→清洗→沥干→切分→称量→装坛→添加辅料→加盐水→密封→发酵→成品

1.2.1.3 操作要点

(1)挑选:挑选光泽正、无破裂、无病虫害、无枯烂叶的新鲜甘蓝。

(2)清洗、沥干:将甘蓝菜叶片用自来水浸泡约 3~5 min,然后用清水将甘蓝菜冲洗干净,甩掉多余的水分后沥干备用。

(3)切分、装坛:将沥干的甘蓝切成 2 cm×5 cm 的长条,装入泡菜坛内,加入称量好的各种调料。

(4)盐、糖溶化:按配方称量泡菜盐、白糖、纯净水,加热溶化晾凉后备用。

(5)加盐糖水、密封:加入冷却的盐糖水,密封后室温条件下发酵。

1.2.1.4 发酵方式

(1)自然发酵:按上述基本配方和工艺流程进行操作。

(2)乳酸菌制剂发酵:装坛时加入泡菜总质量的 1.5%的泡菜乳酸菌制剂发酵剂,其他工艺同自然发酵。

（3）老泡菜水发酵：用等质量的老泡菜水替换盐糖水，其他工艺同自然发酵。

（4）自制泡菜菌发酵：将高粱酒（53%vol）与食盐水 1:20 的比例混合，然后加入总质量 5% 的青椒，密封，室温发酵 5~6 d，待青椒变黄后，自制泡菜菌发酵液制成。按甘蓝与自制泡菜菌发酵液质量比 1:2 的比例装入泡菜坛中，其他工艺同自然发酵。

1.2.2　泡菜品质的感官评价

1.2.2.1　制定评分标准

选择 10 名感官灵敏的同学作为评价员，评价员在实验前 2 小时未进食、吸烟、饮酒等，而且单独进行评价。本实验的感官评价方法选取色泽及形态、香气、滋味、质地 4 项指标，对发酵至第 10 d 的 4 种发酵方式的甘蓝泡菜进行评分，评分等级分为：优、良、中、差，感官评分标准表见表 5.1.1。

表 5.1.1　甘蓝泡菜感官评分标准表

项目	标准	等级
色泽与形态	色泽正常、新鲜有光泽、汁液清晰透明	优
	色泽正常、无光泽、汁液稍混浊	良
	色泽正常、无光泽、汁液浑浊	中
	色泽不正常、无光泽、汁液浑浊	差
香气	具有原料清香和传统泡菜特殊香味，香气浓郁	优
	具有原料清香和传统泡菜特殊香味，香气较淡	良
	无不良香气	中
	香气差、香气不正	差
滋味	咸酸适度，风味鲜美	优
	咸味较重或较轻	良
	咸味重或无咸味	中
	有苦味、涩味或酸败味	差
质地	质地脆嫩，咀嚼无渣	优
	菜质脆嫩度差，咀嚼无渣	良
	菜质脆嫩度差，咀嚼有渣	中
	菜质柔软	差

1.2.2.2　建立模糊综合评价数学模型

（1）确定评价对象集 Y。

评价对象集 Y 是研究需要进行感官评分的 4 种发酵方式的甘蓝泡菜。$Y = \{Y_1, Y_2, Y_3, Y_4\}$，$Y_1 \sim Y_4$ 分别代表本研究中自然发酵、乳酸菌制剂发酵、老泡菜水发酵、自制泡菜菌发酵 4 种发酵方式的甘蓝泡菜，用 Y_j 表示 4 种发酵方式的综合评价，其中 $j = 1, 2, 3, 4$。

（2）确定评价因素集 U。

评价因素集 U 是甘蓝泡菜的感官质量的构成因素集合。$U = \{U_1, U_2, U_3, U_4\}$，$U_1 \sim U_4$ 分别代表本研究中色泽及形态、香气、滋味、质地 4 个评价指标，即 U_1 为色泽及形态，U_2 为香气，U_3 为滋味，U_4 为质地。

（3）确定评价等级集 V。

评价等级集 V 是对每个因素的评价集合。$V = \{V_1, V_2, V_3, V_4\}$，即 V_1 为优，V_2 为良，V_3 为中，V_4 为差。

（4）确定评价权重集 X。

评价权重指的是各因素的重要程度。一般来说，泡菜的各个因素对泡菜来说重要程度是不相同的。根据 10 位评价员的打分，计算出色泽及形态、香气、滋味、质地 4 个因素的权重值，权重统计表见表 5.1.2。

表 5.1.2　权重统计表

序号	色泽及形态	香气	滋味	质地	总分
1	20	15	45	20	100
2	17	19	50	14	100
3	14	16	43	27	100
4	15	15	40	30	100
5	20	15	40	25	100
6	27	23	30	20	100
7	25	25	35	15	100
8	15	17	43	25	100
9	13	20	40	27	100
10	16	14	45	25	100
总分	182	179	411	228	
平均分	18.2	17.9	41.1	22.8	
权重	0.182	0.179	0.411	0.228	

由表 5.1.2 可知，确定权重集为：$X = \{X_1, X_2, X_3, X_4\} = \{0.182, 0.179, 0.411, 0.228\}$，其中：$X_1$ 代表色泽及形态的权重值，X_2 代表香气的权重值，X_3 代表滋味

的权重值,X_4 代表质地的权重值。

2 结果与分析

2.1 感官评价结果

由 10 个感官评价员对 4 种发酵方式的甘蓝泡菜按色泽及形态、香气、滋味、质地进行逐一评价,汇总结果见表 5.1.3。其中序号 1 代表"自然发酵",2 代表"乳酸菌制剂发酵",3 代表"老泡菜水发酵",4 代表"自制泡菜菌发酵"。

表 5.1.3 甘蓝泡菜感官评价结果

序号	色泽及形态				香气				滋味				质地			
	优	良	中	差	优	良	中	差	优	良	中	差	优	良	中	差
1	2	4	4	0	2	5	3	0	4	4	2	0	3	6	1	0
2	4	3	3	0	5	4	1	0	5	4	1	0	5	2	3	0
3	1	6	2	1	1	3	4	2	2	5	2	1	3	5	2	0
4	3	5	2	0	3	5	2	0	3	4	3	0	3	5	2	0

2.2 建立模糊矩阵

将表 5.1.3 中 4 种发酵方式的甘蓝泡菜感官评定结果分别除以品评总人数10 人,得到 4 个模糊评判矩阵。

$$R_1 = \begin{vmatrix} 0.4 & 0.4 & 0.2 & 0 & 0 \\ 0.3 & 0.3 & 0.3 & 0.1 & 0 \\ 0 & 0.5 & 0.3 & 0.1 & 0.1 \\ 0.1 & 0.3 & 0.4 & 0.2 & 0 \end{vmatrix} \qquad R_2 = \begin{vmatrix} 0.2 & 0.2 & 0.4 & 0.1 & 0.1 \\ 0.2 & 0.2 & 0.3 & 0.2 & 0.1 \\ 0.1 & 0.4 & 0.4 & 0.1 & 0 \\ 0.2 & 0.3 & 0.3 & 0.2 & 0 \end{vmatrix}$$

$$R_3 = \begin{vmatrix} 0.3 & 0.3 & 0.3 & 0.1 & \\ 0.2 & 0.4 & 0.2 & 0.1 & 0.1 \\ 0.2 & 0.5 & 0.2 & 0.1 & \\ 0.3 & 0.4 & 0.2 & 0.1 & 0 \end{vmatrix} \qquad R_4 = \begin{vmatrix} 0.3 & 0.4 & 0.2 & 0.1 & 0 \\ 0.2 & 0.3 & 0.3 & 0.2 & 0 \\ 0.1 & 0.4 & 0.5 & 0.1 & 0 \\ 0.1 & 0.3 & 0.5 & 0.1 & 0 \end{vmatrix}$$

2.3 计算综合隶属度

依据模糊变换原理,用矩阵乘法计算样品对各类因素的综合隶属度 $Y_j = X \times R_j$。例如对自然发酵泡菜进行评价,并归一化:

$$Y_1 = X \times R_1 = (0.182, 0.179, 0.411, 0.228) \times \begin{vmatrix} 0.4 & 0.4 & 0.2 & 0 & 0 \\ 0.3 & 0.3 & 0.3 & 0.1 & 0 \\ 0 & 0.5 & 0.3 & 0.1 & 0.1 \\ 0.1 & 0.3 & 0.4 & 0.2 & 0 \end{vmatrix}$$

按此方法对 4 种发酵方式甘蓝泡菜的评分结果进行综合分析,得到评判结果 Y_j,见表 5.1.4。

表 5.1.4　甘蓝泡菜综合评价结果

Y_j	评判结果集
Y_1	$(0.305, 0.4635, 0.2315, 0)$
Y_2	$(0.4818, 0.3362, 0.182, 0)$
Y_3	$(0.1867, 0.4824, 0.2358, 0.0951)$
Y_4	$(0.3, 0.4589, 0.2411, 0)$

将表 5.1.4 甘蓝泡菜的综合评价结果分别乘以其对应的分值(优、良、中、差依次赋予 100 分、90 分、80 分、70 分),并进行加和,最后得出 4 种发酵方式的最后总得分,见表 5.1.5。

表 5.1.5　甘蓝泡菜模糊感官评价总得分

泡菜种类	总得分
自然发酵方式	90.535
乳酸菌制剂发酵方式	92.998
老泡菜水发酵方式	87.607
自制泡菜菌发酵方式	90.589

由表 5.1.5 可知,甘蓝泡菜 4 种发酵方式感官评分由高到低依次为:乳酸菌制剂发酵>自制泡菜菌发酵>自然发酵>老泡菜水发酵。乳酸菌制剂发酵方式制作的泡菜色泽鲜艳、咸酸适度、香味浓郁,评分最高,这可能是由于乳酸菌制剂的乳酸菌是经过筛选的各方面更有优势的菌种;自然发酵方式泡菜和自制泡菜菌发酵泡菜的得分次之;老泡菜水发酵泡菜的得分最低。

3　结论

本实验采用自然发酵、乳酸菌制剂发酵、自制泡菜菌发酵、老泡菜水发酵 4 种不同发酵方式制作甘蓝泡菜,运用模糊数学评价法在色泽及形态、香气、滋味、质地4个因素方面系统地对发酵至第10 d的甘蓝泡菜进行感官评价,4种发酵方式泡菜的最终总评分由高到低依次为:乳酸菌制剂发酵>自制泡菜菌发酵>自然发酵>老泡菜水发酵。

第2节　不同发酵方式下萝卜泡菜的感官评价

1　材料与方法

1.1　实验材料

萝卜、泡菜盐、花椒、八角、生姜、冰糖、辣椒、高粱酒、青椒等均购于运城市佳缘超市;乳酸菌制剂发酵粉(北京川秀国际贸易有限公司)网购于淘宝。

1.2　实验方法

1.2.1　萝卜泡菜的制作

1.2.1.1　基本配方

萝卜500 g、水1000 mL、泡菜盐60 g、冰糖30 g、蒜20 g、姜20 g、八角4 g、花椒4 g。

1.2.1.2　工艺流程

盐水、糖、花椒、八角等

↓

原料选择→清洗→晾干→切分→装坛→密封→发酵→成品

1.2.1.3　操作要点

(1)原料选择:选择品质优良、无蛀虫、无腐烂、大小基本一致的新鲜萝卜。

(2)清洗、晾干:将萝卜整理洗净,去除表皮杂质,晾干后备用。

(3)切分、装坛:把晾干后的萝卜切分为1 cm×1 cm×2 cm的块状,同时加入溶解的盐水、调味料等。

(4)密封、发酵:盖好坛盖,用水密封,在室温条件下发酵。

1.2.1.4　发酵方式

(1)自然发酵:按上述工艺配方和操作要点进行制作。

(2)乳酸菌制剂发酵:准确称取萝卜质量2%的乳酸菌菌粉,用适量的纯净水充分溶解后加入泡菜坛中,其他操作工艺同自然发酵。

(3)老泡菜水发酵:用等质量的老泡菜水替换盐水,其他操作工艺同自然发酵。

(4)自制泡菜菌发酵:将高粱酒(53% vol)与食盐水(质量浓度为6%)按体

积比例 1:15 混合,然后加入总质量 6.5% 的青椒和各种调味料,密封,室温发酵 6~8 d,待青椒变黄后,自制泡菜菌发酵液制成。按萝卜与自制泡菜菌发酵液质量比 1:2 的比例装入泡菜坛中,其他操作工艺同自然发酵。

1.2.2　感官评价

1.2.2.1　感官评价标准

选取 10 名感官灵敏且熟悉感官评价的步骤的 10 名同学作为此次萝卜泡菜感官评价的评价员,要求评价员在实验前 2 h 内无吸烟、饮食、饮酒等行为,对泡菜进行单独评价,尽量排除主观因素的影响。10 名评价员对发酵至第 10 d 的 4 种发酵的萝卜泡菜在色泽、香气、滋味、质地等因素方面进行评分,评分标准见表 5.2.1。

表 5.2.1　萝卜泡菜感官评分标准表

项目	评分标准	等级
色泽	色泽正常、有光泽、汤汁清澈、无霉花浮膜	优
	色泽正常、无光泽、汤汁清澈、无霉花浮膜	良
	色泽正常、无光泽、汤汁不清澈、无霉花浮膜	中
	色泽不正常、无光泽、汤汁不清澈、有少量霉花浮膜	差
	色泽不正常、无光泽、汤汁不清澈、有大量霉花浮膜	极差
香气	具有一定的菜香辅料添加后的复合香气	优
	复合香气浓度较小、气味较淡、轻微酸味	良
	香气气味较淡、较浓酸味	中
	无香气气味、劣质酸味、有异味	差
	异味严重、酸臭腐败味	极差
滋味	滋味鲜美、酸甜适宜	优
	口感淡薄	良
	咸味较重	中
	咸味较重、有涩味	差
	有严重苦味	极差
质地	泡菜质地脆嫩、咀嚼无渣	优
	泡菜质地嫩度差、咀嚼无渣	良
	泡菜质地无脆感、咀嚼无渣	中
	泡菜质地柔软、咀嚼无渣	差
	泡菜质地绵软、咀嚼无渣	极差

1.2.2.2　建立模糊综合评价数学模型

（1）确定评价对象集 U。

评价对象集 U 是研究中需要进行感官评价的 4 种发酵方式的萝卜泡菜。$U = \{U_1, U_2, U_3, U_4\}$，$U_1$、$U_2$、$U_3$、$U_4$ 分别代表自然发酵泡菜、乳酸菌制剂发酵泡菜、老泡菜水发酵泡菜以及自制泡菜菌发酵泡菜。

（2）确定评价因素集 Y。

评价因素集 Y 是研究中泡菜感官质量的构成因素集合。$Y = \{Y_1, Y_2, Y_3, Y_4\}$，$Y_1 \sim Y_4$ 分别代表本研究中色泽、香气、滋味、质地 4 个评价指标，Y_1 为色泽，Y_2 为香气，Y_3 为滋味，Y_4 为质地。

（3）确定评价等级集 V。

评价等级集 V 是研究中对每个因素的评价集合。$V = \{V_1, V_2, V_3, V_4, V_5\}$，$V_1$ 为优，V_2 为良，V_3 为中，V_4 为差，V_5 为极差。

（4）确定评价权重集 X。

评价权重指的是各因素的重要程度，泡菜的各个因素对泡菜来说重要程度是不相同的。根据 10 位评价员的打分情况计算出各个因素的权重值，权重统计表见表 5.2.2。

表 5.2.2　权重统计表

序号	色泽	香气	滋味	质地	总分
1	20	30	25	25	100
2	30	20	25	25	100
3	25	25	25	25	100
4	35	30	20	15	100
5	40	20	20	20	100
6	50	30	10	10	100
7	45	30	15	10	100
8	30	45	15	10	100
9	20	50	15	15	100
10	20	45	20	15	100
平均分	31.5	32.5	19	17	100
权重	0.315	0.325	0.19	0.17	1

2　结果与分析

2.1　感官评价结果

由 10 个感官评价员对萝卜泡菜按色泽、香气、滋味、质地进行评价,感官评价结果见表 5.2.3。其中,表中序号 1、2、3、4 分别代表自然发酵、乳酸菌制剂发酵、老泡菜水发酵、自制泡菜菌发酵。

表 5.2.3　萝卜泡菜感官评价结果

序号	色泽					香气					滋味					质地				
	优	良	中	差	极差	优	良	中	差	极差	优	良	中	差	极差	优	良	中	差	极差
1	5	5	0	0	0	6	2	1	1	0	2	2	4	2	0	4	3	3	0	0
2	6	4	0	0	0	7	2	1	0	0	4	3	2	1	0	5	3	1	1	0
3	5	4	1	0	0	3	3	2	2	0	1	2	2	3	2	3	3	1	2	1
4	4	4	2	0	0	2	3	2	2	1	1	2	2	2	2	2	3	1	3	1

2.2　建立模糊矩阵

将 4 种萝卜泡菜的感官评分分别除以评价人数得到模糊评判矩阵,结果如下。

$$R_1 = \begin{vmatrix} 0.5 & 0.5 & 0 & 0 & 0 \\ 0.6 & 0.2 & 0.1 & 0.1 & 0 \\ 0.2 & 0.2 & 0.4 & 0.2 & 0 \\ 0.4 & 0.3 & 0.3 & 0 & 0 \end{vmatrix} \qquad R_2 = \begin{vmatrix} 0.6 & 0.4 & 0 & 0 & 0 \\ 0.7 & 0.2 & 0.1 & 0 & 0 \\ 0.4 & 0.3 & 0.2 & 0.1 & 1 \\ 0.5 & 0.3 & 0.1 & 0.1 & 0 \end{vmatrix}$$

$$R_3 = \begin{vmatrix} 0.5 & 0.4 & 0.1 & 0 & 0 \\ 0.3 & 0.3 & 0.2 & 0.2 & 0 \\ 0.1 & 0.2 & 0.2 & 0.3 & 0.2 \\ 0.3 & 0.3 & 0.1 & 0.2 & 0.1 \end{vmatrix} \qquad R_4 = \begin{vmatrix} 0.4 & 0.4 & 0.2 & 0 & 0 \\ 0.2 & 0.3 & 0.2 & 0.2 & 0.1 \\ 0.1 & 0.3 & 0.2 & 0.2 & 0.2 \\ 0.2 & 0.3 & 0.1 & 0.3 & 0.1 \end{vmatrix}$$

2.3　计算隶属度

依据模糊变换原理,用矩阵乘法计算样品对各类因素的综合隶属度 $Y_j = X \times R_j$。例如对自然发酵泡菜进行评价,并归一化:

$$Y_1 = X \times R_1 = (0.315, 0.325, 0.19, 0.17) \times \begin{vmatrix} 0.5 & 0.5 & 0 & 0 & 0 \\ 0.6 & 0.2 & 0.1 & 0.1 & 0 \\ 0.2 & 0.2 & 0.4 & 0.2 & 0 \\ 0.4 & 0.3 & 0.3 & 0 & 0 \end{vmatrix}$$

按照此方法对 4 种不同发酵方式泡菜评分结果进行综合分析,得到综合评判结果见表 5.2.4。

表 5.2.4　萝卜泡菜综合评判结果

Y_j	评判结果集
Y_1	$(0.4585, 0.3115, 0.1595, 0.0705, 0)$
Y_2	$(0.5775, 0.299, 0.0875, 0.036, 0)$
Y_3	$(0.325, 0.3125, 0.1515, 0.156, 0.055)$
Y_4	$(0.244, 0.3315, 0.183, 0.154, 0.0875)$

将表 5.2.4 的综合评价结果分别乘以其对应的分值(优、良、中、差、极差分值分别为 90 分、80 分、70 分、60 分、50 分),并进行加和,最后得出 4 种发酵方式萝卜泡菜的最后总得分,结果见表 5.2.5。

表 5.2.5　4 种发酵方式的萝卜泡菜最终得分结果

发酵方式	最终得分
自然发酵	81.58
乳酸菌制剂发酵	84.18
老泡菜水发酵	76.965
自制泡菜菌发酵	74.905

由表 5.2.5 可知,乳酸菌制剂发酵方式的萝卜泡菜得分最高(84.18 分),显著高于其他 3 种发酵方式的得分,说明乳酸菌制剂发酵方式的萝卜泡菜成品在色泽、香气、滋味、质地等整体方面优于其他 3 种发酵方式;仅次于乳酸菌制剂发酵的是自然发酵泡菜及老泡菜水发酵,最低得分是自制泡菜菌发酵;自制泡菜菌发酵得分最低可能是制作自制泡菜菌液的发酵时间较短,乳酸菌数量还较少,活力还不够强的缘故。

3　结论

采用自然发酵、乳酸菌制剂发酵、自制泡菜菌发酵、老泡菜水发酵 4 种不同发酵方式制作萝卜泡菜,运用模糊数学评价法按色泽、香气、滋味、质地 4 个因素对发酵至第 10 d 的萝卜泡菜进行感官评价,4 种发酵方式泡菜的最终总评分由高到低依次为:乳酸菌制剂发酵(84.18 分)>自然发酵(81.58 分)>老泡菜水发酵(76.965 分)>自制泡菜菌发酵(74.905 分)。

第 3 节　不同发酵方式下菊芋泡菜的感官评价

1　材料与方法

1.1　试验材料

新鲜菊芋、泡菜盐、乳酸菌制剂发酵粉(网购);花椒、大料、生姜、大蒜、辣椒、冰糖、高粱酒等,购于运城市感恩广场佳缘超市。

1.2　试验方法

1.2.1　泡菜制作

1.2.1.1　基本配方

菊芋 750 g、纯净水 1500 g、泡菜盐 60 g、冰糖 30 g、花椒 8 g、大料 7 g、辣椒 4 g,蒜 20 g、生姜 15 g。

1.2.1.2　发酵方式

(1)自然发酵。

将新鲜的菊芋洗干净,切成 7 mm 的片状,晾干,装入已杀菌的泡菜坛中,并同时加入花椒、辣椒、蒜、生姜等调味料,加入已溶解的盐糖水,坛口加水密封,室温发酵。

(2)乳酸菌制剂发酵。

准确称取菊芋质量的 2% 的乳酸菌制剂发酵粉,用少量纯净水溶解加入泡菜坛中,其他步骤同自然发酵。

(3)老泡菜水发酵。

将多次经自然发酵的泡菜水作为老泡菜水,按老泡菜水与盐水各 750 g 加入坛内,其他步骤同自然发酵。

(4)自制泡菜菌发酵。

将 25 粒左右的花椒、60 g 盐放入 1200 mL 凉水中,将水煮沸。待水冷却至室温后,加入泡菜坛中,加入 1 两高粱酒,放入 50 g 不带生水的青椒,密封后室温发酵。2~3 d 后需观察青椒周围是否有气泡,若有证明发酵过程正常进行。待青椒完全变黄后,再发酵4~5 d,自制发酵菌液制作完成。将制作好的泡菜发酵菌液与盐水各750 g加入坛内,其他步骤同自然发酵。

1.2.2 模糊数学综合感官评价

1.2.2.1 感官评价标准

由10名同学组成感官评价小组,对4种发酵方式的菊芋泡菜的色泽、口感、滋味和组织状态四个因素进行感官评价,按照好、较好、一般、差等级进行评分,具体感官评价标准见表5.3.1。

表5.3.1　菊芋泡菜感官评价标准

等级	色泽	气味	滋味	组织状态
好	色泽均匀,呈乳白色	具有浓郁的乳酸发酵香味,无异味	滋味协调,酸度适中,略咸,爽脆可口	菜型完整,基本无损伤
较好	色泽均匀,呈微黄色	乳酸发酵香味淡,无异味	滋味协调,有略微酸味,较咸,脆度与口感较好	菜型略有损伤
一般	色泽不均匀,略微呈现红褐色	乳酸发酵香味淡,有异味但可以接受	滋味协调,酸度一般,脆度与口感一般	菜型部分破坏
差	色泽不均匀,颜色呈现褐色	无乳酸发酵香味,有异味	滋味不协调,过酸或酸度不够,泡菜发软发烂	菜型完全破坏

1.2.2.2 模糊数学法模型的建立

(1)以色泽、气味、滋味、组织状态为因素,确定菊芋泡菜因素集 $U = \{$色泽 u_1,气味 u_2,滋味 u_3,组织状态 $u_4\}$。

(2)以好、较好、一般、差为评语集,确定菊芋泡菜评语集 $P = \{$好 p_1,较好 p_2,一般 p_3,差 $p_4\}$。

(3)采用用户调查法及二次对比决定法确定各质量因素的权重。随机找10名同学进行评分,各因素之间一对一比较,重要得1分,次要得0分,各因素的总得分与总分100分的比重即为权重,所得权重评分见表5.3.2。

表5.3.2　权重评分表

因素	色泽	滋味	气味	组织状态	总分
色泽	10	2	4	7	23
滋味	8	10	6	8	32
气味	6	4	10	7	27
组织状态	3	2	3	10	18

得出权重集 $X = \{$色泽,滋味,气味,组织状态$\} = \{0.23, 0.32, 0.27, 0.18\}$。

（4）依次赋予好、较好、一般、差分值 90、80、70、60 分,综合评价结果与其对应分值乘积的加和即为最终评分结果。

2　结果与分析

2.1　模糊感官评分结果

10 名同学对 4 种发酵方式的菊芋泡菜按 4 个因素进行评分,评价结果见表 5.3.3。4 种发酵方式分别表示为:自然发酵 ZR,乳酸菌制剂发酵 RS,自制泡菜菌发酵 ZZ,老泡菜水发酵 LS。

表 5.3.3　4 种发酵方式的菊芋泡菜感官评分

方式	色泽				滋味				气味				组织状态			
	好	较好	一般	差	好	较好	一般	差	好	较好	一般	差	好	较好	一般	差
ZR	5	3	2	0	3	5	2	0	3	3	4	0	6	4	0	0
RS	6	3	1	0	4	3	2	1	3	4	3	0	7	3	0	0
ZZ	4	4	2	0	3	5	1	1	6	2	2	0	6	3	1	0
LS	4	4	1	0	6	3	1	0	6	2	2	0	5	3	2	0

2.2　建立模糊矩阵

将评分分别除以人数,得到 4 个模糊矩阵:

$$R_{ZR} = \begin{vmatrix} 0.5 & 0.3 & 0.2 & 0 \\ 0.3 & 0.5 & 0.2 & 0 \\ 0.3 & 0.3 & 0.4 & 0 \\ 0.6 & 0.4 & 0 & 0 \end{vmatrix} \qquad R_{RS} = \begin{vmatrix} 0.6 & 0.3 & 0.1 & 0 \\ 0.4 & 0.3 & 0.2 & 0.1 \\ 0.3 & 0.4 & 0.3 & 0 \\ 0.7 & 0.3 & 0 & 0 \end{vmatrix}$$

$$R_{ZZ} = \begin{vmatrix} 0.4 & 0.4 & 0.2 & 0 \\ 0.3 & 0.5 & 0.1 & 0.1 \\ 0.6 & 0.2 & 0.2 & 0 \\ 0.6 & 0.3 & 1 & 0 \end{vmatrix} \qquad R_{LS} = \begin{vmatrix} 0.4 & 0.4 & 0.1 & 0.1 \\ 0.6 & 0.3 & 0.1 & 0 \\ 0.6 & 0.2 & 0.2 & 0 \\ 0.5 & 0.3 & 0.2 & 0 \end{vmatrix}$$

2.3　模糊关系综合评判集

根据模糊模糊矩阵变换原理:$Y = K \times R$,其中 K 为权重集,R 为模糊矩阵。以自然发酵方式为例的综合评价结果为：$Y_{ZR} = K \times R = (0.23, 0.32, 0.27, 0.18) \times$

$$\begin{vmatrix} 0.5 & 0.3 & 0.2 & 0 \\ 0.3 & 0.5 & 0.2 & 0 \\ 0.3 & 0.3 & 0.4 & 0 \\ 0.6 & 0.4 & 0 & 0 \end{vmatrix} = (0.400, 0.382, 0.218, 0)$$

4 种发酵方式的菊芋泡菜的综合评判结果见表 5.3.4。

表 5.3.4　菊芋泡菜综合评判结果

Y	评判结果集
Y_{ZR}	(0.400, 0.382, 0.218, 0)
Y_{RS}	(0.473, 0.327, 0.168, 0.032)
Y_{ZZ}	(0.458, 0.360, 0.150, 0.032)
Y_{LS}	(0.536, 0.296, 0.145, 0.023)

依次赋予好、较好、一般、差分的分值为 90 分、80 分、70 分、60 分，与评判结果集乘积的加和得到自然发酵、乳酸菌制剂发酵、自制泡菜菌发酵、老泡菜水发酵的菊芋泡菜综合评判结果分别为：81.82 分、84.21 分、82.44 分、83.45 分。4 种发酵方式菊芋泡菜感官评分由高到低为：乳酸菌制剂发酵>老泡菜水发酵>自制泡菜菌发酵>自然发酵，这是由于乳酸菌制剂发酵方式得到的菊芋泡菜颜色鲜亮、咀嚼口感好，香味浓郁、酸咸适口，因此综合评判分数最高。

3　结论

采用自然发酵、乳酸菌制剂发酵、自制泡菜菌发酵、老泡菜水发酵 4 种不同发酵方式制作菊芋泡菜，采用模糊数学综合感官评价法对发酵至第 10 d 的菊芋泡菜成品进行感官评价，4 种发酵方式制作的菊芋泡菜最终总得分由高到低依次为：乳酸菌制剂发酵（84.21 分）>老泡菜水发酵（83.45 分）>自制泡菜菌发酵（82.44）>自然发酵（81.82）。

第 4 节　不同发酵方式下莲藕泡菜的感官评价

1　材料与方法

1.1　试验材料

莲藕、泡菜专用盐、冰糖、大蒜、干辣椒、生姜、八角、花椒、青椒、高粱酒、泡菜酸菜乳酸菌制剂发酵粉,均购自山西运城市盐湖区感恩广场。

1.2　试验方法

1.2.1　莲藕泡菜的制作

1.2.1.1　自然发酵

新鲜莲藕→清洗→晾干→去皮→切片→装坛(按莲藕、盐水质量比＝1∶2 装坛,盐水中盐含量 5%、糖含量 2%)→添加辅料(大蒜 2%、姜 2%、干辣椒 1%、花椒 0.5%、八角 0.8%,按莲藕质量计)→加水密封→室温发酵。

1.2.1.2　乳酸菌制剂发酵

按泡菜总质量的 2.5%添加泡菜乳酸菌制剂发酵粉(用少量温水进行溶化),其他制作过程同自然发酵。

1.2.1.3　老泡菜水发酵

将经多轮发酵后的自然发酵水与盐水质量为 1∶2 的质量比加入坛内,替代自然发酵的盐水,其他制作过程同自然发酵。

1.2.1.4　自制泡菜菌发酵

(1)自制泡菜菌发酵液的制备:将高粱酒(53% vol)与食盐水(质量浓度为 5%)按体积比例 1∶15 混合,然后加入总质量 6%的青椒和 20 g 花椒,密封,室温发酵 6~8 d,待青椒变黄后,再放 2~3 d,自制泡菜菌发酵液制成。

(2)自制泡菜菌发酵泡菜制作:按萝卜与自制泡菜菌发酵液质量比 1∶2 的比例装入泡菜坛中,其他制作过程同自然发酵。

1.2.2　模糊数学综合感官评价

1.2.2.1　感官指标的评价

采用模糊数学法进行感官评价,由 10 人评价,根据莲藕泡菜的色泽、香气、滋味、脆度四项指标对 4 种发酵方式发酵至第 10 d 的泡菜成品进行评分,具体感官评价标准见表 5.4.1。

表 5.4.1　莲藕泡菜感官评价标准

标准	色泽	香气	脆度	滋味
很好	藕片呈白色,光泽鲜亮	浓郁的发酵清香	脆嫩	酸咸适中
较好	藕片呈淡白色,有光泽	淡淡的清香	稍脆	酸咸较适中
一般	藕片呈微黄,光泽一般	莲藕原味	较软	酸咸可以接受
较差	藕片呈黄色,光泽略暗	略有异味	发软	酸咸勉强接受
很差	藕片呈暗黄色,无光泽	有臭味烂味	软烂	太酸或无酸味

1.2.2.2　确定评价对象集 Y

评价对象 $Y=\{Y_1,Y_2,Y_3,Y_4\}$，分别代表自然发酵、接种发酵、老泡菜水发酵、自制泡菜菌发酵的莲藕泡菜。用 Y_j 表示 4 种不同发酵莲藕泡菜的综合评价，其中 $j=1,2,3,4$。

1.2.2.3　确定评价因素集 U

评价因素 $U=\{U_1,U_2,U_3,U_4\}$，分别代表色泽、香气、脆度、滋味。

1.2.2.4　确定评价等级集 V

评价等级 $V=\{V_1,V_2,V_3,V_4,V_5\}$，分别代表很好、较好、一般、较差、很差。

1.2.2.5　确定评价权重集 X

采用用户调查法，抽取 10 人按百分制对各项指标的重要程度进行自由评分，确定各项指标的权重值，结果见表 5.4.2。

表 5.4.2　权重统计表

序号	色泽	香气	脆度	滋味	总分
1	14	22	26	38	100
2	20	20	30	30	100
3	15	25	25	35	100
4	16	24	30	30	100
5	17	23	24	36	100
6	15	25	23	37	100
7	25	5	30	40	100
8	10	10	40	40	100
9	12	30	34	24	100
10	13	29	28	30	100
总分	157	213	290	340	1000
平均分	15.7	21.3	29	34	100
权重	0.157	0.213	0.29	0.34	1

根据 10 人的评分计算出各指标的权重值，确定权重集为 $X=\{X_1,X_2,X_3,X_4\}=\{0.157,0.213,0.290,0.340\}$。

2　结果与分析

2.1　模糊感官评价结果

由 10 人对 4 种莲藕泡菜成品的色泽、香气、脆度和滋味进行逐一评价，并汇总等级得票数,序号 1、2、3、4 分别代表自然发酵、乳酸菌制剂发酵、老泡菜水发酵、自制泡菜菌发酵,结果见表 5.4.3。

表 5.4.3　莲藕泡菜感官评分结果

序号	色泽					香气					脆度					滋味				
	很好	较好	一般	较差	很差	很好	较好	一般	较差	很差	很好	较好	一般	较差	很差	很好	较好	一般	较差	很差
1	4	4	2	0	0	3	3	3	1	0	0	5	3	1	1	1	3	4	2	0
2	2	2	4	1	1	2	2	3	2	1	1	4	4	1	0	2	3	3	2	0
3	3	3	3	1	0	2	2	2	2	0	1	5	2	2	0	3	3	2	1	0
4	3	4	2	1	0	2	3	3	2	0	2	4	3	1	0	1	3	5	1	0

2.2　建立模糊矩阵

将 4 种莲藕泡菜成品各项感官指标的得票数分别除以评价人数 10,得到 4 个模糊评判矩阵,分别对应 R_1, R_2, R_3, R_4。

$$R_1 = \begin{vmatrix} 0.4 & 0.4 & 0.2 & 0 & 0 \\ 0.3 & 0.3 & 0.3 & 0.1 & 0 \\ 0 & 0.5 & 0.3 & 0.1 & 0.1 \\ 0.1 & 0.3 & 0.4 & 0.2 & 0 \end{vmatrix} \qquad R_2 = \begin{vmatrix} 0.2 & 0.2 & 0.4 & 0.1 & 0.1 \\ 0.2 & 0.2 & 0.3 & 0.2 & 0.1 \\ 0.1 & 0.4 & 0.4 & 0.1 & 0 \\ 0.2 & 0.3 & 0.3 & 0.2 & 0 \end{vmatrix}$$

$$R_3 = \begin{vmatrix} 0.3 & 0.3 & 0.3 & 0.1 & 0 \\ 0.2 & 0.2 & 0.2 & 0.2 & 0 \\ 0.1 & 0.5 & 0.2 & 0.2 & 0 \\ 0.3 & 0.3 & 0.2 & 0.1 & 0 \end{vmatrix} \qquad R_4 = \begin{vmatrix} 0.3 & 0.4 & 0.2 & 0.1 & 0 \\ 0.2 & 0.3 & 0.3 & 0.2 & 0 \\ 0.2 & 0.4 & 0.3 & 0.1 & 0 \\ 0.1 & 0.3 & 0.5 & 0.1 & 0 \end{vmatrix}$$

2.3　模糊评判结论

根据模糊变换原理:$Y = X \times R$,对第 j 种发酵泡菜评价结果为 $Y_j = X \times R_j$,例如:

$$Y_1 = X \times R_1 = (0.157, 0.213, 0.290, 0.340) \times \begin{vmatrix} 0.4 & 0.4 & 0.2 & 0 & 0 \\ 0.3 & 0.3 & 0.3 & 0.1 & 0 \\ 0 & 0.5 & 0.3 & 0.1 & 0.1 \\ 0.1 & 0.3 & 0.4 & 0.2 & 0 \end{vmatrix} =$$

$(0.1301, 0.3737, 0.3183, 0.1183, 0.029)$。

依照此方法得到综合评判集 Y_j,再以评价等级集 $V = \{V_1, V_2, V_3, V_4, V_5\} = \{$很好,较好,一般,较差,很差$\}$依次赋予分值 90,80,70,60,50,分别将 Y 中各个量乘其相对应的分值,再加和,最后得到 4 种不同发酵方式的莲藕泡菜成品的感官综合评判结果,见表 5.4.4。

表 5.4.4　莲藕泡菜综合评判结果

Y_j	评判结果集	综合评分	排名
Y_1	(0.1301,0.3737,0.3183,0.1183,0.029)	72.434	4
Y_2	(0.171,0.292,0.3447,0.1553,0.037)	74.047	3
Y_3	(0.2497,0.4133,0.2157,0.1,0.0213)	77.701	1
Y_4	(0.1527,0.3447,0.3523,0.1503,0)	74.998	2

由表 5.4.4 可知,老泡菜水发酵的莲藕泡菜成品综合评分最高,自制泡菜菌发酵和乳酸菌制剂发酵次之,且分值接近,自然发酵评分最低,这是由于老坛水中已形成一个相对稳定的微生态环境,其微生物代谢产生的风味物质较为丰富,使得泡菜成品滋味纯正,香气浓郁;而自然发酵的泡菜成品评分低是因为在自然发酵过程中仅靠莲藕原料携带的乳酸菌进行发酵,发酵速度慢,产生的酸类物质以及香气成分较少。

3　结论

本实验采用自然发酵、乳酸菌制剂发酵、自制泡菜菌发酵、老泡菜水发酵 4 种不同发酵方式制作莲藕泡菜,采用模糊数学综合感官评价法对发酵至第 10 d 的莲藕泡菜进行感官评价,得出以下结论:泡菜发酵终止时,老泡菜水发酵方式的感官综合评分最高(77.701 分),乳酸菌制剂发酵和自制泡菜菌发酵次之(74.998 分、74.047 分),且分值接近,自然发酵评分最低(72.434 分)。

参考文献

[1]王芮东,李楠,昝雪梅.应用模糊评价与响应面分析优化香菇饼干配方[J].河南工业大学学报(自然科学版),2020,41(2):100-106.

[2]王芮东,李楠,高文庚.基于模糊数学法的凝固型番茄酸奶研究[J].运城学院学报,2016,34(6):27-30.

[3]宋光磊.模糊数学评价方法在优化海带巧克力型酸奶饮料中的应用[J].食品研究与开发,2008,29(12):70-73.

[4]付晓萍,范江平,李凌飞,等.模糊数学在风味型红酒茉莉花奶茶感官评价

中的应用[J]．食品与发酵科技，2014，50(1)：75-77．

[5]谭祥峰，于海，葛庆丰，等．基于均匀设计和模糊数学的香菇菌汤制备工艺
　　[J]．食品科学，2012，33(2)：115-118．

[6]孙于庆，李建新，闵玉涛，等．模糊数学在荞麦方便面配方设计中的应用
　　[J]．食品科技，2011，36(10)：136-138．

[7]魏永义，王琼波，张莉，等．模糊数学法在食醋感官评定中的应用[J]．中国
　　调味品，2011，36(2)：87-120．

[8]谢小瑜，冯俊毓，覃丽芳．模糊数学感官评价法优化红枣茶发酵饮料工艺
　　[J]．粮食与油脂，2021，34(2)：84-88．

[9]张剑林，殷娜，陈言镕，等．模糊数学评价法优化驴乳奶啤稳定性的预处理
　　参数及香气成分分析[J]．中国酿造，2021，40(1)：75-81．

[10]宋晶晶，李宁，佟文杰，等．模糊数学评价三种配制新疆葡萄蒸馏酒工艺及
　　香气成分分析[J]．现代食品科技，2021，37(2)：249-260．

[11]张欣，夏凯，王俊，等．基于模糊数学的低致敏营养餐包感官评价研究
　　[J]．河北工程大学学报(自然科学版)，2020，37(4)：105-112．

[12]詹毅，孙劲松，刘洋，等．基于模糊数学的天然保鲜剂对冷鲜肉保鲜效果评
　　价[J]．肉类研究，2020，34(11)：72-77．

[13]傅志丰，张晓荣，周鹤，等．模糊数学感官评价法优化猕猴桃果糕制作配方
　　[J]．食品工业科技，2020，41(19)：212-351．

[14]刘世洪，李燮昕，王宇，等．基于模糊数学综合评价的金耳披萨面坯的工艺
　　优化[J]．粮食加工，2020，45(5)：17-22．

[15]吕都，李俊，陈朝军，等．均匀试验结合模糊数学评价优化马铃薯泥营养餐
　　的配方[J]．食品研究与开发，2020，41(19)：94-98．

[16]赵晶，陈喜君，张筠，等．模糊数学评价结合响应面法优化发酵核桃乳工艺
　　[J]．食品科技，2020，45(8)：98-106．

[17]于伟茹，宋慧妍，徐欣宇，等．基于模糊数学结合响应面法优化蓝莓果渣压
　　片糖果配方[J]．食品工业，2020，41(8)：169-173．

[18]王丽君，孙慧慧，王芮东．黑米米酒的发酵工艺研究[J]．山西师范大学学
　　报(自然科学版)，2020，34(3)：62-66．

[19]王芮东，赵燕飞，邢颖，等．紫薯杂粮面包工艺配方优化及香气成分分析
　　[J]．食品科技，2020，45(5)：149-156．

[20]毕继才，李洋，林泽原，等．基于模糊数学综合评价法优化口水鸡调理食品

的开发[J]. 中国调味品, 2021, 46(3): 100-113.

[21]古明亮, 陈延伟. 模糊数学法在藤椒油感官评定中的应用[J]. 中国调味品, 2018, 43(1): 149-152.

[22]姬长英. 感官模糊综合评价中权重分配的正确制定[J]. 食品科学, 1991, 12(3): 9-11.

[23]毕继才, 林泽原, 李洋, 等. 基于模糊数学综合评价法优化椒麻鸡片调理食品的开发[J]. 中国调味品, 2021, 46(2): 93-101.

[24]何欣, 俞彭欣, 张玲瑜, 等. 模糊数学综合评价法优化红枣奶饮料的生产配方[J]. 中国酿造, 2019, 38(6): 165-170.

[25]刘雪飞, 贺磊, 宋俊伟, 等. 基于响应面法和模糊数学评价的红薯饮料生产工艺优化[J]. 食品工业科技, 2018, 39(18): 33-38.

[26]王瑞花, 张文娟, 陈健初, 等. 基于模糊数学综合评价法优化红烧肉制作工艺[J]. 食品工业科技, 2015, 37(6): 274-278.

[27]刘静波, 吴丽英, 宫新统, 等. 基于模糊数学综合感官评价的红松针茶饮料的制作[J]. 食品科学, 2013, 34(7): 308-311.

[28]胡梁斌, 黎家奇, 朱琳, 等. 基于模糊数学综合评价法研制鲥鱼辣椒酱配方的研究[J]. 中国调味品, 2018, 43(10): 26-29.

[29]杨立. 以鲥鱼碎肉为原料的鲥鱼香菇调味酱加工工艺[J]. 中国调味品, 2016, 41(3): 106-108.

[30]李玉珍, 肖怀秋. 模糊数学评价法在食品感官评价中的应用[J]. 中国酿造, 2016(5): 16-19.

[31]傅丽, 张妤, 龚辉, 等. 基于模糊数学综合评价法优化水晶虾仁的浆液配方[J]. 食品工业科技, 2017, 38(11): 209-218.

[32]郭亚军. 综合评价理论与方法[M]. 北京: 科学出版社, 2002.

[33]李冉冉, 阮征, 李汴生, 等. 基于模糊数学的广式叉烧包感官评价体系构建[J]. 食品工业科技, 2014, 35(24): 118-122.

[34]汪倩, 姜万舟, 王瑞花, 等. 基于模糊数学综合评价法确定燕麦麸猪肉丸中的淀粉种类[J]. 食品与发酵工业, 2016, 42(3): 55-60.

[35]顾伟钢, 彭燕, 张进杰, 等. 模糊数学综合评价法在炖煮猪肉工艺优化中的应用[J]. 浙江大学学报(农业与生命科学版), 2011, 37(5): 573-577.

[36]余疾风. 在食品感官质量的模糊综合评价中如何正确的制定权重分配方案[J]. 食品科学, 1990(1): 15-16.

［37］唐建华. 水晶虾仁的模糊综合评价研究［J］. 食品工业，2010(5)：33-35.

［38］熊德国，鲜学福. 模糊综合评价方法的改进［J］. 重庆大学学报：自然科学版，2003，26(6)：93-95.

［39］李坚，李清明. 基于模糊评判的酱干感官评价方法研究［J］. 江西农业学报，2013(8)：108-110.

第6章　不同发酵方式下4种泡菜的有机酸成分分析

第1节　甘蓝泡菜自然发酵过程中有机酸的变化分析

1　材料与方法

1.1　材料和设备

1.1.1　材料

甘蓝、白砂糖,购自运城市华联超市;海藻精制加碘盐,中盐上海市盐业公司制造;蒜、姜、辣椒、花椒、大料等,购自运城市亿适家超市。

1.1.2　试剂

磷酸二氢钾、磷酸、氢氧化钠、柠檬酸、琥珀酸(均为分析纯),天津市大茂化学试剂厂;95%乙醇、草酸、酒石酸、苹果酸、乳酸、乙酸(均为分析纯),天津市瑞金特化学品有限公司;甲醇(色谱纯),天津市大茂化学试剂厂。

1.1.3　仪器与设备

LC1200型高效液相色谱仪(VWD紫外检测器),美国Agilent公司;PHS-3E型pH计,上海佑科仪器有限公司;TDL6M型大型离心机,长沙湘智离心机仪器有限公司;JJ/2型组织捣碎匀浆机,江苏省金坛市荣华仪器制造有限公司;TG16MW台式高速离心机,湖南赫西仪器装备有限公司;KQ-300GDV型数控超声波清洗仪,昆山市超声仪器有限公司。

1.2　方法

1.2.1　泡菜制备

原料选择及预处理:挑选新鲜、无蛀虫、无腐烂的甘蓝为原料,洗净、晾干、切分。

盐水配制:将水烧开,加入盐、糖配制成盐、糖浓度分别为6%、4%的溶液,冷却至室温。

装坛:按甘蓝菜与卤水质量比1:2的比例进行装坛,并加入蒜、姜、花椒等辅料。

密封发酵：密封，室温条件下发酵。

1.2.2　有机酸测定

1.2.2.1　有机酸提取

参照叶秀娟等的方法并加以改进。准确称取发酵的泡菜和汁液各 10 g，一起放入组织捣碎机中捣碎成浆，然后以 3850 r/min 离心 10 min，准确吸取上清液 10 mL 加 15 mL 超纯水，于 70℃超声波中提取 30 min，再以 12000 r/min 离心 10 min，上清液经 0.22 μm 滤膜过滤后，置于 2 mL 样品瓶中待色谱测定。

1.2.2.2　色谱条件

色谱柱：Agilent TC-C18(250 mm×4.6 mm,5 μm)；检测器：VWD 检测器；流动相：甲醇:0.01 mol/L 磷酸二氢钾(3:97)(用磷酸调节 pH 为 2.8)；检测波长：分别对 9 种有机酸的标准溶液进行全波长扫描(190~400 nm)，确定样品的检测波长；进样量：10 μL；流速：1 mL/min；柱温：室温。

1.2.2.3　标准曲线绘制

精密称取草酸、抗坏血酸各 18 mg，苹果酸、乳酸、乙酸、柠檬酸各 300 mg，酒石酸 75 mg，丁二酸 700 mg，丙酸 3000 mg，用流动相溶解并定容至 50 mL 的容量瓶，得到 0.36 mg/mL 的草酸、抗坏血酸、6 mg/mL 苹果酸、乳酸、乙酸、柠檬酸、1.5 mg/mL 酒石酸、14 mg/mL 丁二酸、60 mg/mL 丙酸的混合有机酸标准溶液。将其用流动相稀释为 2、4、6、8、10、12 倍，得到不同浓度梯度的有机酸标准溶液，经 0.22 μm 滤膜过滤至 2 mL 进样瓶中，进样分析，绘制峰面积—质量浓度标准曲线，求回归方程和相关系数。

1.2.2.4　精密度测定

取上述稀释 10 倍的混标溶液连续进样 6 次，根据所得峰面积分别计算其精密度(以相对标准偏差表示)。

1.2.2.5　重复性测定

精密称取同一份样品 6 份(每份泡菜和汁液各 10 g)，分别预处理后进行色谱分析，计算相对标准偏差。

1.2.2.6　回收率测定

精密称取发酵第 6 d 的样品泡菜和汁液各 10 g，按 1.2.2.1 方法制备有机酸提取液，准备同一有机酸提取液 2 份(各 5 mL)，其中 1 份作为本底，另 1 份添加有机酸标准溶液 5 mL，分别预处理后进行色谱分析，计算各有机酸的加标回收率。

1.2.2.7　样品测定

将处理后的样液进行 HPLC 分析，进样量为 10 μL，采用外标法进行定量。

2 结果与分析

2.1 有机酸标准混合液 HPLC 分析

在上述色谱条件下,有机酸标准混合溶液的高效液相色谱图见图 6.1.1。

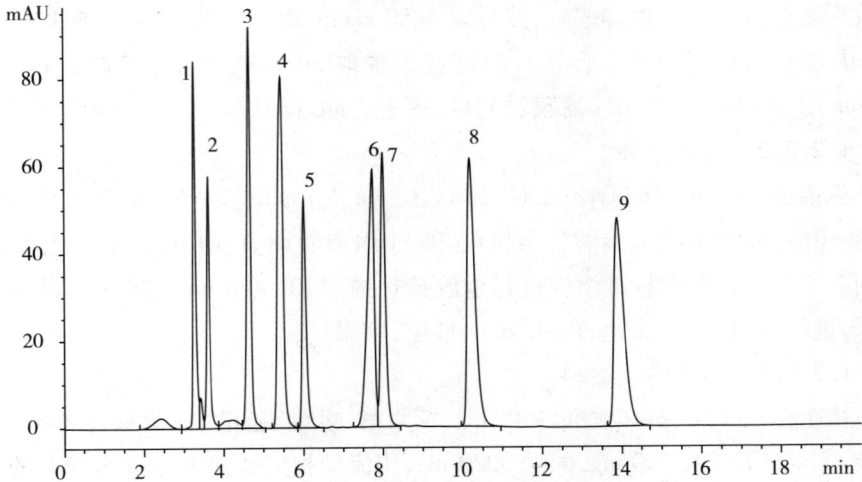

图 6.1.1 有机酸混合标样的高效液相色谱图

由图 6.1.1 可知,9 种有机酸的出峰情况为:①草酸(3.311 min)、②酒石酸(3.737 min)、③苹果酸(4.746min、9.388 min)、④抗坏血酸(5.316 min)、⑤乳酸(5.527 min)、⑥乙酸(5.945 min)、⑦柠檬酸(8.402 min)、⑧丁二酸(10.034 min)、⑨丙酸(13.643 min)。(注:苹果酸有 D-苹果酸和 L-苹果酸两种结构,二者总量记为苹果酸总量。)

2.2 标准曲线绘制

以各有机酸组分质量浓度为横坐标,峰面积为纵坐标,绘制标准曲线,得到各有机酸的回归方程及相关系数,结果见表 6.1.1。

表 6.1.1 有机酸标准曲线的线性参数

有机酸	回归方程	相关系数(R^2)	线性范围(mg/mL)
草酸	$y = 80.589x + 3.4588$	0.9929	0.030~0.180
酒石酸	$y = 61.727x + 6.0627$	0.9926	0.125~0.750
苹果酸	$y = 71.332x + 0.23299$	0.9992	0.500~3.000
乳酸	$y = 74.785x + 7.3931$	0.9996	0.500~3.000

续表

有机酸	回归方程	相关系数(R^2)	线性范围(mg/mL)
丙酸	$y=160.47x+34.57$	0.9917	0.500~2.800
抗坏血酸	$y=166.35x+12.467$	0.9921	0.030~0.180
柠檬酸	$y=103.33x+17.371$	0.9990	0.500~3.000
乙酸	$y=136.1x+13.092$	0.9995	0.500~3.000
丁二酸	$y=166.35x+12.467$	0.9921	1.170~7.000

由表 6.1.1 可知,9 种有机酸在 0.030~7.000 mg/mL 线性范围内,相关系数(R^2)在 0.9917~0.9996,表明各有机酸的峰面积与质量浓度的线性相关性良好,此条件下可以很好地测定有机酸含量。

2.3　精密度(表 6.1.2)

表 6.1.2　测定方法的精密度($n=6$)

有机酸	峰面积						RSD(%)
	1	2	3	4	5	6	
草酸	437.34	436.24	438.46	436.40	436.95	437.55	0.19
酒石酸	296.01	296.61	297.05	297.12	296.90	297.06	0.14
苹果酸	497.52	497.26	497.45	498.12	497.72	497.58	0.06
抗坏血酸	344.76	344.15	345.02	345.78	345.18	345.25	0.16
乳酸	365.41	365.81	365.12	364.94	365.24	366.34	0.14
乙酸	255.58	255.27	254.08	255.79	255.67	255.91	0.26
柠檬酸	327.13	327.16	327.11	327.63	326.17	326.99	0.15
丁二酸	218.19	218.23	218.14	218.61	218.50	218.82	0.12
丙酸	168.54	168.75	168.94	168.16	168.62	168.58	0.09

由表 6.1.2 可知,9 种有机酸的相对标准偏差范围在 0.06%~0.26%,表明该方法的精密度良好。

2.4 重复性(表 6.1.3)

表 6.1.3 测定方法的重复性(mg/mL)(n=6)

次数	草酸	酒石酸	苹果酸	抗坏血酸	乳酸	乙酸	柠檬酸	丁二酸	丙酸
1	117.68	1.7568	1.0352	4.5697	9.9523	0.6052	0.1645	2.0243	0.3434
2	116.97	1.7019	1.0379	4.5760	10.9453	0.5880	0.1807	2.0055	0.3934
3	117.89	1.7115	1.0535	4.6057	10.1464	0.6119	0.1615	2.0859	0.3804
4	116.85	1.7212	1.0418	4.5726	10.8678	0.6031	0.1756	2.0108	0.3679
5	118.17	1.7813	1.0626	4.6645	10.9920	0.6120	0.1791	1.922	0.3698
6	118.96	1.7672	1.0771	4.6522	10.8972	0.5842	0.1655	1.9862	0.3727
均值	117.75	1.7400	1.0514	4.6068	10.6335	0.6007	0.1712	2.0058	0.3713
RSD(%)	0.67	1.90	1.52	0.91	4.31	1.98	4.85	2.66	4.44

由表 6.1.3 可知,该方法的重复性在 0.67%~4.85%,表明该方法的重复性均达到分析要求。

2.5 回收率(表 6.1.4)

表 6.1.4 有机酸加标回收率

有机酸	本底值 (mg/mL)	加标量 (mg/mL)	测定值 (mg/mL)	回收率 (%)
草酸	113.42	100.54	209.96	96.02
酒石酸	1.76	0.75	2.54	104.00
苹果酸	1.04	1.05	2.10	100.95
抗坏血酸	4.54	3.07	7.68	99.05
乳酸	9.87	10.18	20.25	101.96
乙酸	0.61	1.05	1.71	104.76
柠檬酸	0.20	0.21	0.40	95.23
丁二酸	2.01	3.15	5.29	104.13
丙酸	0.39	0.30	0.70	103.33

由表6.1.4可知,9种有机酸的回收率为95.23%～104.76%,说明该方法的准确度较高。

2.6　甘蓝泡菜样品中有机酸的测定结果

在上述色谱条件下对第1～12 d的泡菜样品进行测定,第1、2、4、6、8、10 d的高效液相色谱图见图6.1.2,第1～12 d的泡菜样品中有机酸组成及含量见表6.1.5。

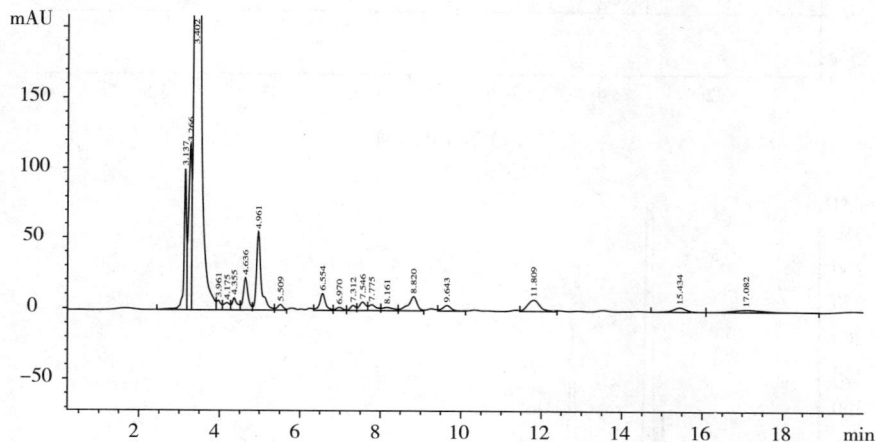

（a）第1 d泡菜

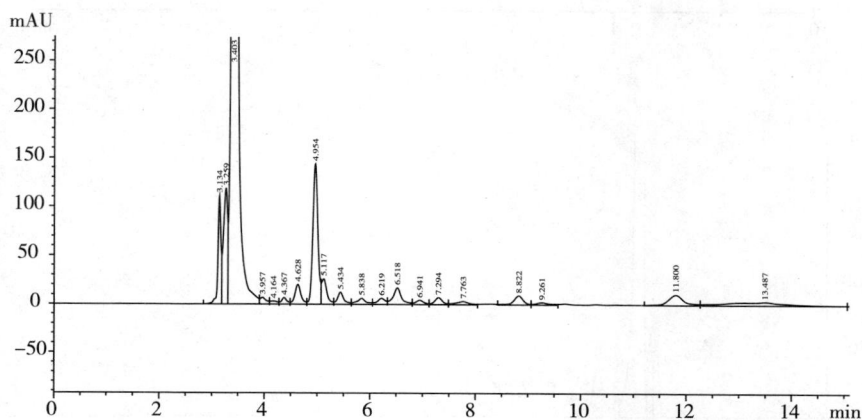

（b）第2 d泡菜

图6.1.2

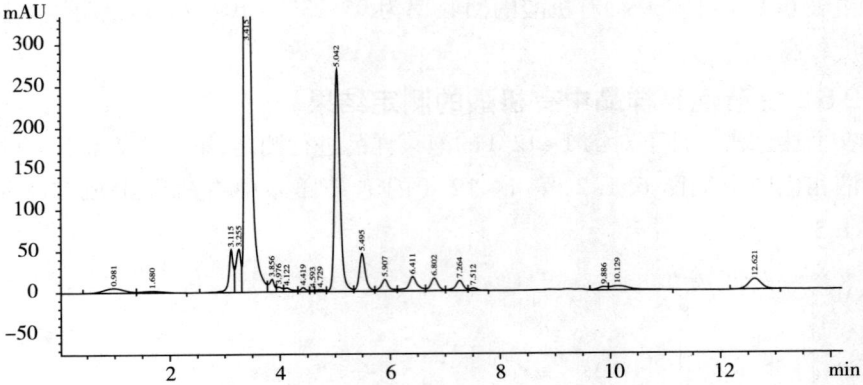

(c)第4 d泡菜

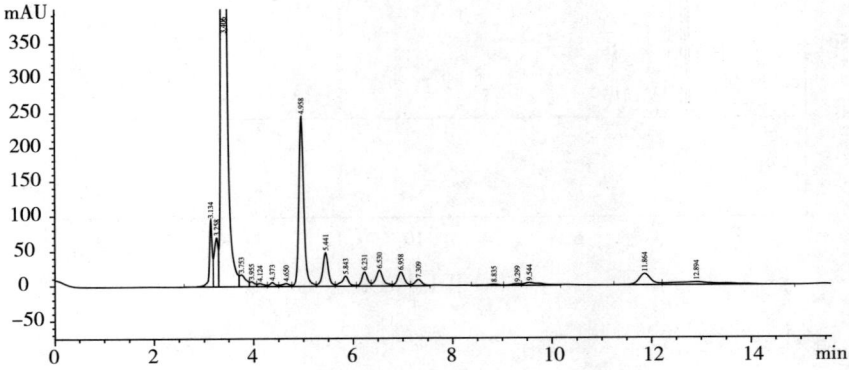

(d)第6 d泡菜

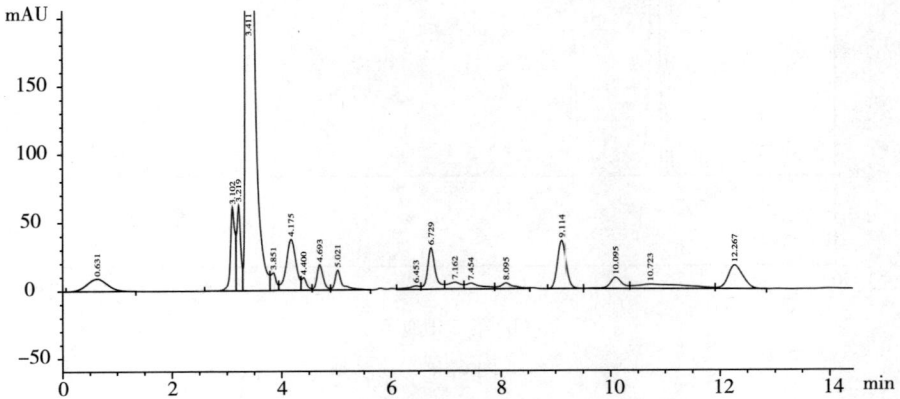

(e)第8 d泡菜

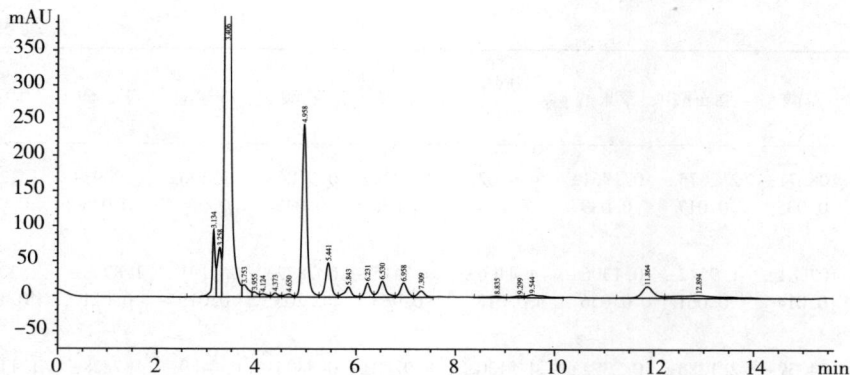

(f) 第 10 d 泡菜

图 6.1.2　甘蓝泡菜第 0~10 d 的有机酸的高效液相色谱图

表 6.1.5　发酵过程中甘蓝泡菜样品有机酸含量（mg/mL）

时间 （d）	草酸	酒石酸	苹果酸	抗坏 血酸	乳酸	乙酸	柠檬酸	丁二酸	丙酸
1	160.42± 0.006	1.3969± 0.004	1.0999± 0.032	1.3660± 0.039	0.7807± 0.101	0.1998± 0.011	0.5265± 0.028	0.7126± 0.019	nd
2	151.09± 0.014	0.7720± 0.096	1.4590± 0.028	2.1788± 0.001	0.9147± 0.054	0.2028± 0.211	0.3740± 0.005	0.9036± 0.105	0.8645± 0.007
3	142.74± 0.037	0.8076± 0.009	1.2186± 0.024	2.3277± 0.035	6.2086± 0.072	0.4723± 0.021	0.3871± 0.089	1.3362± 0.051	0.4081± 0.091
4	127.95± 0.009	1.1754± 0.072	0.6637± 0.007	2.5211± 0.052	8.4671± 0.019	0.4835± 0.039	0.2056± 0.071	1.6284± 0.009	0.3613± 0.012
5	115.39± 0.081	1.5576± 0.027	0.2372± 0.076	3.6921± 0.028	9.4724± 0.034	0.5893± 0.091	0.1359± 0.032	2.0043± 0.015	0.3434± 0.041
6	112.85± 0.007	1.7488± 0.004	1.0332± 0.012	4.5493± 0.112	9.9732± 0.002	0.6043± 0.075	0.1754± 0.017	2.0141± 0.027	0.3923± 0.060
7	108.62± 0.017	1.9536± 0.062	1.2836± 0.003	5.4903± 0.035	11.824± 0.008	0.6927± 0.011	0.2382± 0.054	1.9337± 0.009	0.6703± 0.201
8	107.85± 0.011	2.3793± 0.025	0.2345± 0.085	4.9081± 0.045	11.104± 0.084	1.0540± 0.037	0.2502± 0.104	1.9093± 0.017	1.2186± 0.083

续表

时间 (d)	草酸	酒石酸	苹果酸	抗坏 血酸	乳酸	乙酸	柠檬酸	丁二酸	丙酸
9	108.71± 0.035	2.2675± 0.017	0.1961± 0.039	4.9102± 0.004	10.824± 0.078	0.9106± 0.043	0.2396± 0.065	1.9093± 0.035	1.1253± 0.082
10	107.81± 0.014	1.9542± 0.061	0.1306± 0.056	4.4496± 0.018	9.5415± 0.053	0.7872± 0.205	0.3191± 0.019	1.8958± 0.021	1.2079± 0.101
11	104.30± 0.071	2.1286± 0.042	0.2322± 0.001	4.5130± 0.037	8.9282± 0.005	0.8805± 0.081	0.4489± 0.022	1.7828± 0.057	1.1153± 0.003
12	104.39± 0.002	2.0711± 0.031	0.2074± 0.039	4.1756± 0.029	8.2892± 0.024	0.8119± 0.005	0.6575± 0.081	1.8455± 0.033	1.1250± 0.097

注 nd 表示未检出。

从表 6.1.5 可以看出,甘蓝泡菜发酵过程中有机酸的种类及含量随发酵时间延长而一直变化。在发酵第 1 d 未检测到丙酸,第 2 d 后 9 种有机酸均被检测到;发酵过程中草酸含量一直最高,乳酸次之;草酸含量从第 1~7 d 呈下降趋势,第 7 d 后变化不大;酒石酸、抗坏血酸、乳酸、乙酸与丁二酸从第 1 d 至 6~8 d 呈上升趋势,上升到最高点后呈整体下降趋势;苹果酸在第 1~7 d 呈先下降后上升趋势,7 d 之后变化起伏较大;柠檬酸在第 1~5 d 呈下降趋势,5 d 后呈上升趋势;丙酸在第 1~8 d 呈先下降后上升趋势,8 d 之后基本保持在一定水平。从各有机酸的含量变化情况可以看出泡菜在第 7 d 左右发酵基本完成,泡菜可以食用。

3 结论

本试验采用高效液相色谱法对甘蓝泡菜发酵过程中的 9 种有机酸进行了测定。色谱条件:色谱柱为 Agilent TC-C_{18}(250 mm×4.6 mm,5 μm),流动相为甲醇:0.01 mol/L 磷酸二氢钾(3:97)(pH 2.8),流速为 1 mL/min,柱温为室温,检测波长为 210 nm。此条件下,9 种有机酸的检测线性范围较宽,标准曲线相关系数在 0.9917~0.9996,精密度检测相对标准偏差为 0.06%~0.26%(n=6),重复性检测相对标准偏差为 0.67%~4.85%(n=6),回收率为 95.23%~104.76%。该方法简单、准确、重复性好,可用于泡菜发酵过程中有机酸的测定。

甘蓝泡菜在发酵过程中,随着发酵时间的延长,有机酸的种类及含量都在发生着变化:草酸含量一直最高,乳酸次之;在发酵第 1 d 未检测到丙酸,第 2 d 后 9 种有机酸均被检测到;从各有机酸的含量变化情况可看出泡菜在第 7 d 左右发酵基本完成。

第 2 节　4 种不同发酵方式下甘蓝泡菜的有机酸比较分析

1　材料与方法

1.1　材料与试剂

材料:甘蓝购自运城市佳缘超市;泡菜乳酸菌制剂发酵粉,北京川秀科技有限公司制造;高粱酒,山西省春玉酒业有限公司制造。

试剂:同本章第 1 节"1.1.2 试剂"。

1.2　仪器与设备

同本章第 1 节"1.1.3 仪器与设备"。

1.3　方法

1.3.1　泡菜制作

甘蓝经挑选、整理、清洗、沥干、切分后装入泡菜坛中,按照下列不同操作方式分别进行自然发酵、纯种发酵、自制泡菜菌发酵和老泡菜水发酵。

自然发酵:按蔬菜与食盐水(食盐水质量浓度为 6%,下同)质量比 1:2 的比例装入泡菜坛,密封、室温发酵。

纯种发酵:按蔬菜与食盐水质量比 1:2 的比例装入泡菜坛,同时加入总质量 0.3% 的泡菜乳酸菌制剂发酵粉,密封、室温发酵。

自制泡菜菌发酵:按高粱酒与食盐水 1:20 混合,然后加入总质量 5% 的青椒,密封、室温发酵 5~6 d,青椒变黄后,自制泡菜发酵菌制成,然后按蔬菜与自制泡菜发酵菌液质量比 1:2 的比例装入泡菜坛,密封、室温发酵。

老泡菜水发酵:使用自然发酵制作好泡菜的老泡菜水,按蔬菜与老泡菜水质量比 1:2 的比例加入到泡菜坛,密封、室温发酵。

1.3.2　样品处理

参照杨君等、叶秀娟等的方法并加以改进。准确称取发酵至第 7 d 的泡菜和汁液各 25 g,一起放入组织捣碎机捣碎成浆,以转速为 4000 r/min 离心 15 min,准确吸取上清液 15 mL 加入 10 mL 超纯水,于超声波中处理 20 min,再以 12000 r/min 离心 15 min,上清液经 0.22 μm 滤膜过滤至 2 mL 进样瓶中待色谱测定。

1.3.3 有机酸测定

1.3.3.1 色谱条件

同本章第 1 节的 1.2.2.2。

1.3.3.2 标准曲线绘制

同本章第 1 节的 1.2.2.3。

1.3.4 样品测定

同本章第 1 节的 1.2.2.7。

1.4 数据分析

在 Agilent ChemStation 工作站,根据色谱图中各峰的保留时间和内标法进行定性分析,根据峰面积和标准曲线对样品中有机酸进行定量分析。

2 结果与分析

2.1 有机酸测定结果

2.1.1 有机酸标准混合液 HPLC 分析

在上述色谱条件下,有机酸标准混合溶液的高效液相色谱图见图 6.2.1。

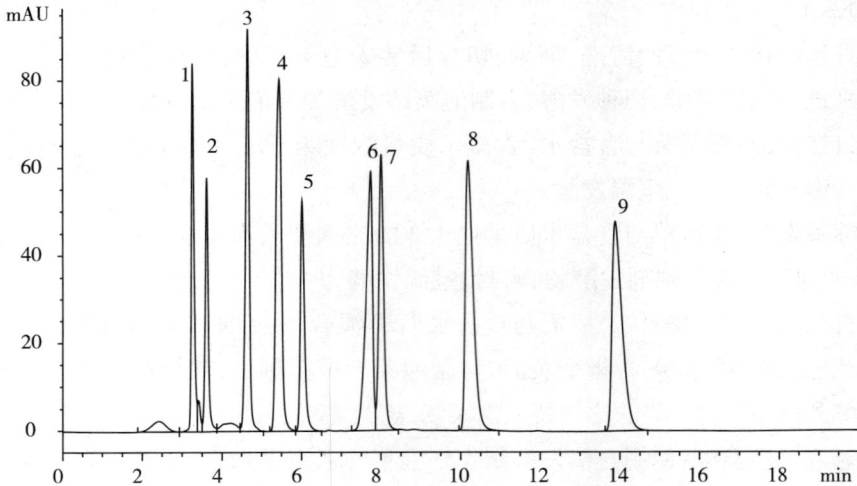

图 6.2.1 有机酸混合标样的高效液相色谱图

由图 6.2.1 可知,9 种有机酸出峰情况为:①草酸(3.306 min)、②酒石酸(3.737 min)、③D－苹果酸(4.693 min)、④乳酸(5.179 min)、⑤抗坏血酸(5.445 min)、⑥乙酸(5.808 min)、⑦L－苹果酸(8.036 min)、⑧柠檬酸(8.973 min)、⑨琥珀酸(9.240 min)、⑩丙酸(12.826 min)。(注:苹果酸有 D－苹

果酸和 L-苹果酸两种结构,二者总量记为苹果酸总量。)

2.1.2　标准曲线绘制

将不同浓度梯度的有机酸混合标准溶液进行 HPLC 分析,对测得值进行相关系数分析和线性回归分析,结果见表 6.2.1。

表 6.2.1　有机酸标准曲线的线性参数

有机酸	回归方程	相关系数(R^2)	线性范围(mg/mL)
草酸	$y = 80.589x + 3.4588$	0.9929	0.03~0.18
酒石酸	$y = 61.727x + 6.0627$	0.9926	0.125~0.750
DL-苹果酸	$y = 71.332x + 0.23299$	0.9992	0.5~3.0
乳酸	$y = 74.785x + 7.3931$	0.9996	0.5~3.0
抗坏血酸	$y = 166.35x + 12.467$	0.9921	0.03~0.18
乙酸	$y = 136.1x + 13.092$	0.9995	0.5~3.0
柠檬酸	$y = 103.33x + 17.371$	0.9990	0.5~3.0
琥珀酸	$y = 166.35x + 12.467$	0.9921	1.17~7.00
丙酸	$y = 160.47x + 34.57$	0.9917	0.5~2.8

由表 6.2.1 可知,9 种有机酸在 0.03~7.00 mg/mL 线性范围内,相关系数(R^2)均在 0.9917 以上,表明各有机酸的峰面积与质量浓度的线性相关性良好,在此条件下可以很好地测定有机酸的含量。

2.1.3　精密度

将稀释 10 倍的有机酸混合标准液连续进样 6 次,根据所得峰面积分别计算精密度,9 种有机酸的相对标准偏差(RSD)范围在 0.0042%~0.1612%,表明该方法的精密度良好,结果见表 6.2.2。

表 6.2.2　测定方法的精密度($n=6$)

有机酸	峰面积						RSD(%)
	1	2	3	4	5	6	
草酸	437.3445	437.2401	437.4424	437.3998	436.9463	437.5465	0.0478
酒石酸	296.0068	296.1096	297.0053	297.0102	296.9044	296.9976	0.1612
DL-苹果酸	497.5218	497.2234	497.4203	497.1222	497.7245	497.5231	0.0441

续表

有机酸	峰面积						RSD(%)
	1	2	3	4	5	6	
抗坏血酸	344.7567	344.7544	345.7528	345.7535	345.0054	345.7531	0.1474
乳酸	365.4118	365.4120	365.1150	365.4133	365.4129	366.4144	0.1229
乙酸	255.5817	255.5734	255.5845	255.5889	255.6011	255.6128	0.0055
柠檬酸	327.1253	327.1563	327.1075	327.1259	326.1683	326.9944	0.1178
琥珀酸	218.1854	218.2026	218.1935	218.2142	218.1922	218.0018	0.0369
丙酸	168.5399	168.5545	168.5437	168.5357	168.5488	168.5506	0.0042

2.1.4 重复性

精密称取纯种发酵方式的泡菜样品6份,按本节1.3.2方法处理后,按上述色谱条件进样分析,测得各有机酸的重复性(RSD)在0.67%~4.45%,表明该方法的重复性均达到分析的要求,结果见表6.2.3。

表6.2.3 方法的重复性实验(mg/mL)(n=6)

次数	草酸	酒石酸	DL-苹果酸	乳酸	乙酸	柠檬酸	抗坏血酸	琥珀酸	丙酸
1	158.3761	2.5905	1.0947	4.8308	16.7014	0.7615	0.229	0.453	0.8632
2	157.3584	2.5273	1.1437	4.9907	16.2860	0.7798	0.217	0.418	0.8205
3	157.3772	2.5841	1.0472	4.8372	15.8994	0.6891	0.201	0.402	0.8648
4	159.4853	2.6344	1.0645	5.6990	16.7854	0.7253	0.198	0.440	0.8482
5	158.0555	2.7527	1.0553	5.5531	15.8368	0.7355	0.204	0.438	0.8703
6	158.4693	2.4542	1.0288	5.3115	16.7753	0.7009	0.216	0.418	0.8541
均值	158.187	2.5905	1.0723	5.2037	16.3807	0.7320	0.211	0.428	0.8535
RSD(%)	0.5026	3.8928	3.8385	7.5005	2.67327	4.7400	5.569	4.353	2.1098

2.1.5 回收率

精密称取以纯种发酵方式制作的泡菜和汁液各10 g,按1.3.1方法制备样品提取液,准备同一样品提取液2份(各5 mL),其中1份作为本底,另1份添加有机酸标准溶液5 mL,分别预处理后进行色谱分析,计算9种有机酸的回收率在

91.34%~103.46%,说明该方法的准确度较高,结果见表 6.2.4。

表 6.2.4　有机酸测定的加标回收率

有机酸	本底值 （mg/mL）	加标量 （mg/mL）	测定值 （mg/mL）	回收率 （%）
草酸	158.3536	150.0912	308.4448	100.00
酒石酸	2.5905	4.5360	5.0218	98.69
苹果酸	1.1724	3.000	3.9378	92.18
抗坏血酸	5.1371	10.0912	14.8358	96.11
乳酸	16.5791	20.0600	35.6100	94.87
乙酸	0.7320	2.0600	2.6954	95.31
柠檬酸	0.2115	0.5000	0.6682	91.34
琥珀酸	0.4289	0.8500	1.2611	97.90
丙酸	0.8535	1.6001	2.5090	103.46

2.1.6　甘蓝泡菜样品中有机酸的测定结果

在上述色谱条件下,对 4 种不同发酵方式的泡菜样品进行测定,4 种不同发酵方式的甘蓝泡菜的液相色谱图见图 6.2.2~图 6.2.5,测定结果见表 6.2.5。

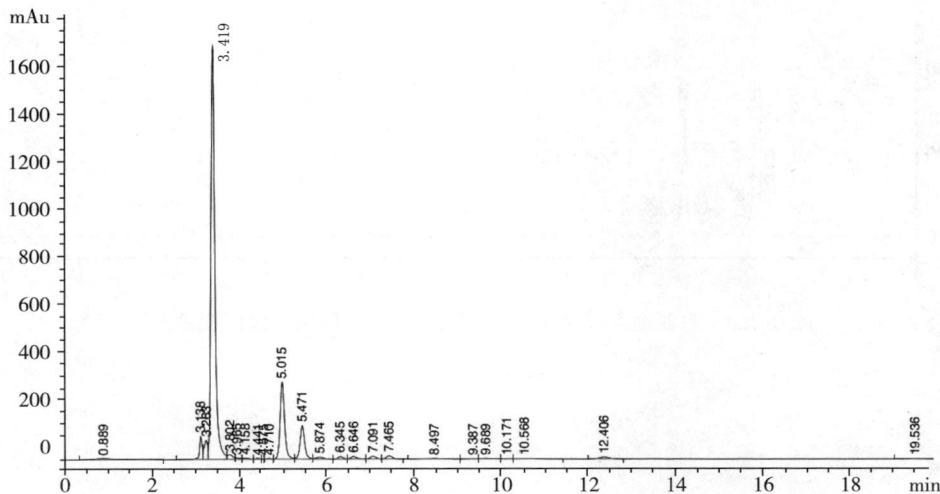

图 6.2.2　自然发酵方式泡菜有机酸的高效液相色谱图

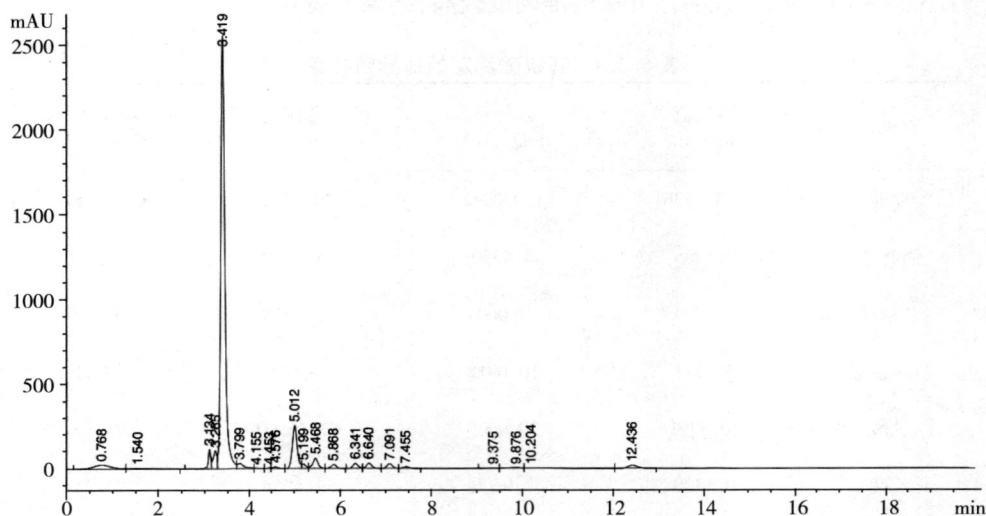

图 6.2.3　纯种发酵方式泡菜有机酸的高效液相色谱图

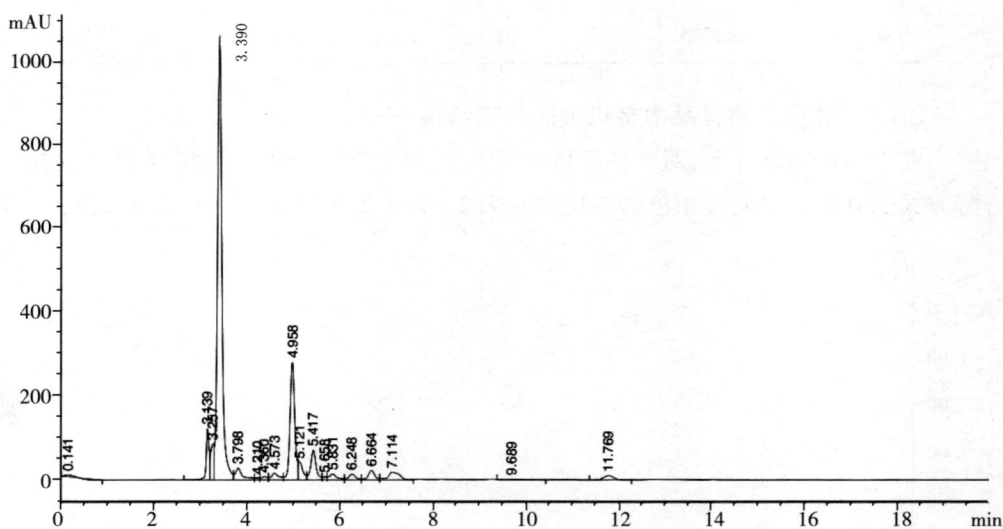

图 6.2.4　自制泡菜发酵菌发酵方式泡菜有机酸的高效液相色谱图

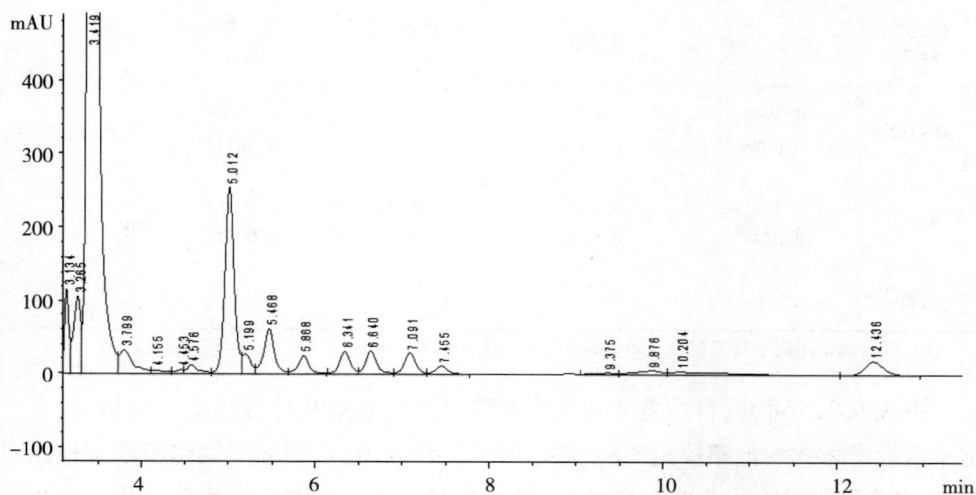

图 6.2.5 老泡菜水发酵方式泡菜有机酸的高效液相色谱图

表 6.2.5 四种不同发酵方式的泡菜中有机酸含量(mg/mL)

有机酸种类	自然发酵	纯种发酵	自制泡菜菌发酵	老泡菜水发酵	酸味特征
草酸	107. 8574± 0. 4374^d	158. 3760± 0. 1393^a	128. 86390± 0. 2910^c	147. 21370± 0. 1383^b	—
酒石酸	1. 7946± 0. 1915^b	2. 5905± 0. 1855^a	1. 5732± 0. 2264^b	1. 8846± 0. 2676^b	稍有涩感, 酸味强烈
DL-苹果酸	1. 0698± 0. 0030^{ab}	1. 0723± 0. 0087^a	1. 0445± 0. 0017^b	1. 0764± 0. 0269^a	爽快,略苦
抗坏血酸	4. 3491± 0. 2905^c	5. 2037± 0. 0401^a	4. 9855± 0. 0244^{ab}	4. 7135± 0. 1646^b	温和爽快
乳酸	10. 0085± 0. 0469^c	16. 3807± 0. 0178^a	13. 2152± 0. 0965^b	13. 4367± 0. 3385^b	酸味柔和
乙酸	0. 4996± 0. 0009^b	0. 7320± 0. 0285^a	0. 4369± 0. 0143^c	0. 4445± 0. 0213^c	刺激性
柠檬酸	0. 1018± 0. 0039^b	0. 2114± 0. 0175^a	nd	nd	温和爽快, 有新鲜感

续表

有机酸种类	自然发酵	纯种发酵	自制泡菜菌发酵	老泡菜水发酵	酸味特征
琥珀酸	0.3590±0.0076[b]	0.4288±0.0034[a]	nd	0.0974±0.0033[c]	酸、鲜
丙酸	0.3993±0.0034[d]	0.8535±0.0053[a]	0.4722±0.0190[c]	0.5008±0.0017[b]	—
总和	126.4391	185.8489	150.5914	169.3676	

注　同行标记不同小写字母表示差异显著($p<0.05$);nd 表示未检出。

由表 6.2.5 可知,自然发酵和纯种发酵方式的泡菜 9 种有机酸均被检出,老泡菜水发酵方式的泡菜检出 8 种,琥珀酸未被检测出;自制泡菜发酵菌泡菜检出 7 种,琥珀酸和柠檬酸未被检测出;四种发酵方式的泡菜中有机酸总量从大到小顺序为:纯种发酵>老泡菜水发酵>自制泡菜菌发酵>自然发酵,四种发酵方式泡菜中共有的有机酸有:草酸、酒石酸、DL-苹果酸、抗坏血酸、乳酸、乙酸、丙酸,各主要有机酸含量大小顺序均为:草酸>乳酸>抗坏血酸>酒石酸>DL-苹果酸;这与王冉的发酵方式对萝卜泡菜发酵过程品质影响、朱文娴等人工接种泡菜的风味研究、王益等等人工接种发酵制备平菇泡菜及其品质研究的结果相似,草酸、抗坏血酸含量高主要是由于蔬菜原料甘蓝本身含有大量的草酸和抗坏血酸,乳酸含量高是由于乳酸菌为泡菜的主要发酵菌,通过乳酸发酵会使乳酸含量增加;泡菜中的每种有机酸呈现的酸味特征不同,但均为泡菜的特色风味物质,单一的有机酸口味比较平淡,多种有机酸的共同作用能够赋予泡菜更加可口的风味。

3　结论

本试验采用 Agilent TC-C$_{18}$ 色谱柱,经过精密度、重复性、回收率等方法学的考察,建立了一种 HPLC 同时测定 4 种不同发酵方式甘蓝泡菜中 9 种有机酸的分析方法,该方法具有简便、快速、准确、重复性好等优点。应用此方法测定出 4 种不同发酵方式甘蓝泡菜中共有的有机酸有 7 种:草酸、酒石酸、DL-苹果酸、抗坏血酸、乳酸、乙酸、丙酸,各主要有机酸含量大小顺序为:草酸>乳酸>抗坏血酸>酒石酸>DL-苹果酸,不同发酵方式的甘蓝泡菜中总有机酸量从大到小依次为:纯种发酵>老泡菜水发酵>自制泡菜菌发酵>自然发酵。

第 3 节　3 种不同发酵方式下萝卜泡菜的有机酸成分分析

1　材料和方法

1.1　材料

白萝卜购于运城市北相镇;糖、辣椒、花椒、八角、蒜、姜等购于运城市佳缘超市;泡菜专用盐,大连盐化集团有限公司;乳酸菌制剂,北京川秀科技有限公司。

1.2　试剂

草酸、乳酸、柠檬酸(分析纯),天津市大茂化学试剂厂;酒石酸(分析纯)、DL-苹果酸(分析纯),北京精求化工厂;36%乙酸(分析纯),洛阳昊华化学试剂有限公司;丁二酸(分析纯),天津市瑞金特化学品有限公司;磷酸、磷酸二氢钾、邻苯二甲酸氢钾(分析纯),天津市大茂化学试剂厂;甲醇(色谱纯),天津市大茂化学试剂厂。

1.3　仪器设备

同本章第 1 节"1.1.3 仪器与设备"。

1.4　方法

1.4.1　泡菜的制备

1.4.1.1　基本配方

萝卜 500 g,水 1000 mL,食盐 60 g,糖 50 g,花椒 20 g,干辣椒 3 个,大蒜 4 瓣,姜 50 g,八角 8 g。

1.4.1.2　工艺操作要点

(1)泡菜坛用水清洗干净后,用煮沸的开水热烫进行消毒;

(2)原材料选用新鲜、无损害的萝卜;

(3)按配方将食盐、糖、纯净水放入锅内加热溶解,晾凉后备用;

(4)将新鲜萝卜用清水洗净,自然晾干后去皮,切成均匀的小块,装入泡菜坛内,加入各种调料,将凉好的食盐水加入泡菜坛中,密封后室温下发酵。

1.4.1.3　发酵方式

自然发酵:按上述基本配方和工艺操作要点进行制作。

乳酸菌制剂发酵:在装坛时同时加入泡菜总质量的 2% 的泡菜乳酸菌粉,其他操作同自然发酵。

老泡菜水发酵:按食盐水:萝卜:老泡菜水 = 19:10:1 的比例装坛,其他操作同自然发酵。

1.4.2 色谱条件

选用 Agilent C$_{18}$ 柱,紫外检测器,检测波长 210 nm;以 0.01 mol/L 磷酸二氢钾:甲醇(97:3)缓冲溶液为流动相,用磷酸调节 pH 2.70;进样量 10 μL,柱温:室温。

1.4.3 有机酸标准曲线的绘制

标准有机酸混合溶液的配制:准确称取草酸 18 mg、柠檬酸 300 mg、苹果酸 300 mg、酒石酸 75 mg、36%乳酸 0.36 mL、乙酸 0.84 mL、琥珀酸 700 mg,用流动相定容至 50 mL 容量瓶中,完成有机酸标准品混合母液的配制。

将有机酸标准混合母液按 0、2、5、10、25、50 倍浓度梯度,用流动相溶液稀释,通过 0.22 μm 的微孔滤膜过滤得到待测液,在上述色谱条件下,连续进样 6 次并进行测定。以有机酸混合标准品溶液的浓度为横坐标,峰面积为纵坐标,对结果进行线性回归分析,得到标准曲线。

1.4.4 样品测定

准确称取泡菜汁液与萝卜各 50.0 g,打成匀浆,以 3850 r/min 离心 15 min,取上清液 30 mL 加入 15 mL 超纯水,超声提取 30 min,以 12000 r/min 离心 10 min,用 0.22 μm 的微孔滤膜过滤,将滤液放入样品瓶中待测。每种样品进样 3 次取平均值。自发酵第 0 d 开始,每隔 48 h 取样一次,共取样 6 次。

1.4.5 数据处理

在 Lab Solution 工作站,色谱图中各峰的峰面积与其保留时间对得到的物质进行定量与定性分析。实验数据使用 Excel 和 SPSS19.0 软件进行计算分析和统计。

2 结果分析

2.1 有机酸标准品的测定结果

2.1.1 有机酸标准品 HPLC 图谱分析

7 种有机酸混合标准品的高效液相色谱图见图 6.3.1。

从图 6.3.1 得出,7 种有机酸的出峰时间分别为:草酸(3.321 min)、酒石酸(3.711 min)、D-苹果酸(4.630 min)、乳酸(5.313 min)、乙酸(5.704 min)、L-苹果酸(7.802 min)、柠檬酸(8.726 min)和琥珀酸(9.285 min),7 种有机酸标准品达到基线分离。

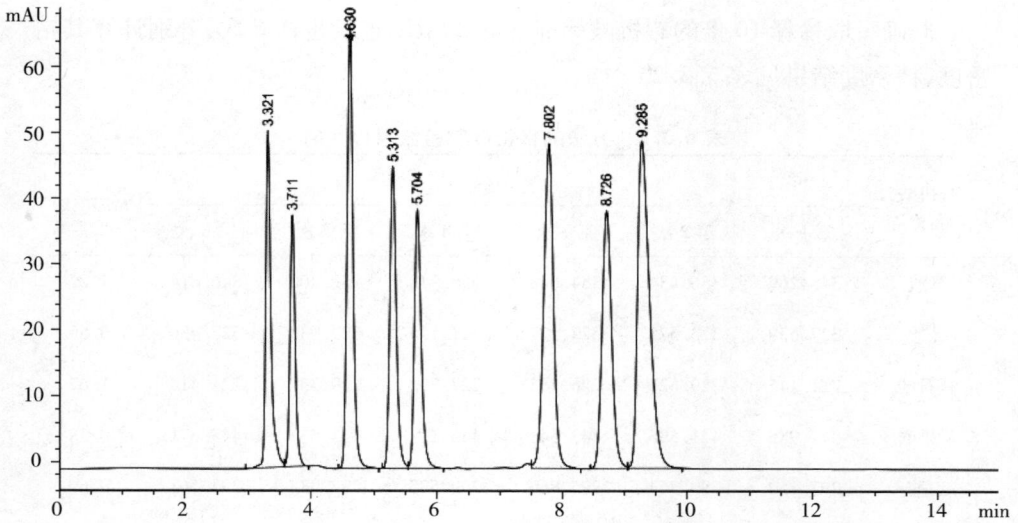

图 6.3.1　有机酸标准溶液的高效液相色谱图

2.1.2　有机酸标准曲线的建立(表 6.3.1)

表 6.3.1　7 种有机酸标准曲线的线性参数

有机酸种类	线性方程	相关系数(R^2)	线性范围(mg/mL)
草酸	$y = 80.524x + 3.6974$	0.9998	0.0072~0.36
酒石酸	$y = 62.531x + 6.5616$	0.9995	0.03~1.5
苹果酸	$y = 71.803x + 2.4164$	0.9996	0.12~6
乳酸	$y = 77.013x + 13.167$	0.9971	0.12~6
乙酸	$y = 137.09x + 11.532$	0.9998	0.12~6
柠檬酸	$y = 102.34x + 12.994$	0.9997	0.12~6
琥珀酸	$y = 170.11x + 25.402$	0.9981	0.28~14

由表 6.3.1 可知,7 种有机酸在 0.0072~14 mg/mL 的线性范围内,相关系数(R^2)在 0.9971~0.9998,表明 7 种有机酸相关性良好,在此条件下可测定萝卜泡菜中的有机酸含量。

2.1.3 精密度检测结果

准确吸取稀释 10 倍的有机酸标准溶液 20 μL,连续进样 6 次,分别计算其精密度,精密度结果见表 6.3.2。

表 6.3.2　方法的精密度实验结果($n=6$)

有机酸名称	峰面积						$RSD(\%)$
	第 1 次	第 2 次	第 3 次	第 4 次	第 5 次	第 6 次	
草酸	348.269	356.434	354.648	356.948	352.400	346.614	1.22
乳酸	327.639	323.575	327.127	329.155	327.038	327.436	0.56
酒石酸	221.145	229.627	226.383	227.292	229.355	221.414	1.67
苹果酸	442.985	441.596	443.541	446.118	443.537	445.671	0.38
乙酸	297.850	299.764	295.860	299.585	297.388	294.567	0.69
柠檬酸	529.643	523.867	522.509	520.235	522.979	523.382	0.60
琥珀酸	657.304	650.887	653.335	657.552	657.997	651.634	0.49

由表 6.3.2 可知,各混合标准溶液的相对标准偏差(RSD)在 0.38%~1.22% 范围内,表明该实验方法的精密度良好。

2.1.4 重复性实验结果

精密称取乳酸菌制剂发酵第 6 d 的泡菜样品 6 份,按上述方法制备样品溶液,按照上述色谱条件重复进样 6 次,并计算各有机酸含量的相对标准偏差,结果见表 6.3.3。

表 6.3.3　重复性实验结果(mg/mL)($n=6$)

测定次数	草酸	酒石酸	苹果酸	乳酸	乙酸	柠檬酸	琥珀酸
1	116.473	1.276	1.278	4.644	0.504	0.245	0.217
2	117.863	1.396	1.490	4.652	0.513	0.256	0.219
3	116.569	1.360	1.301	4.632	0.537	0.286	0.220
4	117.063	1.322	1.280	4.664	0.512	0.244	0.210
5	115.246	1.400	1.306	4.701	0.507	0.270	0.221
6	116.998	1.385	1.477	4.640	0.516	0.241	0.230

续表

测定 次数	草酸	酒石酸	苹果酸	乳酸	乙酸	柠檬酸	琥珀酸
标准差	0.867	0.049	0.100	0.025	0.012	0.018	0.006
$RSD(\%)$	0.74	3.60	7.38	0.53	2.27	6.92	2.95

由表6.3.3可以得出,7种有机酸的相对标准偏差值在0.53%~7.38%,表明该实验方法重复性达到实验分析的要求。

2.1.5　回收率结果

准确称取乳酸菌制剂发酵第10 d的萝卜泡菜样品10.0 g,按上述方法制备样品提取液,准备同一样品提取液9份,将有机酸标准混合液分为高、中、低(120%、100%、80%)3个梯度加入至每份提取液中,充分混匀后,经0.22 μm滤膜过滤后进样检测,平行测定3次,根据加入的标准品质量浓度与检出的质量浓度计算回收率,回收率结果见表6.3.4。

表6.3.4　回收率实验结果

有机酸 种类	本底值 (mg/mL)	加标量 (mg/mL)	测定值 (mg/mL)	回收率 (%)
草酸	118.693	142.432	263.129	100.8
		118.693	220.370	92.8
		94.955	211.237	98.9
酒石酸	1.110	1.332	2.492	102.0
		1.110	2.227	100.3
		0.888	1.856	92.9
苹果酸	1.163	1.396	2.600	101.6
		1.163	2.322	99.8
		0.931	2.002	95.6
乳酸	10.146	12.176	22.563	101.1
		10.156	19.895	98.0
		8.117	18.037	98.8
乙酸	0.720	0.864	1.686	106.4
		0.720	1.352	93.9
		0.576	1.302	100.5

续表

有机酸 种类	本底值 （mg/mL）	加标量 （mg/mL）	测定值 （mg/mL）	回收率 （%）
柠檬酸	0.568	0.682	1.247	99.8
		0.578	1.103	96.2
		0.455	1.026	100.3
琥珀酸	0.164	0.196	0.343	95.3
		0.164	0.323	98.5
		0.131	0.303	102.7

由表6.3.4可知,7种有机酸的回收率在92%~107%,说明此方法在测定过程中的回收率良好,精确度较高。

2.2 萝卜泡菜样品中有机酸的测定结果
2.2.1 萝卜泡菜样品中有机酸的HPLC图谱分析

自然发酵、乳酸菌制剂发酵和老泡菜水发酵方式萝卜泡菜第2 d的高效液相色谱图分别为图6.3.2~图6.3.4。

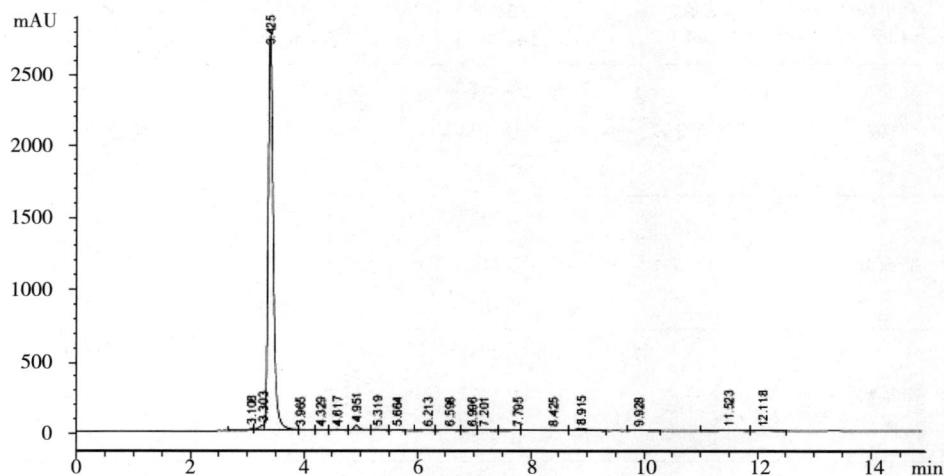

图6.3.2 自然发酵方式第2 d高效液相色谱图

由图6.3.2可知,萝卜泡菜自然发酵第2 d的各有机酸的出峰时间为:草酸（3.432 min）、酒石酸（3.971 min）、苹果酸（4.621 min、8.915 min）、乳酸（5.324 min）、乙酸（5.667 min）、柠檬酸（7.204 min）和琥珀酸（9.923 min）,且7种有机酸分离度较好。

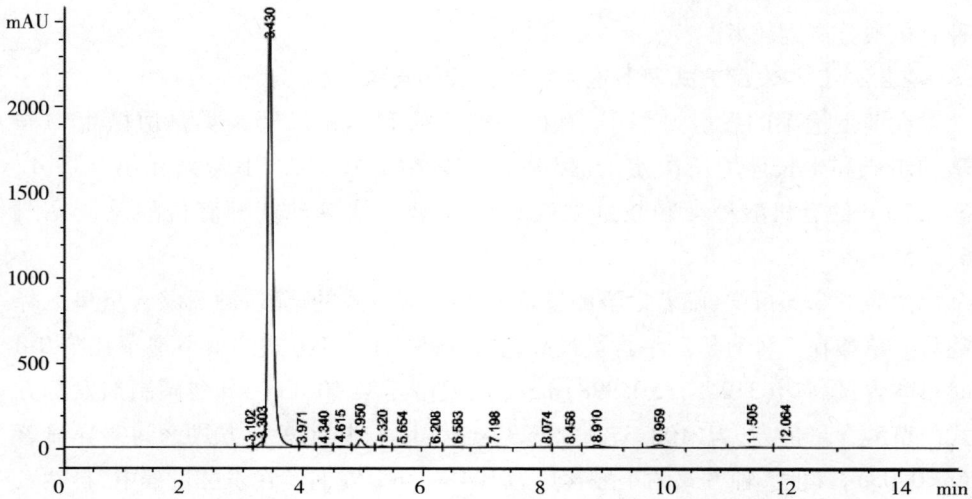

图 6.3.3　乳酸菌制剂发酵方式第 2 d 高效液相色谱图

由图 6.3.3 可知,萝卜泡菜乳酸菌制剂发酵第 2 d 的各有机酸的出峰时间为:草酸(3.432 min)、酒石酸(3.975 min)、苹果酸(4.623 min、8.910 min)、乳酸(5.325 min)、乙酸(5.665 min)、柠檬酸(7.211 min)和琥珀酸(9.959 min),且 7 种有机酸分离度较好。

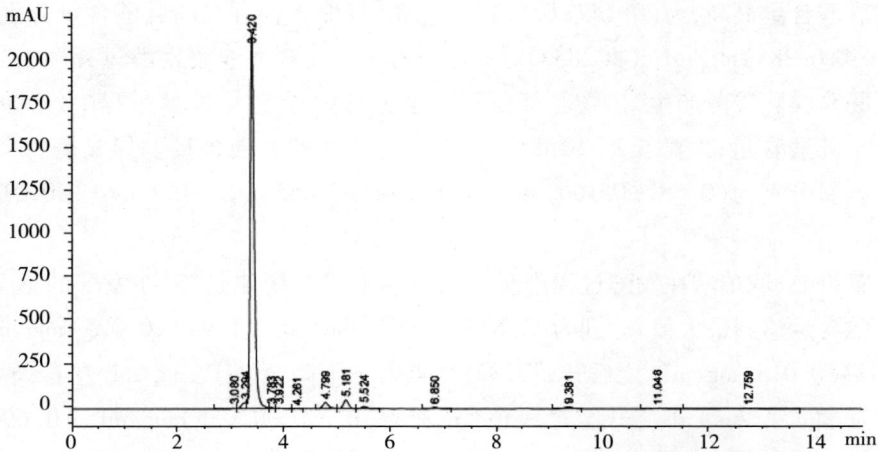

图 6.3.4　老泡菜水发酵方式第 2 d 高效液相色谱图

由图 6.3.4 可知,萝卜泡菜老泡菜水发酵第 2 d 各有机酸的出峰时间为:草酸(3.430 min)、酒石酸(3.971 min)、苹果酸(4.615 min、8.910 min)、乳酸

（5.320 min）、乙酸（5.654 min）、柠檬酸（7.198 min）和琥珀酸（9.959 min），且7种有机酸分离度较好。

2.2.2 3种发酵方式萝卜泡菜中有机酸的含量分析

在萝卜泡菜的发酵过程中，有机酸的产生和消耗以及种类是由微生物群落的组成和生长环境所决定的。3种不同发酵方式下，萝卜泡菜在第0、2、4、6、8、10 d的有机酸种类和数量见表6.3.5，萝卜泡菜的7种有机酸总量见图6.3.5。

由表6.3.5可知，随着发酵的进行，3种发酵方式的草酸、酒石酸含量呈下降趋势。草酸在7种有机酸中含量最高，乳酸菌制剂发酵方式的萝卜泡菜在第0 d时草酸含量高达（312.533±0.998）mg/mL，发酵至第10 d时，乳酸菌制剂发酵方式的草酸含量最高，为（108.372±0.623）mg/mL，与其他2种方式之间差异显著（$p<0.05$），其他2种方式的草酸含量为104 mg/mL左右。在发酵过程中，自然发酵、老泡菜水发酵方式的酒石酸含量下降速度高于乳酸菌制剂发酵方式，发酵至终点时，酒石酸含量分别下降至（0.383±0.076）mg/mL、（0.279±0.084）mg/mL、（1.066±0.057）mg/mL。

乳酸、乙酸是萝卜泡菜发酵过程中呈上升趋势的有机酸，也是发酵过程中主要生产有机酸，乳酸的产生和积累取决于糖的代谢和接种物的底物供应，发酵至第10 d时，3种发酵方式的乳酸含量之间差异显著（$p<0.05$），乳酸菌制剂发酵方式的乳酸含量最高，为（8.147±0.081）mg/mL，其他2种方式的乳酸含量分别为（5.384±0.285）mg/mL、（4.283±0.025）mg/mL。在萝卜泡菜发酵过程中，乙酸只由肠系膜乳酸菌产生，植物乳杆菌不产生。因此，在整个发酵过程中，乙酸含量低于乳酸含量，发酵至第10 d时，3种发酵方式的乙酸含量差异显著（$p<0.05$），含量分别为（0.681±0.160）mg/mL、（0.703±0.055）mg/mL、（0.612±0.016）mg/mL。

苹果酸、琥珀酸在发酵过程中呈先上升后下降的变化趋势，在发酵的第2 d苹果酸含量达到最大值，分别为（3.645±0.036）mg/mL、（1.949±0.025）mg/mL、（3.527±0.015）mg/mL，之后开始下降，终点时均下降至0.17 mg/mL左右；琥珀酸在发酵的第2~4 d上升至最大值，分别为（0.727±0.053）mg/mL、（0.690±0.013）mg/mL、（0.529±0.025）mg/mL，之后开始下降，下降的原因可能是作为三羧酸循环的中间产物，参与微生物的代谢过程。柠檬酸在发酵过程中呈先下降后上升的趋势，自然发酵、乳酸菌制剂发酵方式的柠檬酸含量下降至第4 d开始上升，老泡菜水发酵方式在第2 d后未检测出柠檬酸。

表6.3.5　不同发酵方式下萝卜泡菜中有机酸的含量（mg/mL）

天数(d)	草酸			酒石酸			乳酸			乙酸		
	自然发酵	乳酸菌制剂发酵	老泡菜水发酵	自然发酵	乳酸菌制剂发酵	老泡菜水发酵	自然发酵	乳酸菌制剂发酵	老泡菜水发酵	自然发酵	乳酸菌制剂发酵	老泡菜水发酵
0	306.815±0.959^{dB}	312.533±0.998^{aA}	287.544±0.911^{aC}	1.898±0.046^{aA}	1.817±0.077^{aB}	1.825±0.025^{aB}	0.489±0.017^{fB}	0.491±0.036^{fB}	0.802±0.029^{eA}	0.163±0.114^{eB}	0.261±0.069^{eA}	0.152±0.025^{dC}
2	169.486±0.727^{hB}	194.108±0.761^{bA}	158.238±0.751^{bC}	1.865±0.013^{aA}	1.802±0.032^{hB}	0.785±0.012^{hC}	0.925±0.037^{eB}	0.882±0.120^{eC}	2.044±0.215^{dA}	0.179±0.053^{eB}	0.463±0.072^{dA}	0.165±0.026^{dC}
4	122.837±0.662^{cA}	127.486±0.621^{cA}	115.340±0.623^{cB}	1.456±0.086^{bA}	1.513±0.012^{cA}	0.749±0.041^{hB}	1.038±0.036^{dC}	3.737±0.046^{dA}	2.146±0.108^{dB}	0.339±0.028^{bC}	0.486±0.011^{dA}	0.356±0.013^{cB}
6	104.462±0.562^{dB}	116.622±0.530^{dA}	105.978±0.523^{dB}	0.466±0.032^{cB}	1.272±0.035^{dA}	0.620±0.024^{cB}	1.715±0.047^{cC}	4.643±0.069^{cA}	2.331±0.011^{cB}	0.356±0.026^{bC}	0.504±0.014^{cA}	0.372±0.008^{cB}
8	105.744±0.735^{dB}	114.921±0.722^{dA}	101.906±0.732^{eB}	0.411±0.034^{dB}	1.003±0.109^{eA}	0.372±0.107^{dB}	2.764±0.174^{bC}	7.021±0.024^{bA}	3.266±0.236^{bB}	0.667±0.042^{aB}	0.680±0.004^{bA}	0.596±0.023^{bC}
10	104.726±0.606^{dB}	108.372±0.623^{eA}	104.187±0.606^{dB}	0.383±0.076^{dB}	1.066±0.057^{eA}	0.279±0.084^{eB}	4.283±0.025^{aC}	8.147±0.081^{aA}	5.384±0.285^{aB}	0.681±0.160^{aB}	0.703±0.055^{aA}	0.612±0.016^{aC}

续表

天数(d)	DL-苹果酸			柠檬酸			琥珀酸		
	自然发酵	乳酸菌制剂发酵	老泡菜水发酵	自然发酵	乳酸菌制剂发酵	老泡菜水发酵	自然发酵	乳酸菌制剂发酵	老泡菜水发酵
0	1.582±0.015[bA]	1.583±0.014[cA]	1.527±0.026[cB]	0.611±0.058[bA]	0.522±0.042[bB]	0.645±0.015[aA]	0.186±0.002[eB]	—	0.298±0.019[bA]
2	3.645±0.036[aA]	1.949±0.025[abB]	3.527±0.015[aA]	0.296±0.032[dA]	0.180±0.083[eB]	—	0.298±0.097[dB]	0.201±0.120[bB]	0.529±0.025[aA]
4	1.373±0.035[fB]	1.128±0.001[eC]	1.569±0.045[bA]	0.123±0.026[fA]	0.127±0.003[fA]	—	0.727±0.053[aA]	0.690±0.013[aB]	0.197±0.040[cC]
6	1.227±0.076[dA]	1.177±0.029[bB]	1.161±0.076[eB]	0.216±0.016[eA]	0.245±0.010[dA]	—	0.509±0.003[bA]	0.216±0.013[bB]	0.014±0.003[dC]
8	1.174±0.003[eB]	1.149±0.035[dB]	1.201±0.037[dA]	0.469±0.056[cA]	0.374±0.069[cB]	—	0.550±0.062[bA]	0.154±0.026[cB]	—
10	1.169±0.025[cA]	1.159±0.056[dA]	1.196±0.061[dA]	0.689±0.036[aA]	0.574±0.028[aB]	—	0.434±0.013[cA]	0.162±0.012[cB]	—

注 平均值±相对标准偏差，$n=3$，每列不同小写字母表示差异显著($p<0.05$)，每行不同大写字母表示每种有机酸的不同发酵方式差异显著($p<0.05$)，"—"表示未检测出。

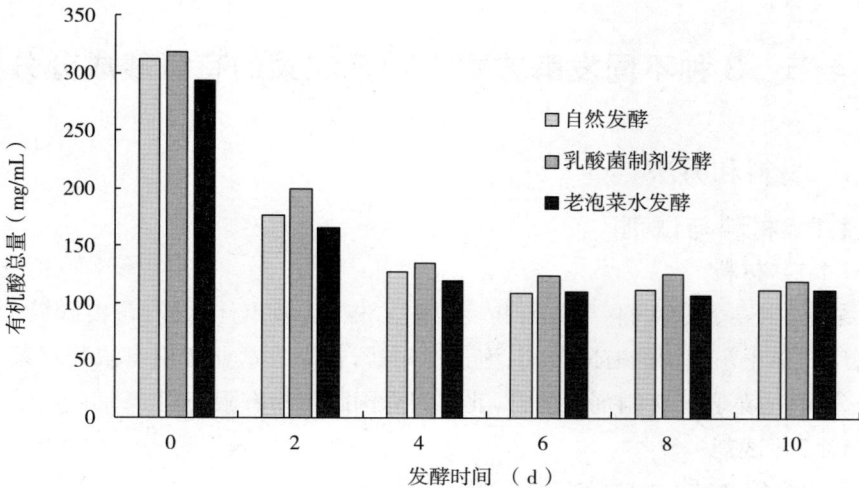

图 6.3.5　萝卜泡菜 3 种发酵方式有机酸总量的变化

由图 6.3.5 可知,3 种发酵方式萝卜泡菜的有机酸总量变化趋势基本相似,随着发酵的进行均呈下降的变化趋势。在整个发酵过程中,乳酸菌制剂发酵的有机酸总量始终高于自然发酵、老泡菜水发酵的有机酸总量,这可能是由于乳酸菌制剂发酵加入的乳酸菌制剂发酵剂使乳酸菌直接成为优势菌群,乳酸菌的各种生长代谢较为旺盛。

3　结论

本次实验建立了萝卜泡菜有机酸含量测定的高效液相色谱分析方法,并利用此方法测定了 3 种发酵方式下萝卜泡菜发酵过程中 7 种有机酸含量的变化。

色谱条件:选用 Agilent TC-C18 柱为色谱柱,流速设为 1 mL/min;流动相为 0.01 mol/L 磷酸二氢钾:甲醇=97:3(pH 2.80);紫外检测器,检测波长为 210 nm;进样量 10 μL。

3 种发酵方式的草酸、酒石酸含量随着发酵的进行呈下降趋势,草酸在 7 种有机酸中含量最高;乳酸、乙酸是萝卜泡菜发酵过程中呈上升趋势的有机酸,也是发酵过程中主要生产有机酸;苹果酸、琥珀酸在发酵过程中,呈先上升后下降的变化趋势,柠檬酸在发酵过程中呈先下降后上升的变化趋势;3 种发酵方式的有机酸总量均随着发酵的进行呈下降的变化趋势。

第 4 节　3 种不同发酵方式下菊芋泡菜的有机酸成分分析

1　材料和方法

1.1　材料与试剂

1.1.1　材料

菊芋、生姜、蒜、大料、干红辣椒、花椒、青椒,运城市佳缘超市;白砂糖(食用级),广州福正东海食品有限公司;泡菜专用盐,青海省盐业股份有限公司茶卡制盐分公司;泡菜乳酸菌制剂发酵粉,北京川秀国际贸易有限公司。

1.1.2　试剂

同本章第 3 节"1.2 试剂"。

1.2　仪器与设备

同本章第 1 节"1.1.3 仪器与设备"。

1.3　方法

1.3.1　菊芋泡菜的制备

1.3.1.1　自然发酵方式的泡菜制备

将菊芋整理清洗干净并去除表面杂质,用纯净水清洗晾干,切成 1 cm 厚的薄片,加入 6% 盐水(菊芋与盐水质量比为 1:1),另加入菊芋质量 2% 的辣椒,0.5% 的香料(桂皮、八角、花椒等),装坛密封发酵。

1.3.1.2　乳酸菌制剂发酵方式的泡菜制备

装坛时加入菊芋质量 2% 的乳酸菌制剂发酵剂,其他步骤同自然发酵。

1.3.1.3　自制泡菜菌发酵方式的泡菜制备

将高粱酒(53% vol)与食盐水(质量浓度为 5%)按体积比例 1:15 混合,然后加入总质量 6% 的青椒和各种调味料,密封,室温发酵 6~8 d,待青椒变黄后,自制泡菜菌发酵液制成。按萝卜与自制泡菜菌发酵液质量比 1:1 的比例装入泡菜坛中,其他制作过程同自然发酵。

1.3.2　有机酸的测定

1.3.2.1　色谱条件

同本章第 3 节"1.4.2 色谱条件"。

1.3.2.2　标准曲线的绘制

同本章第 3 节"1.4.3 有机酸标准曲线的绘制"。

1.3.2.3　精密度的测定

准确量取稀释 10 倍的有机酸标准混合液 10 μL,连续进样测定 6 次,分别计算 7 种有机酸的精密度,即 RSD。$RSD(\%)=$ 标准偏差/算术平均值×100%。

1.3.2.4　重复性测定

精密称取自然发酵第 4 d 的菊芋泡菜样品 6 份,按上述方法制备样品溶液,按照上述色谱条件进样 10 μL,重复进样 6 次,并计算其峰面积的相对标准偏差。

1.3.2.5　回收率测定

准确称取自然发酵第 6 d 菊芋泡菜 20.0 g,按照按上述方法制备样品提取液,准备同一样品提取液 10 份,其中 1 份作为本底,按测试样品有机酸总量的低、中、高值(即 80%、100%、120%)向另外 9 份中加入有机酸混合标样,低、中、高值平行测定 3 次,根据加入的标准品质量浓度与检出的质量浓度计算回收率。

1.3.3　样品预处理

取菊芋泡菜和汁液各 100 g 作为样品进行打浆,打成浆状后在转速为 3850 r/min 的离心机中离心 15 min,然后吸取 10 mL 的上清液,加入超纯水 15 mL,在超声波清洗器中超声 30 min 进行有机酸提取,以 12000 r/min 的转速离心 10 min,0.22 μm 滤膜过滤后进行有机酸检测。

1.3.4　数据统计分析

实验数据采用 SPSS 19 软件进行统计分析,结果以"平均值±均值"表示。

2　结果与分析

2.1　有机酸标准溶液的测定结果

2.1.1　有机酸标准混合液的 HPLC 图谱分析

由图 6.4.1 可得,7 种标准有机酸的出峰顺序为:草酸,酒石酸,D-苹果酸,乳酸,乙酸,柠檬酸,L-苹果酸,丁二酸,对应的出峰时间分别为:3.326 min,3.712 min,4.615 min,5.298 min,5.677 min,7.672 min,8.583 min,9.077 min,7 种有机酸标准品达到基线分离。注:苹果酸有 DL 两个结构,故出现两种峰。

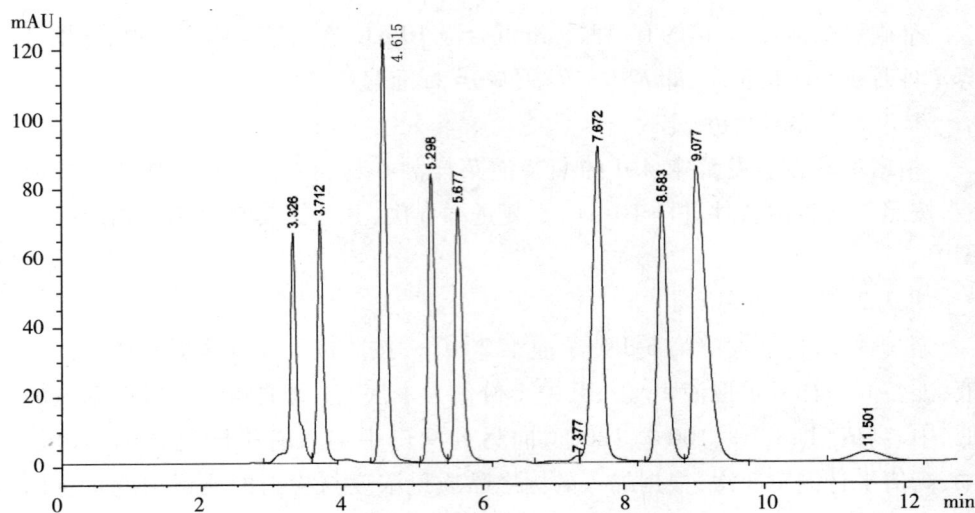

图 6.4.1　7 种有机酸标准品的液相色谱图

2.1.2　有机酸标准品的线性方程和相关系数(表 6.4.1)

表 6.4.1　7 种标准酸的标准曲线及线性参数

有机酸名称	线性方程	相关系数(R^2)	线性范围(mg/mL)
草酸	$y = 80.524x + 3.6974$	0.9998	0.0072~0.36
酒石酸	$y = 62.531x + 6.5616$	0.9995	0.03~1.5
DL-苹果酸	$y = 71.803x + 2.4164$	0.9996	1.2~6
乳酸	$y = 77.013x + 13.167$	0.9971	1.2~6
乙酸	$y = 137.09x + 11.532$	0.9998	1.2~6
柠檬酸	$y = 102.34x + 12.994$	0.9997	1.2~6
丁二酸	$y = 170.11x + 25.402$	0.9981	0.28~14

　　由表 6.4.1 可知,7 种有机酸在 0.0072~14.00 mg/mL,相关系数为 0.9971~
0.9998,结果说明:该方法线性关系较好,适用于对 7 种有机酸的分离。

2.1.3　精密度检测结果(表 6.4.2)

表 6.4.2　7 种标准酸的精密度测定结果($n=6$)

有机酸名称	峰面积						RSD(%)
	1	2	3	4	5	6	
草酸	354.6481	356.6141	356.9484	352.4003	356.4340	358.2693	0.5802
酒石酸	252.4137	256.3837	255.3819	252.9323	258.0417	257.8365	0.9398
D-L 苹果酸	863.2891	869.0190	866.7781	874.0459	869.6607	875.9767	0.5351
乳酸	357.4366	357.0377	359.1550	350.1275	353.5748	357.6395	0.9403
乙酸	324.5669	327.3880	329.5848	325.8601	329.7613	327.8500	0.6240
柠檬酸	532.9788	538.3822	530.2345	532.5088	535.8666	539.6425	0.6828
丁二酸	565.6976	568.8086	568.3825	562.2649	563.0255	567.2276	0.4865

由表 6.4.2 可知,7 种有机酸精密度为 0.4865% ~ 0.9403%,表明该方法的精密度达到分析要求。

2.1.4　重复性测定结果(表 6.4.3)

表 6.4.3　测定方法的重复性($n=6$)

次数	草酸	酒石酸	苹果酸	乳酸	乙酸	柠檬酸	丁二酸
1	1084.3641	924.6030	1183.5672	520.8142	37.0739	133.2458	51.9350
2	1094.5390	900.9921	1236.5957	539.1822	34.2451	134.7629	54.8674
3	1086.5019	900.4771	1218.6703	555.4036	38.1516	137.9905	59.5019
4	2002.0694	911.7217	1200.0199	618.3344	31.1416	131.9900	58.8257
5	943.4600	929.4268	1284.9647	707.6515	35.1125	134.0135	52.1014
6	1747.1661	905.9958	1283.0645	815.3967	34.0827	139.9159	60.2157
平均值	1088.4683	908.6908	1212.9444	538.4667	34.9679	135.3331	56.2412
标准差	5.3649	13.7828	26.9739	17.3058	2.4713	2.4231	3.7597
RSD(%)	0.490	1.517	2.240	3.210	7.068	1.791	6.685

由表 6.4.3 可知,7 种有机酸的 RSD 在 0.490% ~ 7.068%,结果表明该检测方法重现性良好。

2.1.5 加标回收率结果(表 6.4.4)

表 6.4.4 有机酸加标回收率

组分	本底值(mg/mL)	加标量(mg/mL)	测定值(mg/mL)	回收率(%)
草酸	16.4733	12.80	29.5678	102.30
		16.00	32.6985	101.41
		19.20	34.5523	94.16
酒石酸	11.7679	9.60	20.4482	90.41
		12.00	23.0406	93.93
		14.40	26.8531	104.75
苹果酸	16.3390	12.80	28.0390	91.40
		16.00	31.4560	94.48
		19.20	36.1340	103.09
乳酸	5.7136	4.80	10.2360	94.21
		6.00	11.1570	90.72
		7.20	12.4680	93.81
乙酸	0.4558	0.32	0.7930	105.37
		0.40	0.8670	102.80
		0.48	0.9260	97.95
柠檬酸	0.3600	0.28	0.6250	92.01
		0.36	0.7180	99.44
		0.43	0.8030	102.54
丁二酸	0.2680	0.16	0.4170	93.12
		0.20	0.4730	102.50
		0.24	0.5120	101.66

由表 6.4.4 可知,7 种有机酸的加标回收率在 90.41%~105.37%,表明此方法在测定过程中的回收率良好,精确度较高。

2.2 菊芋泡菜中有机酸的测定结果

2.2.1 菊芋泡菜中有机酸的 HPLC 图谱分析

自然发酵、乳酸菌制剂发酵、自制泡菜菌发酵 3 种发酵方式菊芋泡菜第 4 d 的有机酸高效液相色谱图见图 6.4.2~图 6.4.4。

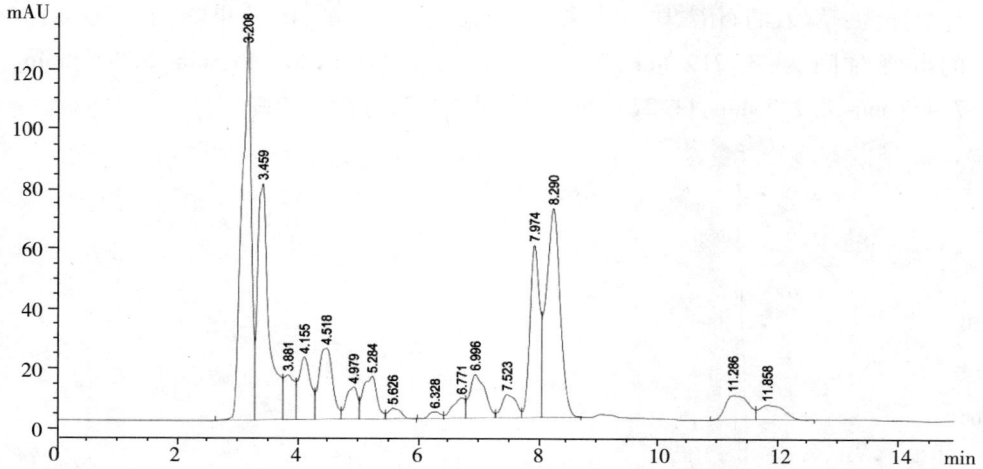

图 6.4.2　菊芋泡菜自然发酵第 4 d 有机酸液相色谱图

由图 6.4.2 可知,菊芋泡菜自然发酵第 4 d 的样品中 7 种有机酸的出峰顺序为:草酸,酒石酸,D-苹果酸,乳酸,乙酸,柠檬酸,L-苹果酸,丁二酸,对应的出峰时间分别为:3.208 min,3.459 min,4.518 min,5.284 min,5.626 min,7.523 min,8.290 min,11.286 min,且 7 种有机酸分离度较好。

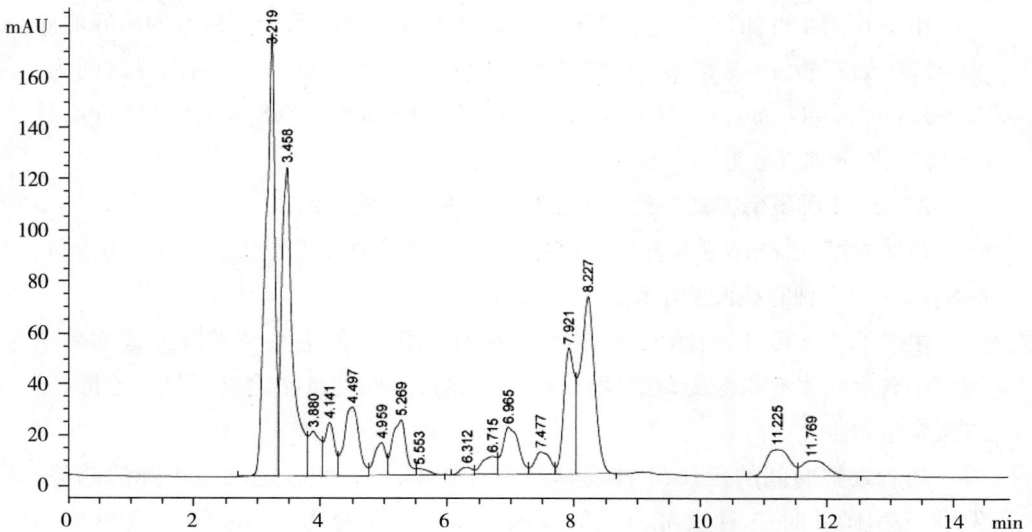

图 6.4.3　菊芋泡菜乳酸菌制剂发酵第 4 d 的有机酸液相色谱图

由图 6.4.3 可知,菊芋泡菜乳酸菌制剂发酵第 4 d 的样品中 7 种有机酸的出峰顺序为:草酸,酒石酸,D-苹果酸,乳酸,乙酸,柠檬酸,L-苹果酸,丁二酸,对应的出峰时间为:3. 219 min,3. 456 min,4. 497 min,5. 269 min,5. 553 min,7. 477 min,8. 227 min,11. 225 min,且 7 种有机酸分离度较好。

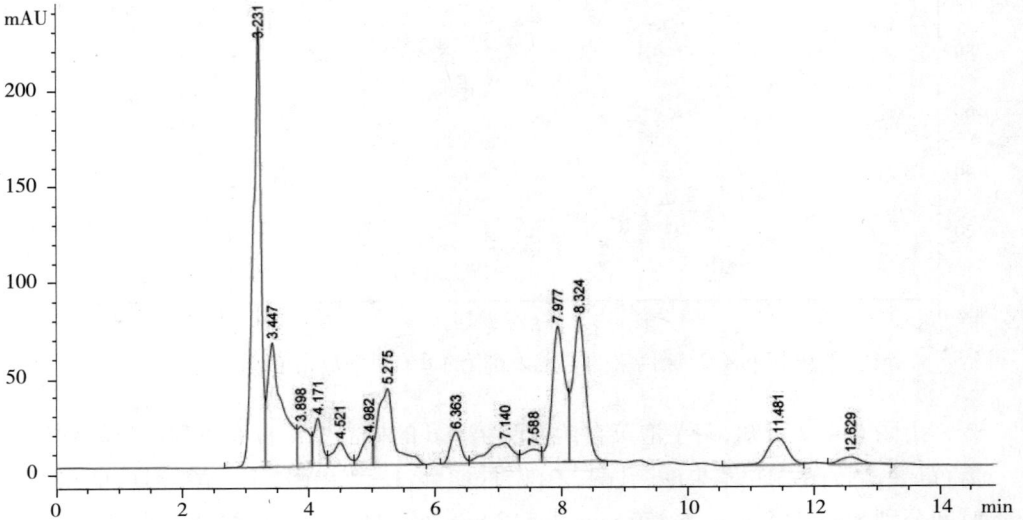

图 6.4.4　菊芋泡菜自制泡菜菌发酵第 4 d 的有机酸液相色谱图

由图 6.4.4 可知,菊芋泡菜自制泡菜菌发酵第 4 d 样品中有机酸的出峰顺序为:草酸,酒石酸,D-苹果酸,乳酸,乙酸,柠檬酸,L-苹果酸,对应的出峰时间为:3. 231 min,3. 447 min,4. 521 min,5. 276 min,6. 363 min,7. 588 min,8. 324 min,且7 种有机酸分离度较好。

2.2.2　3 种发酵方式下菊芋泡菜样品中有机酸测定结果

自然发酵、乳酸菌制剂发酵、自制泡菜菌 3 种发酵方式下菊芋泡菜第 0、2、4、6、8、10 d 的 7 种有机酸测定结果见表 6.4.5。

由表 6.4.5 可知,自然发酵、乳酸菌制剂发酵、自制泡菜菌发酵方式的菊芋泡菜中含量较多有机酸为草酸、酒石酸、苹果酸,乳酸含量次之,柠檬酸、乙酸、丁二酸含量较少。

随着发酵时间的延长,3 种发酵方式的草酸、酒石酸含量均呈下降的趋势,发酵至第 10 d 时,3 种发酵方式的草酸含量差异不显著($p>0. 05$),含量均为10. 5 mg/mL 左右;3 种发酵方式的酒石酸含量差异显著($p<0. 05$),含量最高是乳酸菌制剂发酵方式,含量为(13. 1623±0. 35)mg/mL。丁二酸在自然发酵、乳酸菌制剂发酵的发酵过程中呈下降趋势,第 6 d 后未检测出,在自制泡菜菌

表6.4.5　3种发酵方式的菊芋泡菜中有机酸含量（mg/mL）

天数(d)	草酸			酒石酸			苹果酸			乳酸		
	自然发酵	乳酸菌发酵	自制菌发酵	自然发酵	乳酸菌发酵	自制菌发酵	自然发酵	乳酸菌发酵	自制菌发酵	自然发酵	乳酸菌发酵	自制菌发酵
0	20.1554 ± 0.47^{Ba}	20.2801 ± 0.46^{Ba}	24.9923 ± 0.36^{Aa}	51.1509 ± 0.82^{Ca}	85.1111 ± 0.65^{Aa}	74.8954 ± 0.90^{Ba}	35.5063 ± 0.71^{Ca}	47.2762 ± 0.74^{Aa}	44.6203 ± 0.74^{Ba}	0.1897 ± 0.03^{Ad}	0.1604 ± 0.03^{Ad}	0.1705 ± 0.01^{Af}
2	17.1752 ± 0.70^{Bb}	17.4988 ± 0.78^{Ab}	8.1154 ± 0.67^{Ce}	33.4435 ± 0.53^{Cb}	35.6884 ± 0.79^{Bc}	40.3070 ± 0.56^{Ab}	20.2702 ± 0.48^{Cb}	29.8534 ± 0.46^{Bb}	35.2969 ± 0.58^{Ab}	0.5348 ± 0.01^{Bd}	0.1757 ± 0.01^{Cd}	1.7935 ± 0.02^{Ae}
4	14.8440 ± 0.79^{Bc}	17.2788 ± 0.81^{Ac}	6.4110 ± 0.70^{Cf}	19.0667 ± 0.530^{Bc}	38.4529 ± 0.63^{Ab}	38.6021 ± 0.51^{Ac}	11.9598 ± 0.05^{Cd}	20.8747 ± 0.03^{Ac}	18.7755 ± 0.07^{Be}	3.7496 ± 0.04^{Ac}	2.3010 ± 0.04^{Bc}	3.1225 ± 0.03^{Ad}
6	14.5552 ± 0.76^{Ad}	14.2027 ± 0.56^{Bd}	10.5179 ± 0.79^{Cd}	14.4269 ± 0.17^{Ce}	24.0507 ± 0.21^{Bd}	27.7649 ± 0.23^{Ad}	16.8590 ± 0.22^{Cc}	18.1719 ± 0.23^{Bd}	20.4633 ± 0.23^{Ad}	3.8209 ± 0.03^{Ac}	2.3866 ± 0.02^{Cc}	5.4522 ± 0.03^{Ac}
8	13.4714 ± 0.49^{Be}	12.1806 ± 0.59^{Ce}	12.1765 ± 0.53^{Ab}	18.3213 ± 0.19^{Ad}	16.0258 ± 0.176^{Ce}	17.0666 ± 0.13^{Be}	20.5720 ± 0.50^{Bb}	19.9603 ± 0.59^{Ccd}	28.8894 ± 0.61^{Ac}	4.0364 ± 0.06^{Bb}	3.0009 ± 0.04^{Cb}	11.2773 ± 0.08^{Aa}
10	10.4837 ± 0.33^{Af}	10.4369 ± 0.36^{Af}	11.3946 ± 0.38^{Ac}	11.4075 ± 0.30^{Bf}	13.1623 ± 0.35^{Af}	9.0347 ± 0.29^{Cf}	16.2048 ± 0.39^{Ac}	14.9083 ± 0.32^{Be}	14.2047 ± 0.11^{Bf}	4.9547 ± 0.13^{Ca}	7.6335 ± 0.12^{Ba}	11.0081 ± 0.14^{Ab}

续表

天数 (d)	乙酸			柠檬酸			丁二酸		
	自然 发酵	乳酸菌制剂 发酵	自制菌 发酵	自然 发酵	乳酸菌制剂 发酵	自制菌 发酵	自然 发酵	乳酸菌 发酵	自制菌 发酵
0	$0.2156\pm$ 0.07^{Bc}	$0.2638\pm$ 0.09^{Ac}	$0.2614\pm$ 0.06^{Ab}	$0.7644\pm$ 0.08^{Bc}	$0.8115\pm$ 0.08^{Ab}	$0.6379\pm$ 0.04^{Cb}	$0.1952\pm$ 0.05^{Aa}	$0.1750\pm$ 0.07^{Aa}	—
2	$0.3467\pm$ 0.03^{Ab}	$0.3292\pm$ 0.02^{ABb}	$0.3095\pm$ 0.06^{Ba}	$0.7470\pm$ 0.14^{Ac}	$0.7181\pm$ 0.07^{Ac}	$0.4799\pm$ 0.01^{Bc}	$0.1387\pm$ 0.08^{Ab}	$0.1027\pm$ 0.12^{Ab}	—
4	$0.0516\pm$ 0.01^{Ce}	$0.2022\pm$ 0.07^{Ad}	$0.1747\pm$ 0.05^{Bd}	$1.5514\pm$ 0.12^{Aa}	$0.7753\pm$ 0.02^{Bc}	$0.4680\pm$ 0.06^{Cc}	$0.1214\pm$ 0.02^{Ac}	$0.0533\pm$ 0.05^{Bc}	—
6	0.1709 $\pm0.02^{Bd}$	0.2439 $\pm0.03^{Aa}$	0.1741 $\pm0.04^{Bd}$	1.1954 $\pm0.12^{Ab}$	0.6578 $\pm0.01^{Bc}$	1.2364 $\pm0.16^{Aa}$	0.1212 $\pm0.06^{Ac}$	$0.0199\pm$ 0.01^{Bd}	—
8	0.2252 $\pm0.04^{Ba}$	0.3414 $\pm0.05^{Ae}$	0.1954 $\pm0.03^{Bc}$	1.2595 $\pm0.01^{Aab}$	1.1795 $\pm0.08^{ABa}$	1.0971 $\pm0.06^{Ba}$	—	—	—
10	0.3252 $\pm0.04^{Aa}$	0.3479 $\pm0.06^{Ae}$	0.2740 $\pm0.04^{Bb}$	0.3050 $\pm0.02^{Bd}$	0.4009 $\pm0.03^{Ad}$	0.3165 $\pm0.04^{Bd}$	—	—	—

注 平均值±标准差，$n=3$，每列不同小写字母表示每种有机酸在同一种发酵方式下不同发酵天数之间差异显著（$p<0.05$），每行不同大写字母表示每种有机酸在同一天内的不同发酵方式之间差异显著（$p<0.05$），"—"表示未检测出。

发酵方式中始终未检测出,丁二酸作为三羧酸循环的中间产物,参与微生物的代谢过程,除此之外,还会与亚硝酸盐进行反应,生成微溶性盐等,都会导致其含量的下降。

乳酸在 3 种发酵方式的发酵过程中均呈上升趋势,是菊芋泡菜发酵过程的主要有机酸,它的产生和积累主要取决于糖的代谢和接种物的底物供应,发酵至第 10 d 时,3 种发酵方式之间差异显著($p<0.05$),含量最高是自制菌发酵方式,含量为(11.0081±0.14)mg/mL。苹果酸、柠檬酸在 3 种发酵方式的发酵过程中均呈先下降后上升再下降的趋势,自然发酵方式在第 10 d 苹果酸含量高于其他 2 种发酵方式,为(16.2048±0.39)mg/mL。3 种发酵方式的柠檬酸含量由最初的(0.7644±0.08)mg/mL、(0.8115±0.08) mg/mL、(0.6379±0.04)mg/mL 降至最终的(0.3050±0.02)mg/mL、(0.4009±0.03)mg/mL、(0.3165±0.04)mg/mL,整体处于下降趋势,这可能是由于柠檬酸盐和葡萄糖、果糖、乳糖或木糖在多种乳酸菌的作用下通过醋酸盐激酶途径代谢,导致柠檬酸含量呈整体下降趋势。3 种发酵方式的乙酸含量随发酵的进行呈先上升后下降再上升的趋势,乙酸是菊芋泡菜中的主要有机酸,发酵至第 10 d 时,3 种发酵方式之间差异显著($p<0.05$),自制菌发酵方式含量最低,为(0.2740±0.04)mg/mL,而其他 2 种发酵方式的乙酸含量为 0.3 mg/mL 左右。

2.2.3　3 种发酵方式下菊芋泡菜 7 种有机酸总量的变化(图 6.4.5)

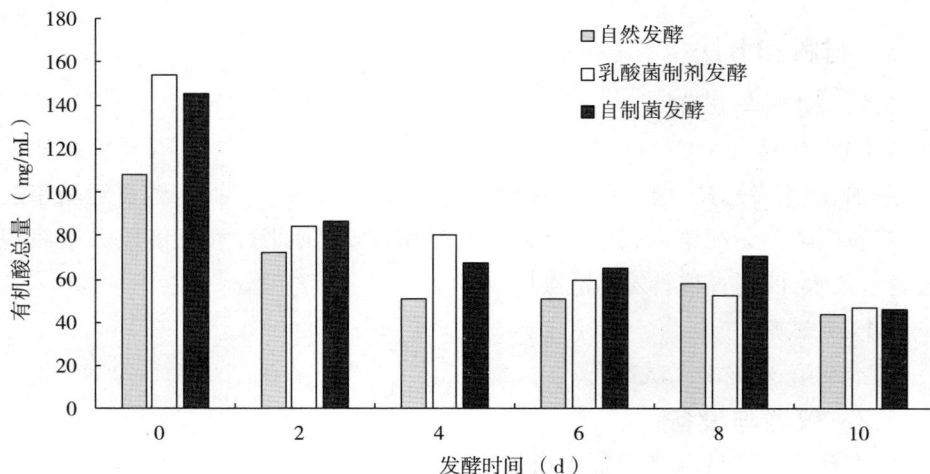

图 6.4.5　3 种发酵方式下菊芋泡菜 7 种有机酸总量变化

由图 6.4.5 可知,随着发酵过程的进行,3 种发酵方式的菊芋泡菜中 7 种有机酸总量基本上呈下降的变化趋势,在发酵前期,乳酸菌制剂发酵、自制泡菜菌发酵方式的有机酸总量高于自然发酵方式,发酵至第 10 d 时,3 种发酵方式的有机酸总量比较接近,均下降至 46 mg/mL 左右。

3 结论

以自然发酵、乳酸菌制剂发酵、自制泡菜菌发酵 3 种发酵方式制作菊芋泡菜,对泡菜中 7 种有机酸进行测定,检测条件为:流动相为甲醇与磷酸二氢钾(浓度为 0.01 mol/L)的缓冲溶液,体积比为 3:97(用磷酸调节 pH 2.70);流速:1 mL/min;进样量:10 μL,波长:210 nm;柱温:室温。

3 种发酵方式的草酸、酒石酸、苹果酸含量较多,乳酸次之,乙酸、柠檬酸、丁二酸含量较少。随着发酵时间的延长,菊芋泡菜中的草酸、酒石酸、丁二酸含量呈下降的趋势,丁二酸在自制泡菜菌发酵方式中未检测出;3 种发酵方式的乳酸含量均呈逐渐增加的趋势;苹果酸、柠檬酸在 3 种发酵方式的发酵过程中均呈先下降后上升再下降的趋势;3 种发酵方式的乙酸含量随发酵的进行呈先上升后下降再上升的趋势;随着发酵的进行,3 种发酵方式的泡菜中 7 种有机酸总量基本上呈下降的变化趋势。

第 5 节　3 种不同发酵方式下莲藕泡菜的有机酸变化分析

1 材料和方法

1.1 材料与试剂

1.1.1 材料

莲藕、泡菜专用盐、白砂糖、干辣椒、生姜、八角、花椒、大蒜等,购自运城市盐湖区感恩广场冬冬配菜店;乳酸菌制剂发酵粉,购自河北石家庄倍乐微康旗舰店;老泡菜水,四川青神县宏昌泡菜厂。

1.1.2 试剂

同本章第 3 节"1.2 试剂"。

1.2 仪器与设备

同本章第 1 节"1.1.3 仪器与设备"。

1.3 方法

1.3.1 菊芋泡菜的制备

1.3.1.1 基本配方

莲藕片 500 g,水 1000 mL,干辣椒 15 g,大蒜 20 g,花椒粒 25 g,生姜 50 g,八

角 10 g,泡菜盐 60 g,白砂糖 50 g。

1.3.1.2　自然发酵方式

选取新鲜完好的莲藕,用清水洗净并刮掉莲藕皮,切成薄厚均匀的莲藕片,自然晾干莲藕片表面的水分,将莲藕片加入泡菜坛中,再加入各种调味料,加入配制好并晾凉的糖盐水于泡菜坛中,密封后常温发酵。

1.3.1.3　乳酸菌制剂发酵方式

装坛时加入莲藕质量 3%的乳酸菌制剂发酵剂,其他步骤同自然发酵。

1.3.1.4　老泡菜水发酵方式

将自然发酵 1000 mL 的盐水其中的 100 mL 替换为等量的老泡菜水,其他制作过程同自然发酵。

1.3.2　有机酸的测定

1.3.2.1　色谱条件

色谱柱:AgilentC18 柱,流动相:0.01 mol/L 磷酸二氢钾:甲醇(97:3,磷酸二氢钾调节 pH 为 2.80),紫外检测波长:210 nm,柱温:室温,进样量为 10 μL,流速:1 mL/min。

1.3.2.2　标准曲线的绘制

准确称取 18 mg 草酸、300 mg 柠檬酸、75 mg 酒石酸、300 mg 苹果酸、700 mg 琥珀酸和量取 0.36 mL 乳酸(36%)、0.84 mL 乙酸,用流动相溶解并定容至 50 mL 容量瓶,得到 0.36 mg/mL 的草酸,6 mg/mL 的柠檬酸、苹果酸、乳酸、乙酸,1.5 mg/mL 酒石酸,14 mg/mL 琥珀酸的混合有机酸标准溶液。将其用流动相稀释为 0、5、10、15、20、30 倍,得到不同浓度梯度的有机酸标准溶液,经 0.22 μm 滤膜过滤后进样分析,绘制峰面积—质量浓度标准曲线,求回归方程和相关系数。

1.3.2.3　精密度的测定

准确量取稀释 10 倍的有机酸标准混合液 10 μL,连续进样测定 6 次,分别计算 7 种有机酸的精密度。

1.3.2.4　重复性测定

精密称取老泡菜水发酵第 8 d 的菊芋泡菜样品 6 份,按上述方法制备样品溶液,按照上述色谱条件进样 10 μL,重复进样 6 次,并计算各有机酸的相对标准偏差。

1.3.2.5　加标回收率测定

准确称取乳酸菌制剂发酵第 10 d 莲藕泡菜 100.0 g,按照按上述方法制备样品提取液,准备同一样品提取液 10 份,其中 1 份作为本底,按测试样品有机酸总量的低、中、高值(即 80%、100%、120%)向另外 9 份中加入有机酸混合标样,低、中、高值平行测定 3 次,根据加入的标准品质量浓度与检出的质量浓度计算回收率。加标回收率计算公式如下:

$$P = (C_1 - C_2)/C_3 \times 100\%$$

式中:P 为加标回收率;C_1 为加标试样浓度,即加标试样测定值;C_2 为试样浓度,即试样测定值;C_3 为加标量。

1.3.3 样品预处理

准确称取泡菜汁液和莲藕片各 85 g,用组织捣碎匀浆机打成匀浆后,在转速为 4000 r/min 的离心机中离心 20 min,取上清液 30 mL 加入 20 mL 超纯水,再以转速为 11500 r/min 的离心机离心 15 min 后,取上清液用 0.22 μm 的微孔滤膜过滤后进样分析。自发酵第 0 d 开始,每隔 48 h 取一次样,共取样 6 次。每个样品平行取样和测定三次,求平均值。

1.3.4 数据处理

实验数据采用 SPSS19.0 和 Excel 软件进行数据处理与作图分析,结果以平均值±标准差(Mean±SD)表示。

2 结果与分析

2.1 有机酸标准溶液的测定结果

2.1.1 有机酸标准混合液的 HPLC 图谱分析(图 6.5.1)

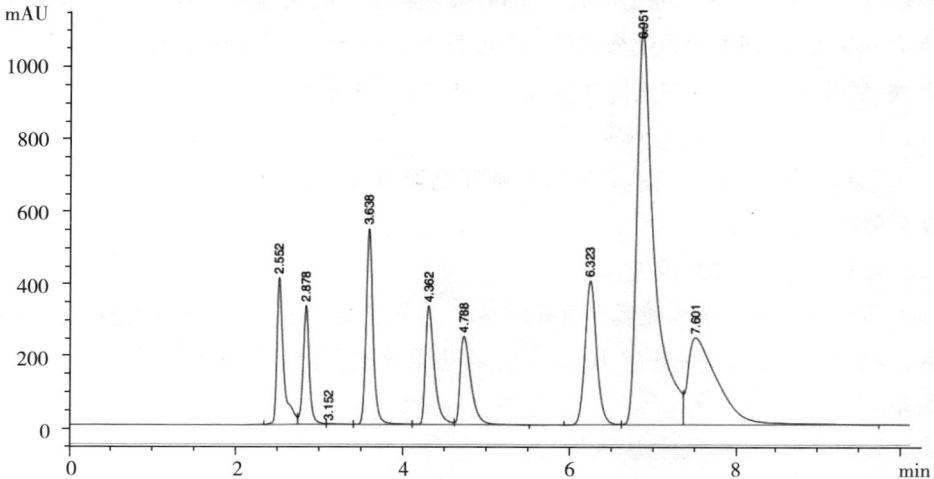

图 6.5.1 7 种有机酸标准品的液相色谱图

由图6.5.1可知,7种有机酸的出峰时间分别为:草酸(2.552 min)、酒石酸(2.878 min)、苹果酸(3.638 min)、乳酸(4.362 min)、乙酸(4.788 min)、柠檬酸(6.323 min)、苹果酸(6.951 min)、琥珀酸(7.601 min),7种有机酸标准品达到基线分离。注:苹果酸有DL两个结构,故出现两个峰。

2.1.2　有机酸标准品的线性方程和相关系数(表6.5.1)

表6.5.1　7种标准酸的标准曲线及线性参数

有机酸	线性方程	相关系数(R^2)	线性范围(mg/mL)
草酸	$y=32.35x+1.79$	0.9928	0.012~0.36
酒石酸	$y=10.92x+7.39$	0.9999	0.05~1.50
苹果酸	$y=19.57x+3.84$	0.9995	0.20~6.00
乳酸	$y=26.42x+7.12$	0.9999	0.20~6.00
乙酸	$y=12.50x+4.91$	0.9996	0.20~6.00
柠檬酸	$y=6.08x+9.57$	0.9999	0.20~6.00
琥珀酸	$y=4.10x+7.97$	0.9980	0.58~14.00

由表6.5.1可知,7种有机酸在0.012~14.00 mg/mL,相关系数为0.9928~0.9999,结果表明:该方法线性关系较好,适用于对7种有机酸的分离。

2.1.3　精密度检测结果(表6.5.2)

表6.5.2　7种标准酸的精密度测定结果($n=6$)

有机酸名称	峰面积						RSD(%)
	1	2	3	4	5	6	
草酸	627.45	626.09	628.54	630.123	625.21	624.55	0.34
酒石酸	184.47	186.38	185.19	179.93	188.04	193.83	2.46
D-L苹果酸	563.28	569.01	566.77	564.04	569.66	565.97	0.45
乳酸	283.43	287.37	289.15	280.17	283.48	287.39	1.18
乙酸	864.69	867.88	869.88	865.6	869.13	877.85	0.54
柠檬酸	182.78	188.38	178.34	182.58	185.86	192.64	2.71
丁二酸	120.79	128.06	130.28	118.94	123.25	127.27	3.57

由表6.5.2可知,7种有机酸精密度在0.34%~3.57%,表明该方法的精密度达到分析要求。

2.1.4 重复性测定结果(表6.5.3)

表6.5.3 测定方法的重复性(mg/mL)(*n*=6)

次数	草酸	酒石酸	乳酸	乙酸	苹果酸	柠檬酸	琥珀酸
1	0.451	1.519	5.094	2.201	0.785	1.351	1.768
2	0.465	1.547	4.818	2.219	0.813	1.374	1.759
3	0.443	1.528	4.719	2.087	0.819	1.348	1.762
4	0.474	1.556	4.906	2.330	0.820	1.353	1.764
5	0.481	1.518	4.829	2.025	0.788	1.369	1.763
6	0.445	1.561	5.102	2.359	0.901	1.375	1.759
RSD%	1.94	1.10	2.80	5.49	2.11	0.79	0.94

由表6.5.3可知,7种有机酸的 *RSD* 在0.79%～5.49%,结果说明,该检测方法重现性良好。

2.1.5 加标回收率结果(表6.5.4)

表6.5.4 有机酸加标回收率

有机酸	本底值(mg/mL)	加标量(mg/mL)	测定值(mg/mL)	回收率(%)
草酸	1.245	1.494	2.940	107.3
		1.245	2.525	101.4
		0.996	2.115	94.4
酒石酸	2.578	3.094	5.598	98.7
		2.578	5.156	100.0
		2.062	4.595	99.0
苹果酸	5.485	6.582	12.12	100.4
		5.485	10.973	100.1
		4.388	9.819	99.4
乳酸	39.946	47.935	87.641	99.7
		39.946	80.116	100.3
		31.957	72.099	100.3
乙酸	7.636	9.163	16.761	99.8
		7.636	15.297	100.2
		6.109	13.516	98.3
柠檬酸	2.605	3.126	5.714	99.7
		2.605	5.233	100.4
		2.084	4.709	100.4

续表

有机酸	本底值(mg/mL)	加标量(mg/mL)	测定值(mg/mL)	回收率(%)
		11. 658	20. 110	94. 1
琥珀酸	9. 715	9. 715	19. 601	100. 9
		7. 772	17. 592	100. 6

由表 6.5.4 可知,7 种有机酸的加标回收率在 94.1% ~ 107.3%,表明此方法在测定过程中的回收率良好,精确度较高。

2.2　莲藕泡菜中有机酸的测定结果

2.2.1　莲藕泡菜中有机酸的 HPLC 图谱分析

自然发酵、乳酸菌制剂发酵、老泡菜水发酵 3 种发酵方式第 6 d 的莲藕泡菜的高效液相色谱图见图 6.5.2 ~ 图 6.5.4。

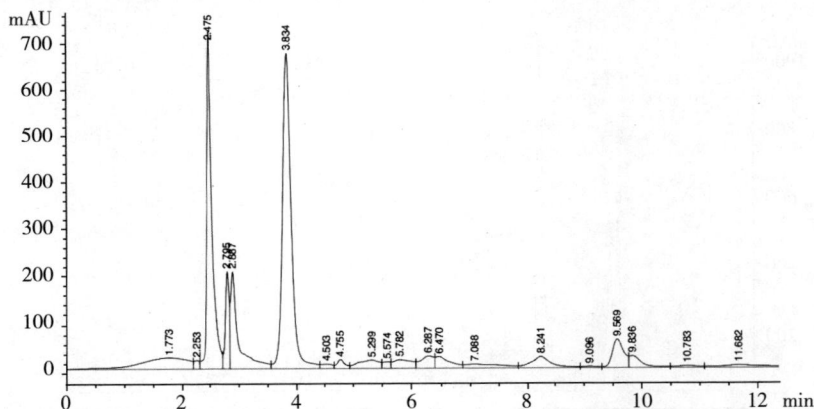

图 6.5.2　莲藕泡菜自然发酵第 6 d 液相色谱图

由图 6.5.2 可知,莲藕泡菜自然发酵第 6 d 样品中有机酸的出峰时间依次为:草酸(2.475 min)、酒石酸(2.887 min)、苹果酸(3.834 min、7.088 min)、乳酸(4.503min)、乙酸(4.755 min)、柠檬酸(6.47 min)和琥珀酸(8.241 min),且 7 种有机酸分离度较好。

由图 6.5.3 可知,莲藕泡菜乳酸菌制剂发酵第 6 d 样品中有机酸的出峰时间依次为:草酸(2.477 min)、酒石酸(2.888 min)、苹果酸(3.454 min、7.039 min)、乳酸(4.497min)、乙酸(5.057 min)、柠檬酸(6.518 min)和琥珀酸(8.122 min),且 7 种有机酸分离度较好。

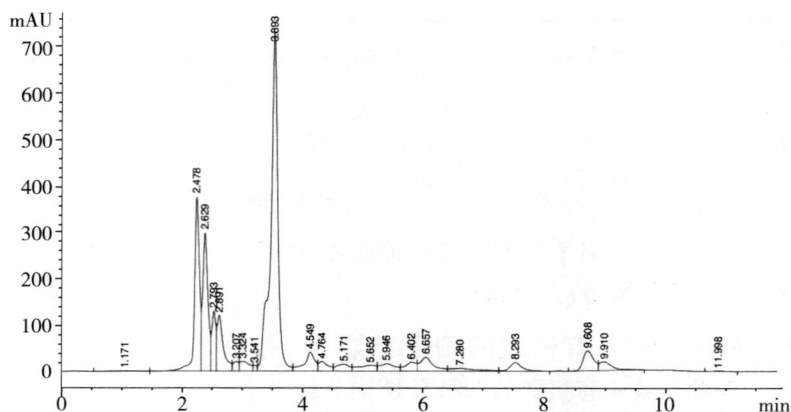

图 6.5.3　莲藕泡菜乳酸菌制剂发酵第 6 d 的液相色谱图

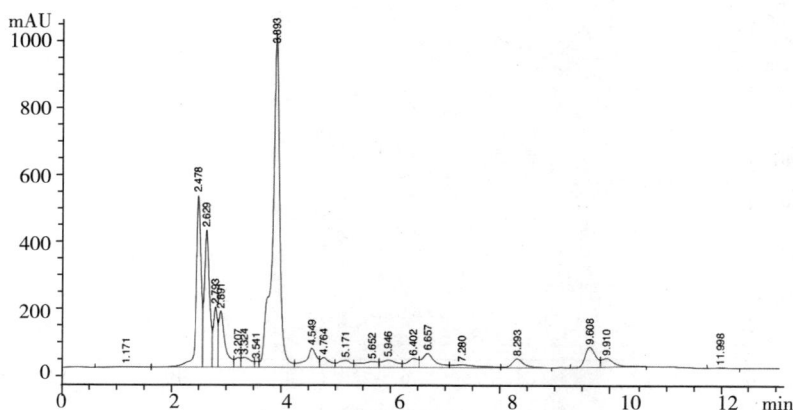

图 6.5.4　莲藕泡菜老泡菜水发酵第 6 d 的液相色谱图

由图 6.5.4 可知,莲藕泡菜老泡菜水发酵第 6 d 样品中有机酸的出峰时间依次为:草酸(2.478 min)、酒石酸(2.891 min)、苹果酸(3.541 min、7.28 min)、乳酸(4.549 min)、乙酸(4.764 min)、柠檬酸(6.4702 min)和琥珀酸(8.293 min),且 7 种有机酸分离度较好。

2.2.2　3 种发酵方式下莲藕泡菜样品中有机酸测定结果

自然发酵、乳酸菌制剂发酵、老泡菜水发酵 3 种发酵方式下莲藕泡菜第 0、2、4、6、8、10 d 的 7 种有机酸的种类和数量见表 6.5.5。

表 6.5.5　3 种发酵方式的莲藕泡菜中有机酸种类和数量（mg/mL）

天数(d)	草酸			酒石酸			乳酸			乙酸		
	自然发酵	乳酸菌制剂发酵	老泡菜水发酵	自然发酵	乳酸菌制剂发酵	老泡菜水发酵	自然发酵	乳酸菌制剂发酵	老泡菜水发酵	自然发酵	乳酸菌制剂发酵	老泡菜水发酵
0	2.442± 0.021^{dC}	0.754± 0.029^{dA}	1.668± 0.111^{dB}	2.638± 0.063^{dC}	1.297± 0.021^{bA}	1.555± 0.073^{aB}	1.143± 0.118^{aB}	0.941± 0.007^{aA}	2.662± 0.071^{aC}	0.994± 0.45^{aA}	2.453± 0.146^{aB}	2.040± 0.119^{bB}
2	1.980± 0.058^{eB}	0.437± 0.005^{cA}	0.576± 0.036^{cA}	2.132± 0.085^{bcB}	1.520± 0.022^{dA}	1.564± 0.119^{aA}	1.640± 0.168^{bA}	3.717± 0.375^{bB}	3.602± 0.270^{bB}	1.821± 0.095^{bA}	2.988± 0.578^{bB}	1.803± 0.123^{aA}
4	2.097± 0.050^{cC}	0.370± 0.016^{bA}	0.531± 0.035^{bcB}	1.752± 0.046^{aC}	1.502± 0.032^{dA}	1.593± 0.026^{aB}	1.990± 0.758^{cA}	10.775± 0.780^{cC}	4.078± 0.600^{cB}	2.339± 0.082^{cA}	2.995± 0.358^{bB}	2.523± 0.429^{dA}
6	1.585± 0.094^{bC}	0.308± 0.004^{bA}	0.523± 0.090^{bB}	2.262± 0.178^{cC}	1.402± 0.030^{cA}	1.890± 0.074^{bB}	1.943± 0.430^{cA}	15.388± 1.218^{dC}	4.977± 0.340^{dB}	1.985± 0.409^{bA}	3.306± 0.323^{cC}	2.315± 0.266^{cB}
8	1.523± 0.011^{bC}	0.215± 0.014^{aA}	0.462± 0.003^{aB}	1.933± 0.115^{bC}	1.286± 0.009^{aA}	1.533± 0.014^{aB}	2.336± 0.183^{dA}	16.581± 1.447^{deC}	4.910± 0.115^{dB}	2.310± 0.159^{cA}	3.307± 0.300^{cB}	2.226± 0.169^{cA}
10	1.176± 0.015^{aC}	0.210± 0.011^{aA}	0.413± 0.032^{aB}	1.798± 0.029^{aC}	1.300± 0.030^{bA}	1.585± 0.030^{aB}	5.587± 0.379^{eA}	17.285± 0.208^{eB}	5.219± 0.190^{eA}	4.044± 0.481^{dB}	4.772± 1.038^{dC}	3.657± 0.183^{eA}

续表

天数(d)	DL-苹果酸			柠檬酸			琥珀酸		
	自然发酵	乳酸菌制剂发酵	老泡菜水发酵	自然发酵	乳酸菌制剂发酵	老泡菜水发酵	自然发酵	乳酸菌制剂发酵	老泡菜水发酵
0	0.565± 0.082^{dC}	0.007± 0.038^{aA}	0.127± 0.032^{aB}	1.228± 0.144^{cC}	1.698± 0.237^{dB}	1.722± 0.227^{eB}	2.368± 0.014^{bA}	2.368± 0.030^{cA}	2.390± 0.038^{cB}
2	4.190± 0.083^{bC}	0.011± 0.023^{aA}	0.200± 0.018^{bB}	1.227± 0.055^{cA}	1.463± 0.084^{cB}	1.680± 0.083^{dC}	2.580± 0.045^{cB}	2.567± 0.122^{dB}	2.506± 0.057^{dA}
4	5.061± 0.117^{cC}	0.911± 0.012^{cB}	0.217± 0.011^{bA}	1.562± 0.090^{dC}	1.153± 0.049^{aB}	0.789± 0.159^{aA}	2.809± 0.268^{dB}	2.650± 0.109^{eA}	2.676± 0.113^{eA}
6	5.926± 0.126^{dC}	1.382± 0.058^{dB}	0.271± 0.014^{cA}	1.094± 0.184^{bA}	1.266± 0.050^{bB}	1.030± 0.026^{bA}	2.912± 0.167^{eB}	2.052± 0.229^{bA}	2.034± 0.062^{bA}
8	6.099± 0.037^{eB}	0.956± 0.037^{cA}	0.807± 0.034^{dA}	0.978± 0.011^{bA}	1.231± 0.054^{bB}	1.360± 0.154^{cC}	2.594± 0.067^{cB}	1.916± 0.111^{aA}	1.766± 0.010^{aA}
10	5.041± 0.055^{cC}	0.743± 0.047^{bA}	1.272± 0.007^{eB}	0.703± 0.035^{aA}	1.647± 0.039^{dC}	1.032± 0.181^{bB}	1.993± 0.416^{aB}	1.990± 0.087^{bB}	1.750± 0.043^{aA}

注 平均值±标准差，$n=3$，每列不同小写字母表示每种有机酸在同一种发酵方式下不同发酵天数之间差异显著（$p<0.05$），每行不同大写字母表示每种有机酸在同一天内的不同发酵方式之间差异显著（$p<0.05$），"—"表示未检测出。

　　由表 6.5.5 可知,3 种方式的莲藕泡菜在发酵过程中均含有 7 种有机酸,其中含量较多有机酸为:乳酸、乙酸,它们是莲藕泡菜发酵过程中主要的有机酸产物,也是主要的发酵产物,对莲藕泡菜的风味和口感都有重要影响。

　　随着发酵时间的延长,3 种发酵方式的草酸含量均呈下降的变化趋势,这是由于莲藕原料中本身含有一定量的草酸,随着发酵的进行草酸会发生降解,在整个发酵过程中,自然发酵的草酸含量始终高于其他 2 种发酵,发酵至第 10 d 时,自然发酵方式的草酸含量为(1.176±0.015) mg/mL,显著高于其他 2 种发酵的含量(0.210±0.011) mg/mL、(0.413±0.032) mg/mL($p<0.05$);自然发酵、老泡菜水发酵的酒石酸含量在发酵过程中,呈先降后升再降的变化趋势,而乳酸菌制剂发酵呈先上升后下降的变化趋势,发酵至第 10 d 时,3 种发酵方式的酒石酸含量差异性显著($p<0.05$),含量分别为(1.798±0.029) mg/mL、(1.300±0.030) mg/mL、(1.585±0.030) mg/mL。

　　乳酸、乙酸在 3 种发酵方式的发酵过程中均呈整体上升趋势,它们是莲藕泡菜发酵过程中的主要有机酸;在泡菜发酵过程中,乳酸菌能利用糖类等底物,迅速产生乳酸,其酸味柔和,有后酸味,可提供给莲藕泡菜柔和的风味,在发酵过程中,乳酸菌制剂发酵的乳酸含量增长迅速,发酵至第 10 d 时,其乳酸含量上升至最大值(17.285±0.208) mg/mL,显著高于自然发酵(5.587±0.379)和老泡菜水发酵(5.219±0.190)($p<0.05$);乙酸主要是由发酵初期的醋酸菌和异型乳酸菌代谢产生,有较强的刺激味,发酵至第 10 d 时,3 种发酵方式的乙酸含量差异性显著($p<0.05$),含量分别为(4.044±0.481) mg/mL、(4.772±1.038) mg/mL、(3.657±0.183) mg/mL。

　　在 3 种发酵方式的发酵过程中,苹果酸含量呈先上升后下降的变化趋势,在整个发酵过程中,自然发酵方式的苹果酸含量始终高于其他 2 种发酵方式,发酵至第 10 d 时,其苹果酸含量为(5.041±0.055) mg/mL,显著高于其他 2 种发酵(0.743±0.047) mg/mL、(1.272±0.007) mg/mL($p<0.05$);柠檬酸在 3 种发酵方式的发酵过程中均呈先降后升再降的趋势,整体上处于下降的变化趋势,这可能是由于柠檬酸盐和葡萄糖果糖、乳糖或木糖在多种乳酸菌的作用下通过醋酸盐激酶途径代谢,导致柠檬酸含量呈下降的缘故,3 种发酵方式的柠檬酸含量分别由最初的(1.228±0.144) mg/mL、(1.698±0.237) mg/mL、(1.722±0.227) mg/mL降至最终的(0.703±0.035) mg/mL、(1.647±0.039) mg/mL、(1.032±0.181) mg/mL;琥珀酸在 3 种发酵方式的发酵过程中呈先上升后下降的变化趋势,在发酵后期含量下降可能是由于琥珀酸作为三羧酸循环的中间产物,参与微生物的代谢过

程,发酵至第 10 d 时,3 种发酵方式的琥珀酸含量差异性显著($p<0.05$),分别为
（1.993±0.416）mg/mL、（1.990±0.087）mg/mL、（1.750±0.043）mg/mL。

2.2.3　3 种发酵方式下莲藕泡菜 7 种有机酸总量的变化

由图 6.5.5 可知,随着发酵过程的进行,3 种发酵方式的莲藕泡菜中 7 种有
机酸总量基本呈上升的变化趋势,在发酵前期,乳酸菌制剂发酵方式的有机酸总
量略低于自然发酵、老泡菜水发酵,第 4 d 后其有机酸总量增长速度高于其他 2
种发酵发酵,发酵至第 10 d 时,乳酸菌制剂发酵的有机酸总量为 27.95 mg/mL,
显著高于其他 2 种发酵方式的有机酸总量(20.34 mg/mL、14.93 mg/mL)。

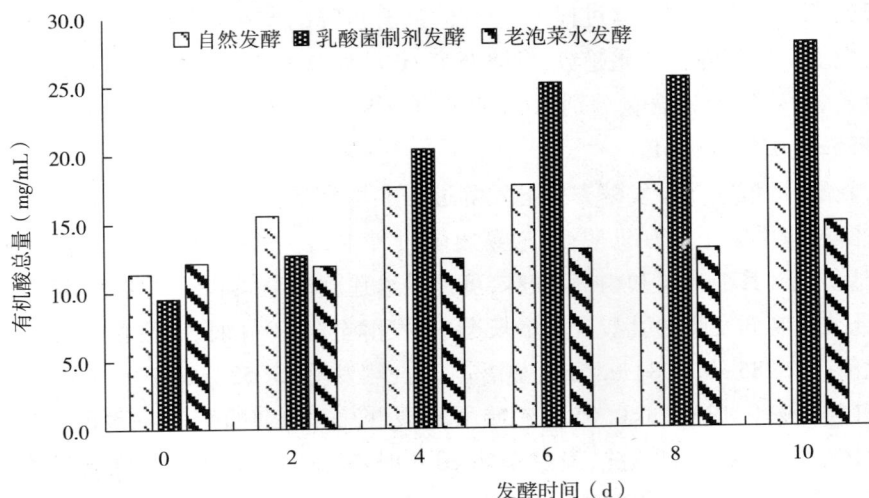

图 6.5.5　3 种发酵方式下莲藕泡菜 7 种有机酸总量变化

3　结论

以自然发酵、乳酸菌制剂发酵、老泡菜水发酵 3 种发酵方式制作莲藕泡菜,
对泡菜中 7 种有机酸进行测定,检测条件为:色谱柱为 AgilentC$_{18}$,流动相为
0.01 mol/L 磷酸二氢钾与甲醇混合液(97:3,磷酸调节 pH 为 2.80),紫外检测波
长为 210 nm,柱温为室温,进样量为 10 μL,流速为 1 mL/min。

随着发酵时间的延长,3 种发酵方式的草酸含量均呈下降的变化趋势,在整
个发酵过程中,自然发酵的草酸含量始终高于其他 2 种发酵;自然发酵、老泡菜
水发酵的酒石酸含量在发酵过程中,呈先降后升再降的变化趋势,而乳酸菌制剂
发酵呈先上升后下降的变化趋势,发酵至第 10 d 时,3 种发酵方式的酒石酸含量
差异性显著($p<0.05$);乳酸、乙酸在 3 种发酵方式的发酵过程中均呈整体上升趋

势,在发酵过程中,乳酸菌制剂发酵的乳酸含量增长迅速,发酵至第 10 d 时,其乳酸含量显著高于自然发酵和老泡菜水发酵;苹果酸含量呈先上升后下降的变化趋势,在整个发酵过程中,自然发酵方式的苹果酸含量始终高于其他 2 种发酵方式;柠檬酸在 3 种发酵方式的发酵过程中均呈先降后升再降的趋势,整体上处于下降的变化趋势;琥珀酸在 3 种发酵方式的发酵过程中呈先上升后下降的变化趋势,发酵至第 10 d 时,3 种发酵方式的琥珀酸含量差异性显著($p<0.05$);3 种发酵方式的 7 种有机酸总量随发酵的进行基本呈上升的变化趋势。

参考文献

[1]苏扬,陈云川. 泡菜的风味化学及呈味机理的探讨[J]. 中国调味品,2001(4):28-31.

[2]周相玲. 自然发酵泡卷心菜风味物质的研究[J]. 河南工业大学学报(自然科学版),2005,26(2):72-74.

[3]刘冬梅. 高效液相色谱法对泡菜中 L-乳酸和 D-乳酸的手性分离和测定[J]. 现代食品科技,2007,23(8):74-76.

[4]王冉,李小林,李敏,等. 反相高效液相色谱法测定泡萝卜中的有机酸[J]. 食品工业科技,2014,35(13):283-287.

[5]叶秀娟,郑炯,索化夷,等. 高效液相色谱法测定永川豆豉中的 6 种有机酸[J]. 食品科学,2014,35(20):114-118.

[6]黄业传,曾凡坤. 自然发酵与人工发酵泡菜的品质对比[J]. 食品工业,2005(3):41-43.

[7]周相玲,胡安胜,王彬,等. 人工接种泡菜与自然发酵泡菜风味物质的对比分析[J]. 中国酿造,2011(1):59-160.

[8]何玲,杨公明. 浆水芹菜自然与接种发酵过程中有机酸的变化[J]. 北方园艺,2011(4):179-181.

[9]王芮东,李楠,卫博慧,等. 高效液相色谱法测定甘蓝泡菜发酵过程中的有机酸[J]. 食品工业科技,2018,39(6):236-240.

[10]黄晓钰,刘邻渭,等. 食品化学与分析综合实验[M]. 北京:中国农业大学出版,2009:153-154.

[11]王永华,王启军,郭新东,等. 食品分析[M]. 北京:中国轻工业出版社,2011:209-211.

［12］王冉，李小林，李敏，等．反相高效液相色谱法测定泡萝卜中的有机酸
　　　［J］．食品工业科技，2014，35（13）：283-287．

［13］王芮东，卫博慧，李楠，等．不同发酵方式下甘蓝泡菜中有机酸的 HPLC 分
　　　析［J］．中国酿造，2018，37（9）：175-180．

［14］胡继贵，程金权，王玲，等．HPLC 法测定泡菜中有机酸的方法探究［J］．食
　　　品与发酵科技，2017，53（3）：78-84．

［15］张坤，王寅，郑炯．高效液相色谱法同时测定泡椒中的有机酸［J］．食品安
　　　全导刊，2015（21）：156-158．

［16］杨君，贺云川，何家林，等．榨菜腌制过程中有机酸变化［J］．食品科学，
　　　2012，33（19）：182-187．

［17］周晓嫒，夏延斌．蔬菜腌制品的风味研究进展［J］．食品与发酵工业，2004
　　　（4）：104-108．

［18］徐娟娣，周相玲，张慧，等．人工接种泡菜风味的研究［J］．食品工业科技，
　　　2007，28（11）：108-110．

［19］李志华．泡菜中五种有机酸的高效液相色谱分离分析［D］．长沙：湖南师
　　　范大学，2011．

［20］王冉．发酵方式对萝卜泡菜发酵过程中品质的影响［D］．成都：四川农业
　　　大学，2014．

［21］郝明玉．直投式发酵泡菜与自然发酵泡菜的比较研究［D］．南昌：南昌大
　　　学，2013．

［22］牛凯莉．四川泡萝卜的主要理化指标与感官品质的关系研究及模型建立
　　　［D］．成都：四川农业大学，2015．

［23］朱文娴，周相玲，张慧，等．人工接种泡菜风味的研究［J］．食品工业科技，
　　　2007，28（11）：108-110．

［24］王益，谢晓晓，程钢，等．人工接种发酵制备平菇泡菜及其品质研究［J］．
　　　食品科学，2012，33（9）：158-162．

［25］徐娟娣，刘东红．腌制蔬菜风味物质组成及其形成机理研究进展［J］．食品
　　　工业科技，2012（11）：414-417．

［26］王艳萍，郗宏波，姚四平，等．乳酸菌制剂发酵芹菜泡菜的工艺研究［J］．
　　　中国酿造，2012，31（12）：136-140．

［27］侯方丽，黄志毅，徐金瑞，等．甘蓝泡菜制作工艺与营养成分变化研究
　　　［J］．中国调味品，2013，38（4）：43-50．

[28]刘崇万，董英，肖香，等. *Lactobacillus plantarum*（*L. p*）直投发酵剂低温发酵菊芋泡菜[J]. 食品与发酵工业，2013，39(4)：106-112.

[29]柳建华，鲍长俊，常惟丹，等. 不同发酵方式下泡凉薯的营养成分分析及其风味物质的主成分分析[J]. 食品与发酵工业，2016，42(11)：212-218.

[30]杨晓晖，籍保平，李博，等. 泡菜中优良乳酸菌的分离鉴定及其发酵性能的研究[J]. 食品科学，2005，26(5)：130-134.

[31]甘弈，李洪军，付杨，等. 韩国泡菜制作过程中理化特性及微生物的变化[J]. 食品科学，2014，35(15)：166-171.

[32]马艳弘，魏建明，侯红萍，等. 发酵方式对山药泡菜理化特性及微生物变化的影响[J]. 食品科学，2016，37(17)：179-184.

[33]黄存辉，朴泓洁，金清，等. 肠膜明串珠菌发酵对四川泡菜中有机酸生成的影响[J]. 食品科技，2018，43(6)：23-28.

[34]张梦梅，李小艳，胡露，等. 低温乳酸菌制剂发酵泡白菜有机酸和游离氨基酸含量分析[J]. 食品与发酵工业，2015，41(11)：1373-142.

[35]关尚玮，陈恺，万红艳，等. 高效液相色谱法测定哈密大枣干制过程中6种有机酸的含量变化[J]. 食品工业科技，2021，41(13)：253-263.

[36]马倩倩，吴翠云，蒲小秋，等. 高效液相色谱法同时测定枣果实中的有机酸和VC含量[J]. 食品科学，2016，37(14)：149-153.

[37]黄玉香，吴雅清，许瑞安. 有机酸提取技术研究进展[J]. 食品工业科技，2012，33(14)：426-428.

[38]郭燕，梁俊，李敏敏. 高效液相色谱法测定苹果果实中的有机酸[J]. 食品科学，2012，33(2)：227-230.

[39]黄玉香，吴雅清，许瑞安. 有机酸提取技术研究进展[J]. 食品工业科技，2012，33(14)：426-428.

[40]伍婵翠，刘杰，张学洪. 高效液相色谱法测定铬超富集植物李氏禾根系分泌物中的有机酸[J]. 色谱，2018，36(2)：167-172.

[41]马永强，邓倩，范洪臣，等. 高效液相色谱法测定发酵液中有机酸的优化研究[J]. 中国调味品，2019，44(10)：18-25.

[42]杨成聪，沈馨，马雪伟，等. 高效液相色谱法测定米酒中有机酸的含量[J]. 食品研究与开发，2018，39(10)：116-123.

[43]熊贤平，高红波，罗培余，等. 双柱串联反相高效液相色谱测定苹果醋中的有机酸[J]. 食品工业科技，2016，37(21)：299-303.

第7章 不同发酵方式下4种泡菜的香气成分分析

第1节 不同发酵方式下甘蓝泡菜的香气成分分析

1 材料与方法

1.1 实验材料

甘蓝、大蒜、花椒、辣椒、八角、茴香、生姜,购自运城市感恩广场蔬菜批发部;泡菜盐,四川南充顺城盐化责任有限公司;泡菜酸菜乳酸菌制剂发酵粉,北京川秀国际贸易有限公司;高粱酒,购自运城市佳缘超市。

1.2 实验试剂

二氯甲烷(分析纯),天津市大茂化学试剂;无水硫酸钠(分析纯),天津市瑞金特化学品有限公司。

1.3 仪器与设备

TDL5M 台式低速冷冻离心机,湖南湘立科学仪器有限公司;RE-2000A 型有机相旋转蒸发器,上海亚荣生化仪器厂;7890-5975C 型气质联用仪(GC-MS),Agilent Technologies;FA1604 型电子分析天平,上海奥豪斯仪器有限公司;JJ-2 型组织捣碎匀浆机,江苏省金坛市菜华仪器制造有限公司。

1.4 方法

1.4.1 甘蓝泡菜的制作

1.4.1.1 基本配方

水 1000 mL、甘蓝 500 g、食盐 65 g、花椒 6 g、八角 8 g、大蒜 20 g、生姜 10 g、辣椒 10 g。

1.4.1.2 甘蓝泡菜制作工艺流程

辣椒、八角、花椒等调味料及盐水

↓

甘蓝→挑选→清洗→沥干→切分→装坛→水封→发酵

1.4.1.3　操作要点

（1）挑选新鲜、外观良好、成熟的甘蓝,然后用自来水对甘蓝进行清洗。

（2）把甘蓝切分成大小均匀的片状后,自然晾干。

（3）按照配方把盐放入纯净水中加热溶解,晾凉后备用。

（4）按照配方称量一定量的甘蓝叶片装入用开水消毒过的泡菜坛内,然后加入辣椒、八角、花椒等调味料和晾凉的盐水,使甘蓝叶片浸没。

（5）在泡菜坛的水槽内加水,用盖封口,在室温下进行发酵。

1.4.1.4　自然发酵方式

按照上述配方和工艺流程进行制作甘蓝泡菜。

1.4.1.5　乳酸菌制剂发酵方式

在甘蓝泡菜制作工艺流程中,在加入调味料和盐水的同时,加入甘蓝质量 1.5% 的泡菜乳酸菌制剂发酵粉,其他步骤同自然发酵方式。

1.4.1.6　自制泡菜菌发酵方式

（1）自制泡菜菌发酵液制作。

取大约 10 g 的花椒,60 g 的盐放入 1200 mL 冷水中,进行煮沸,冷却至室温后,装入用开水消毒好的泡菜坛内,加入 50 g 的高粱酒和 60 g 的青椒,将瓶口密封发酵,发酵至 5~6 d 青椒变黄后,再发酵 2~3 d,自制泡菜菌发酵液制成。

（2）在甘蓝泡菜制作工艺流程中,用泡菜总质量的 10% 自制泡菜菌发酵液代替相同质量的盐水溶液,其他步骤同自然发酵方式。

1.4.2　甘蓝泡菜的香气成分的提取

分别取发酵第 0、2、4、6、8、10 d 的甘蓝泡菜 100 g 与泡菜水 100 mL,用组织捣碎机打成浆状,然后以转速为 3800~4000 r/min 的离心机离心 15~20 min,取 100 mL 的上清液与 50 mL 二氯甲烷一起加入分液漏斗中进行萃取,分层后收集下端有机相,余下的上层水相与 30 mL 的二氯甲烷再次混匀进行第二次、第三次萃取,合并 3 次有机相加入无水硫酸钠脱水干燥,然后用旋转蒸发仪(温度为 32℃,速度为 32 r/min)进行浓缩 4 min 左右,浓缩至 1~2 mL,最后采用 GC-MS 联用仪测定其香味成分。

1.4.3　GC-MS 的参数测定条件

1.4.3.1　色谱条件

初温 35℃,保持 5 min,5℃/min 上升到 100℃,保持 5 min,5℃/min 上升到 240℃,保持 5 min,运行时间 45 min,分流比 5:1;溶剂延迟 4 min,加热器温度为 250℃;载气为 He,流速 1 mL/min,进样量 1 μL,进样口 250℃,传输线 250℃;所采用的色谱柱是 DB-FFAP(30 m×250 μm×0.25 μm)。

1.4.3.2 质谱条件

电离方式 EI,电离电压为 70 eV;离子源温度为 230℃;MS 四极杆温度为 150℃;质量扫描范围为 50~550 AMU。

1.4.3.3 定性、定量方法

定性:将要进行检测的未知化合物与 NIST2008 相匹配,可以将匹配度大于 70% 的认定为被测组分,然后通过在 CAS 官网的爱化学对化合物进行定性分析。

定量:通过峰面积归一化法定量计算各种成分的相对含量,所得的就是甘蓝泡菜中香味成分的相对含量。

2 结果分析

2.1 甘蓝泡菜发酵过程中香味成分分析

在自然发酵、乳酸菌制剂发酵、自制泡菜菌发酵 3 种发酵方式下,甘蓝泡菜发酵过程第 6 d 香味成分的总离子流图分别见图 7.1.1~图 7.1.3,甘蓝泡菜发酵过程第 0~10 d 香味成分组分及相对含量见表 7.1.1。

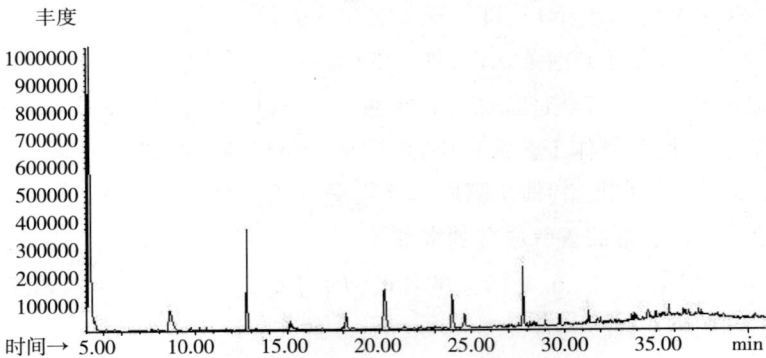

图 7.1.1 甘蓝泡菜自然发酵第 6 d 总离子流图

由表 7.1.1 可以看出,在甘蓝泡菜的 3 种发酵过程中总产生 59 种香气成分,有 16 种醇类,8 种酯类,7 种酸类,8 种酮类,9 种烃类,5 种醚类,6 种其他类(包括 1 种醛类,2 种胺类,3 种苯类)。其中自然发酵、乳酸菌制剂发酵、自制泡菜菌发酵过程中分别产生了 33 种、34 种、19 种香气成分。自然发酵、乳酸菌制剂发酵和自制泡菜菌发酵过程中分别有 10、10、4 种醇类物质,自然发酵和乳酸菌制剂发酵过程中产生醇类物质最多,自制泡菜菌产生最少,松油醇、苯乙醇、桉叶油醇、(-)4-萜品醇在 3 种发酵方式中都存在,松油醇、桉叶油醇、(-)4-萜品醇在

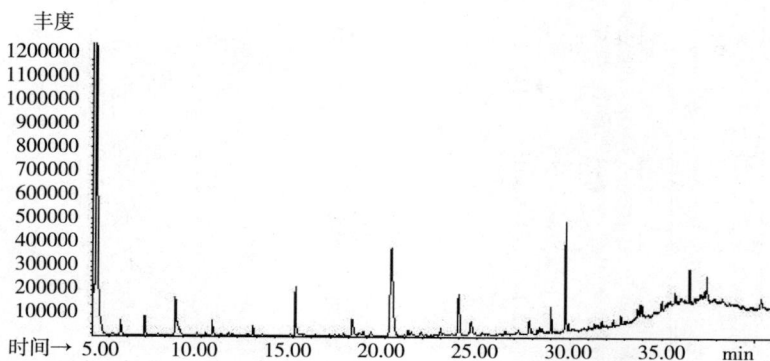

图 7.1.2　甘蓝泡菜乳酸菌制剂发酵第 6 d 总离子流图

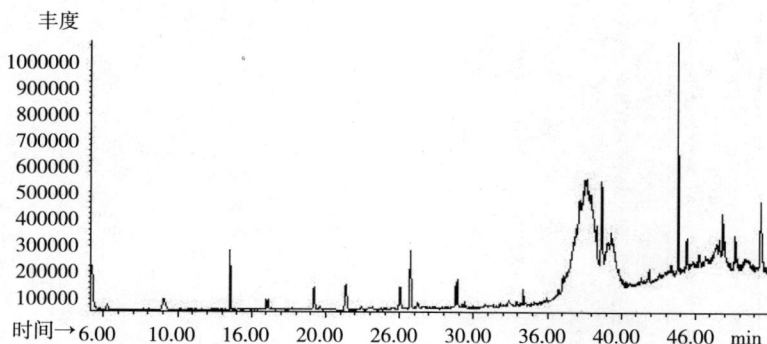

图 7.1.3　甘蓝泡菜自制泡菜菌发酵第 6 d 总离子流图

自然发酵中比重较大,乳酸菌制剂发酵次之,自制泡菜菌发酵最少,苯乙醇在 3 种发酵方式中相对含量比较相近。自然发酵、乳酸菌制剂发酵和自制泡菜菌发酵在发酵过程中分别产生了 6、3、4 种酸类物质,自然发酵中产生酸类物质最多,乳酸菌制剂发酵最少,其中硬脂酸和棕榈酸在 3 种发酵方式中均存在,在乳酸菌制剂发酵中所占比重较大。自然发酵、乳酸菌制剂发酵、自制泡菜菌发酵在发酵过程中分别产生了 5、3、3 种酯类物质,自然发酵中酯类物质最多,异硫氰酸烯丙酯在 3 种发酵方式中均存在。自然发酵、乳酸菌制剂发酵、自制泡菜菌发酵过程中分别有 5、4、3 种酮类物质,自然发酵中酮类物质最多,自制泡菜菌发酵中最少,姜酮在 3 种发酵方式中均存在。自然发酵、乳酸菌制剂发酵、自制泡菜菌发酵过程中分别有 6、5、5 种烃类,二烯丙基二甲硅烷在 3 种发酵方式中均存在。自然发酵、乳酸菌制剂发酵、自制泡菜菌发酵在发酵过程中分别有 3、4、1 种醚类,分别有 5、4、2 种其他类,3 种发酵方式中均无共有醚类和其他类存在。在整个发酵过程中,自然发

表7.1.1 不同发酵方式下甘蓝泡菜香味成分组分及相对含量

序号	化合物名称	相对含量（%）																	
		自然发酵						乳酸菌制剂发酵						自制泡菜菌发酵					
		0 d	2 d	4 d	6 d	8 d	10 d	0 d	2 d	4 d	6 d	8 d	10 d	0 d	2 d	4 d	6 d	8 d	10 d
1	异戊醇	—	—	12.1	—	—	2.65	—	—	—	—	—	—	—	—	—	—	—	—
2	2,3-丁二醇	—	—	—	5.13	5.13	2.47	—	—	—	—	—	—	—	—	—	—	—	—
3	松油醇	40.6	5.9	6.21	4.23	4.33	5.22	30.4	1.12	10.3	7.21	6.21	1.27	26.3	12.1	10.3	8.21	2.32	2.49
4	(-)-4-萜品醇	—	—	—	4.46	—	2.5	—	—	—	0.32	1.32	1.42	—	—	—	2.1	—	2.21
5	丙三醇	—	—	—	—	2.78	3.21	—	—	—	—	—	—	—	—	—	—	—	—
6	桉叶油醇	—	—	—	6.23	3.21	2.78	—	—	2.1	—	1.22	2.33	—	—	—	—	1.39	1.02
7	植物甾醇	—	—	—	—	4.43	0.34	—	—	—	—	—	—	—	—	—	—	—	—
8	苯甲醇	—	—	—	—	3.41	—	—	—	—	—	—	—	—	—	—	—	—	—
9	羽扇豆醇	—	—	—	—	3.25	2.88	—	—	—	—	—	—	—	—	—	—	—	—
10	苯乙醇	—	—	—	—	—	6.89	—	—	3.2	—	1.71	1.62	—	—	—	1.32	2.21	1.36
11	羊毛甾醇	—	—	—	—	—	—	—	—	—	—	—	6.21	—	—	—	—	—	—
12	4-甲氧基苄醇	—	—	—	—	—	—	—	—	—	3.2	2.13	1.02	—	—	—	—	—	—

续表

序号	化合物名称	相对含量（%）																	
		自然发酵						乳酸菌制剂发酵						自制泡菜菌发酵					
		0 d	2 d	4 d	6 d	8 d	10 d	0 d	2 d	4 d	6 d	8 d	10 d	0 d	2 d	4 d	6 d	8 d	10 d
13	庚乙二烯乙二醇	—	—	—	—	—	—	—	—	—	—	—	6.55	—	—	—	—	—	—
14	十九醇	—	—	—	—	—	—	—	—	—	2.1	0.98	1.12	—	—	—	—	—	—
15	3-十二烷醇	—	—	—	—	—	—	—	—	—	—	—	0.76	—	—	—	—	—	—
16	油醇	—	—	—	—	—	—	—	—	—	1.2	1.63	1.06	—	—	—	—	—	—
	醇类合计	40.60	5.90	18.31	20.05	26.54	28.94	30.40	1.12	15.60	14.03	15.20	23.36	26.30	12.10	10.30	11.63	5.92	7.08
17	乙酸	—	—	13.22	—	2.11	2.36	—	—	—	—	—	—	—	—	—	1.3	—	1.72
18	肉豆蔻酸	—	—	20.13	—	—	3.37	—	—	—	—	—	—	—	—	—	—	—	—
19	棕榈酸	—	30.2	—	16.2	6.32	4.32	—	20.6	12.3	—	8.9	9.21	—	—	11.3	8.2	—	2.21
20	蜡酸	—	—	—	—	3.22	—	—	—	—	—	—	—	—	—	—	—	—	—
21	油酸	—	—	—	3.4	4.31	2.77	—	—	—	—	—	—	—	—	—	—	6.32	—
22	硬脂酸	—	—	—	11.3	—	4.25	—	—	—	12.1	10.31	9.02	—	—	—	6.3	5.27	—

续表

相对含量（%）

序号	化合物名称	自然发酵						乳酸菌制剂发酵						自制泡菜菌发酵					
		0 d	2 d	4 d	6 d	8 d	10 d	0 d	2 d	4 d	6 d	8 d	10 d	0 d	2 d	4 d	6 d	8 d	10 d
23	亚油酸	—	—	—	—	—	—	23.2	—	—	10.32	9.32	10.51	—	—	7.8	—	—	3.26
	酸类合计	0	30.2	33.35	30.9	15.96	17.07	23.2	20.6	12.3	22.42	28.53	28.74	—	0	19.1	15.8	11.59	7.19
24	乙酸羽扇醇酯	—	21.3	—	9.3	—	2.13	—	—	—	—	—	—	—	—	—	—	—	—
25	邻苯二甲酸正辛酯	—	—	10.1	—	4.42	2.42	—	—	—	—	—	—	—	—	—	—	—	—
26	异硫氰酸烯丙酯	—	—	—	—	3.07	1.68	—	4.21	—	3.21	2.93	3.27	—	—	12	12.3	3.34	3.32
27	磷酸三丁酯	—	—	12.3	10.21	3.41	1.73	—	—	—	—	—	—	—	—	—	—	—	6.13
28	2-甲基丙基戊酸酯	—	—	—	4.32	—	3.21	—	—	—	—	—	—	—	—	—	—	—	—
29	醋酸（z）-9-十四烯酯	—	—	—	—	—	—	—	—	—	4.69	2.23	2.32	—	—	—	—	—	—
30	醋甲酚酯	—	—	—	—	—	—	—	0.73	4.32	—	2.89	2.76	—	—	—	—	—	—
31	丁二酸二乙酯	—	—	—	—	—	—	—	—	—	—	—	—	—	27.3	—	—	2.39	3.45

续表

相对含量（%）

序号	化合物名称	自然发酵						乳酸菌制剂发酵						自制泡菜菌发酵					
		0 d	2 d	4 d	6 d	8 d	10 d	0 d	2 d	4 d	6 d	8 d	10 d	0 d	2 d	4 d	6 d	8 d	10 d
	酯类合计	0	21.3	22.4	23.83	10.9	11.17	0	4.94	4.32	7.9	8.05	8.35	0	27.3	12	12.3	5.73	12.9
32	姜酮	—	—	—	0.21	2.12	6.92	—	—	—	—	—	4.52	—	—	—	—	—	3.42
33	无鹀祐	—	—	—	1.27	3.41	3.21	—	3.2	7.21	—	2.97	2.32	—	—	—	—	—	—
34	丙酮	20.1	—	—	—	—	3.22	—	—	—	—	—	—	—	—	—	—	—	—
35	2,5-哌嗪二酮	—	—	4.3	—	—	4.31	—	—	—	—	—	—	—	—	—	—	—	—
36	桔利酮	—	13.6	—	1.53	2.31	3.69	—	—	—	—	—	—	—	—	—	—	—	—
37	胡椒酮	—	—	—	—	—	—	—	8.73	5.21	5.21	3.41	2.12	—	—	—	—	7.21	4.22
38	植酮	—	—	—	—	—	—	—	—	3.71	3.71	3.24	1.22	—	—	—	—	—	—
39	环己烯酮	—	—	—	—	—	—	—	—	—	—	—	—	—	—	—	6.32	—	—
	酮类合计	20.1	13.60	4.30	3.01	7.84	21.35	0	11.93	16.13	8.92	9.62	10.18	0	0	0	6.32	7.21	7.64
40	十三烷	—	10.2	1.23	2.21	2.47	—	—	—	—	—	—	—	—	6.32	—	1.12	0.73	0.42
41	三烯丙基三甲硅烷	—	—	—	0.48	10.55	1.21	—	—	—	—	0.25	0.59	—	—	—	1.23	0.45	0.63

续表

序号	化合物名称	相对含量（%）																	
		自然发酵						乳酸菌制剂发酵						自制泡菜菌发酵					
		0 d	2 d	4 d	6 d	8 d	10 d	0 d	2 d	4 d	6 d	8 d	10 d	0 d	2 d	4 d	6 d	8 d	10 d
42	十四烷	7.39	—	—	—	0.31	1.72	—	—	—	—	—	—	—	—	—	—	—	—
43	3-蒈烯	—	3.2	—	0.79	—	2.79	—	—	—	—	—	—	—	—	5.21	0.3	0.23	0.24
44	十九烷	—	—	—	—	—	—	22.3	—	—	—	1.21	0.24	—	—	—	—	—	—
45	n-丙基三甲氧基硅烷	—	—	—	—	—	—	—	15.9	—	—	0.47	0.76	—	—	—	—	—	—
46	1-十八烯	—	—	—	—	—	—	24.6	—	—	—	0.33	0.72	—	—	—	—	—	—
47	3-辛炔	—	—	—	—	—	—	—	6.91	—	—	—	—	—	—	—	—	—	—
48	7-十四炔	—	—	—	—	—	—	—	—	3.22	—	—	—	—	—	—	—	—	—
	烃类合计	7.39	13.40	1.23	3.48	13.33	5.72	46.90	22.81	3.22	0	2.26	2.31	0	6.32	5.21	2.65	1.41	1.29
49	对乙酰氨基苯乙醚	—	—	—	—	—	—	—	—	—	1.69	0.39	0.74	—	—	—	—	—	—
50	茴香脑	—	—	4.3	—	3.21	0.54	—	—	—	3.4	—	0.73	—	—	—	—	—	0.38
51	十二烷基乙烯基醚	—	—	—	—	—	—	—	—	3.39	1.49	0.71	0.53	—	—	—	—	—	—

续表

序号	化合物名称	相对含量（%）																	
		自然发酵						乳酸菌制剂发酵						自制泡菜菌发酵					
		0 d	2 d	4 d	6 d	8 d	10 d	0 d	2 d	4 d	6 d	8 d	10 d	0 d	2 d	4 d	6 d	8 d	10 d
52	N-十四硫醚	—	—	—	—	—	—	—	—	—	—	0.68	0.67	—	—	—	—	—	—
53	二氯三乙醚	—	—	—	—	—	—	—	—	—	0.89	—	—	—	—	—	—	—	—
	醚类合计	0	0	4.30	0	3.21	0.54	0	0	3.39	7.47	1.78	2.67	0	0	0	0	0	0.38
54	苯并呋喃	—	—	—	—	—	—	—	—	—	—	—	—	—	—	—	—	1.15	0.27
55	苯酚	—	—	—	0.32	3.23	3.63	—	—	—	—	—	—	—	—	—	—	—	—
56	间苯二酚	—	—	—	—	—	—	—	7.34	—	1.29	—	—	—	—	—	—	—	—
57	糠醛	3.21	—	—	—	—	2.89	—	—	—	—	—	—	—	—	—	—	—	—
58	二甲基甲酰胺	—	—	9.2	—	3.46	0.93	—	5.32	—	1.21	0.92	0.32	—	—	—	—	—	—
59	十八烷基三甲基氯化胺	—	—	—	—	—	—	—	—	—	1.32	1.32	0.22	—	—	—	—	—	—
	其他类合计	3.21	0	9.20	0.32	6.69	7.45	0	12.66	0	3.82	2.24	0.54	0	0	0	0	1.15	0.27

注　"—"表示未检测出。

酵、乳酸菌制剂发酵的香气物质总量呈先上升后下降再上升的趋势,自制泡菜菌发酵的香气物质总量呈整体下降趋势,发酵至第 10 d 时,3 种发酵方式的香气物质总量由大到小的顺序为:自然发酵>乳酸菌制剂发酵>自制泡菜菌发酵。

2.2 甘蓝泡菜发酵过程中香味成分分类分析

2.2.1 甘蓝泡菜发酵过程中香味成分种类数量的变化分析

在自然发酵、乳酸菌制剂发酵、自制泡菜水发酵 3 种发酵方式下,甘蓝泡菜第 0、2、4、6、8、10 d 香味成分种类及数量见表 7.1.2。

表 7.1.2 甘蓝泡菜发酵过程中香味成分种类及数量

种类	自然发酵						乳酸菌制剂发酵						自制泡菜水发酵					
	0 d	2 d	4 d	6 d	8 d	10 d	0 d	2 d	4 d	6 d	8 d	10 d	0 d	2 d	4 d	6 d	8 d	10 d
醇类	1	1	2	4	7	9	1	1	3	5	7	10	1	1	1	3	3	4
酸类	0	1	2	3	4	5	0	1	2	2	3	3	1	0	2	2	2	3
酯类	1	1	2	3	3	5	0	1	1	2	3	3	0	1	1	1	2	3
酮类	1	1	1	3	3	5	0	0	2	2	3	4	0	0	1	1	1	2
烃类	1	2	1	3	3	3	2	2	1	4	4	4	0	1	1	3	3	3
醚类	0	0	1	0	1	1	0	0	1	4	3	4	0	0	0	0	0	1
其他类	1	0	1	1	2	3	0	2	0	2	0	3	2	0	0	0	1	1

从表 7.1.2 中可以看出,甘蓝泡菜的自然发酵、乳酸菌制剂发酵和自制泡菜菌发酵过程中产生的醇类、酸类、酯类、酮类、烃类、醚类以及其他类的香味物质的种类数量是呈现上升趋势。醇类、酯类物质在 3 种发酵方式的种类数量明显多于酸类、酮类、烃类、醚类和其他香味物质的种类数量。

2.2.2 甘蓝泡菜发酵过程中醇类香味物质变化分析(图 7.1.4)

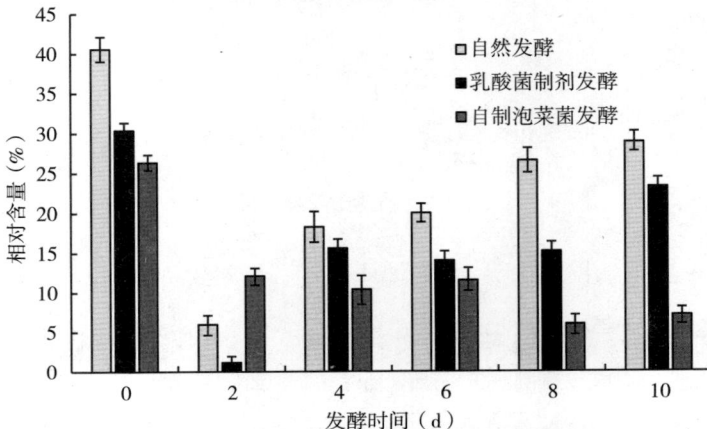

图 7.1.4 甘蓝泡菜发酵过程中醇类香味物质的变化

　　由图 7.1.4 可知,在自然发酵、乳酸菌制剂发酵、自制泡菜菌发酵 3 种发酵方式下,醇类物质的相对含量均随发酵时间的延长呈整体先下降后逐渐上升的趋势。在发酵第 0 d,3 种发酵方式产生的香味物质均为松油醇,其含量分别为 40.6%、30.4%、26.3%,发酵至终点时,3 种发酵方式醇类物质的种类数量分别为 9 种、10 种、4 种,其相对含量分别为 28.94%、23.36%、7.08%;3 种发酵方式共有的醇类物质为:松油醇(丁香气味)、(-)4-萜品醇(胡椒香味)、桉叶油醇(樟脑香味)和苯乙醇(玫瑰香味),这些醇类物质是甘蓝泡菜的主要风味物质,构成了甘蓝泡菜的风味,对泡菜的质量也起到了一定的作用。

2.2.3　甘蓝泡菜发酵过程中酸类香味物质变化分析(图 7.1.5)

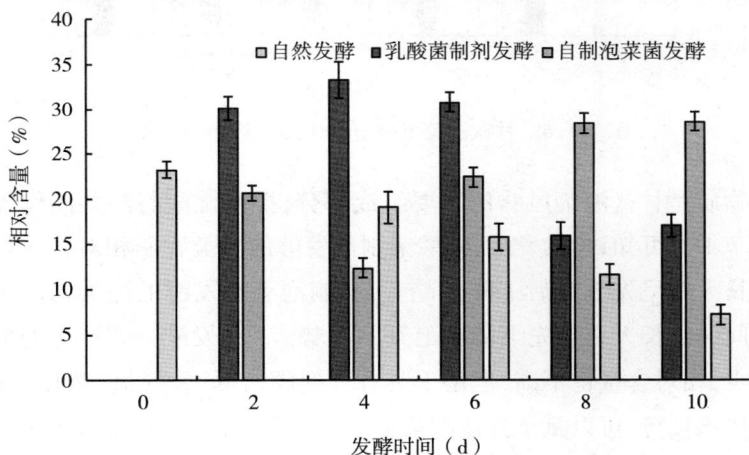

图 7.1.5　甘蓝泡菜发酵过程中酸类香味物质的变化

　　由图 7.1.5 可知,在自然发酵、乳酸菌制剂发酵、自制泡菜菌发酵方式下,酸类物质的相对含量随发酵时间的延长呈不同的变化趋势,自然发酵呈先上升后下降的趋势,乳酸菌制剂发酵呈先上升后下降再上升的趋势,自制泡菜菌发酵呈先下降后上升的趋势。在发酵第 0 d,自制泡菜菌发酵产生了 1 种酸类物质为亚油酸,其相对含量为 23.2%,而其他 2 种发酵方式没有产生酸类物质;在发酵第 2 d,自然发酵、乳酸菌制剂发酵均产生了 1 种酸类物质棕榈酸,相对含量分别为 30.2%、20.6%,自制泡菜菌发酵没有产生酸类物质;发酵至终点时,3 种发酵方式分别产生了 5 种、3 种、3 种酸类物质,其相对含量分别为 17.07%、28.74%、7.19%;3 种发酵方式中共有的酸类物质是棕榈酸和硬脂酸,相对含量较高,是 3 种发酵方式的主要酸类香味物质,这些酸类物质主要通过脂质和碳水化合物代谢产生。

2.2.4 甘蓝泡菜发酵过程中酯类香味物质变化分析(图7.1.6)

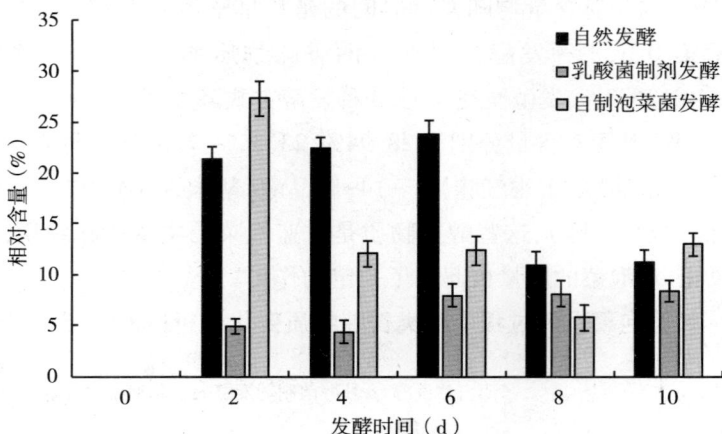

图 7.1.6 甘蓝泡菜发酵过程中酯类物质的变化

酯类物质是甘蓝泡菜风味的重要组成部分,挥发性酸与醇共同作为酯的前体。从图 7.1.6 可知,自然发酵、乳酸菌制剂发酵的酯类物质相对含量均随发酵时间的延长大致呈先上升后下降的趋势,自制泡菜菌发酵的酯类物质相对含量随发酵时间的延长大致呈先下降后上升的趋势。3 种发酵方式产生的酯类物质种类均较少,相对含量也不高,但由于其香气的阈值低、香气值(浓度/阈值)高,加之它们风味独特,可以赋予甘蓝泡菜独特的感官特性,对甘蓝泡菜风味的改善具有巨大贡献。在发酵的第 0 d,自然发酵、乳酸菌制剂发酵和自制泡菜菌 3 种发酵方式均没有酯类物质产生,第 2 d,自然发酵产生了 1 种酯类物质:乙酸羽扇醇酯(21.3%),乳酸菌制剂发酵产生了 1 种酯类物质:异硫氰酸烯丙酯(辛辣味,4.21%),自制泡菜菌发酵产生了 1 种酯类物质:丁二酸二乙酯(有愉快气味,27.3%)。发酵至终点时,3 种发酵方式分别产生了 5 种、3 种、3 种酯类物质,其相对含量分别为 11.17%、8.35%、12.90%。3 种发酵方式中共有的酯类物质为异硫氰酸烯丙酯,发酵至终点时,3 种发酵方式异硫氰酸烯丙酯的相对含量分别为 1.68%、3.27%、3.32%。

2.2.5 甘蓝泡菜发酵过程中酮类香味成分变化分析

从图 7.1.7 可知,随着发酵时间的延长,自然发酵酮类物质的相对含量呈先下降后上升的趋势,乳酸菌制剂发酵酮类物质的相对含量整体呈先上升后下降的趋势,自制泡菜菌发酵酮类物质的相对含量呈整体上升的趋势。乳酸菌制剂发酵、自制泡菜菌发酵分别在第 2 d、第 6 d 才出现酮类香气成分;发酵至第 10 d

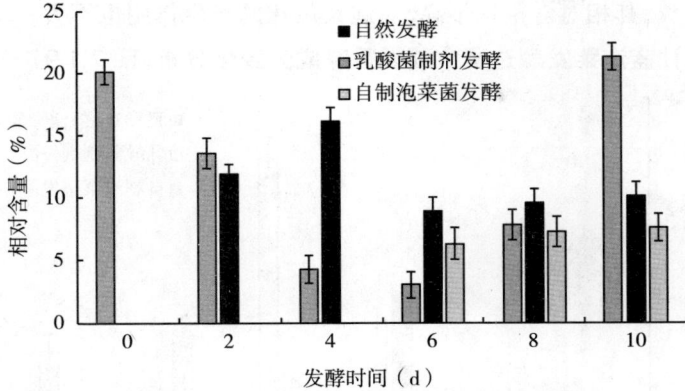

图 7.1.7　甘蓝泡菜发酵过程中酮类香味成分的变化

时,自然发酵、乳酸菌制剂发酵、自制泡菜菌发酵酮类物质的相对含量分别为 21.35%、10.18%、7.64%。在 3 种发酵方式中共有的酮类物质为姜酮,姜酮有强烈的辛辣刺激气味及姜样的辛辣味道,发酵至第 10 d 时姜酮的相对含量分别为 6.92%、4.52%、3.42%,虽然姜酮相对含量不高,但是对泡菜风味的产生起到了重要的作用。

2.2.6　甘蓝泡菜发酵过程中烃类香味成分变化分析(图 7.1.8)

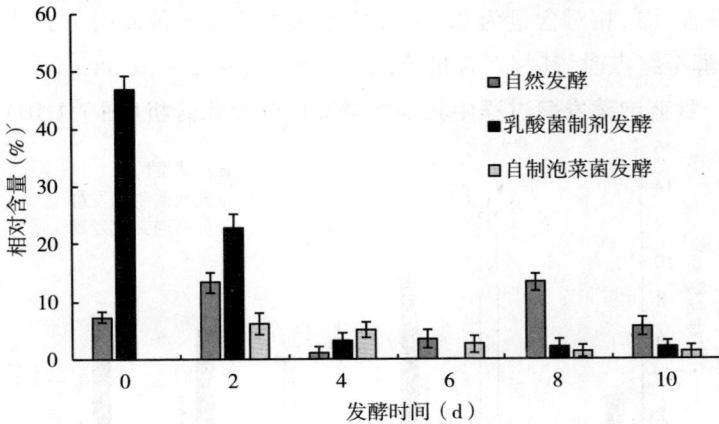

图 7.1.8　甘蓝泡菜发酵过程中烃类香味成分的变化

从图 7.1.8 可知,随着发酵时间的延长,自然发酵烃类物质的相对含量呈先升后降再升再降的上下波动的趋势,乳酸菌制剂发酵呈先下降后上升的趋势,自制泡菜菌发酵呈先上升后下降的趋势。在 3 种发酵方式中共有的烃类物质为二烯丙基二甲硅烷,发酵至第 10 d 时二烯丙基二甲硅烷的相对含量分别为 1.21%、

0. 59%、0. 63%,其相对含量均不高,对泡菜风味的产生作用也不大。

2.2.7 甘蓝泡菜发酵过程中醚类香味成分变化分析(图 7.1.9)

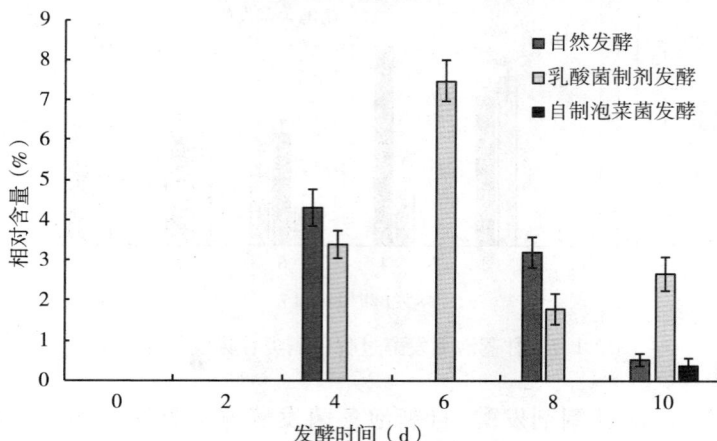

图 7.1.9 甘蓝泡菜发酵过程中醚类香味成分的变化

从图 7.1.9 可知,在第 0~2 d,3 种发酵方式均没有醚类物质产生,在发酵第 4 d,自然发酵、乳酸菌制剂发酵均产生了 1 种醚类物质:茴香脑,相对含量分别为 4. 30%、3. 40%,自制泡菜菌发酵在发酵第 10 d 产生了 1 种醚类物质:茴香脑(有甜润的茴香香气),相对含量为 0. 38%;并且茴香脑是 3 种发酵方式中共有的醚类物质,发酵至终点时,其相对含量分别为 0. 54%、0. 73%、0. 38%。

2.2.8 甘蓝泡菜发酵过程中其他类香味成分变化分析(图 7.1.10)

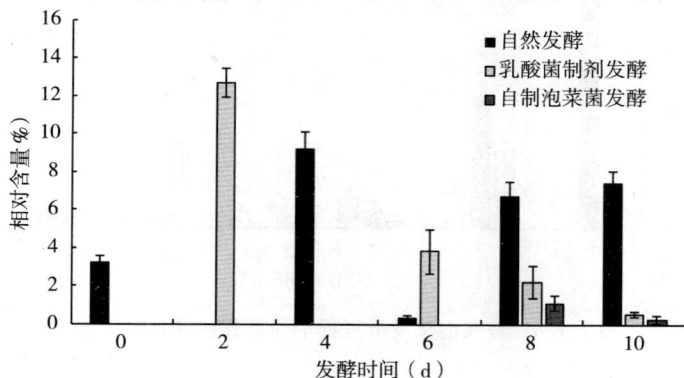

图 7.1.10 甘蓝泡菜发酵过程中其他类香味成分的变化

从图 7.1.10 可知,在发酵的第 0 d,乳酸菌制剂发酵、自制泡菜菌发酵均没有其他类物质产生,自然发酵产生了 1 种其他类物质:糠醛(有特殊香味),相对含量为 3.21%；在发酵第 10 d，自然发酵、乳酸菌制剂发酵、自制泡菜菌发酵其他类香味物质相对含量分别为 7.45%、0.54%、0.27%，3 种发酵方式中没有共有的其他类香味物质。

3　结论

本实验采用自然发酵、乳酸菌制剂发酵、自制泡菜菌发酵 3 种发酵方式制作甘蓝泡菜，用二氯甲烷萃取法萃取泡菜中第 0、2、4、6、8、10 d 的香味成分，并用气相色谱—质谱联用仪进行检测，最后采用峰面积归一法计算各香味物质的相对含量。

甘蓝泡菜在 3 种发酵过程中共测出 59 种香气成分，其中有 8 种酯类，16 种醇类，7 种酸类，8 种酮类，9 种烃类，5 种醚类，6 种其他类（包括 2 种胺类，3 种苯类，1 种醛类）；3 种发酵方式香气成分的种类数量随发酵时间的延长呈递增趋势；自然发酵、乳酸菌制剂发酵、自制泡菜菌发酵在整个发酵过程中分别检测出 33 种、34 种、19 种香味物质，共有的香味物质为松油醇、(-)4-萜品醇、桉叶油醇、苯乙醇、棕榈酸、硬脂酸、异硫氰酸烯丙酯、姜酮、茴香脑等；其中松油醇、(-)4-萜品醇、桉叶油醇和苯乙醇是甘蓝泡菜的主要风味物质，构成了甘蓝泡菜的风味。

第 2 节　萝卜泡菜自然发酵过程中香气成分分析

1　材料与方法

1.1　材料与试剂

白萝卜，购于运城市盐湖区北相镇农贸市场，挑选颜色较好、无霉斑、表面光滑无破损的鲜嫩白萝卜；花椒、辣椒、生姜、茴香、八角、食盐、一级白砂糖，均购于运城市感恩广场冬冬蔬果店。

二氯甲烷（分析纯），天津市瑞金特化学品有限公司；无水硫酸钠（分析纯），洛阳市化学试剂厂。

1.2　仪器与设备

7890-5975C 型气质联用仪（GC-MS），Agilent Technologies；FA1604 型分析天平，上海舜宇恒平仪器有限公司；JJ-2 型组织捣碎匀浆机，江苏省金坛市菜华仪器制造有限公司；固相微萃取手柄、50 μm CAR/PDMS 固相微萃取头，美国

Supelco 公司；TDL6M 型离心机,湖南湘立科学仪器有限公司；KQ-300GDV 型超声波清洗器,昆山市超声仪器有限公司。

1.3　方法

1.3.1　泡菜的制作

1.3.1.1　工艺流程

称取糖、盐等辅料→加水→煮制→晾凉

↓

萝卜→清洗→沥干→切分→装坛→密封→发酵→成品

1.3.1.2　操作要点

(1)泡菜坛用水清洗干净,并用 100℃的开水消毒,晾干后备用。

(2)称取食盐 64 g、白砂糖 32 g、花椒 12 g、八角 6 g、茴香 6 g、辣椒 10 g、生姜 64 g、纯净水 1600 g,放入不锈钢锅内加热熬制,自然晾凉后备用。

(3)将白萝卜洗净、刮去外皮,晾干后称取 1200 g,切成 4 cm 长的条状,备用。

(4)将处理好的萝卜、晾凉的盐水加入泡菜坛中,盖好坛盖,在坛盖的凹槽添加少量水进行密封,常温下发酵 9 d。

1.3.2　挥发性成分提取

香气成分分析的提取和检测条件参照黄盛蓝等的方法并进行优化改进。称取 5 g 泡菜并量取 5 mL 泡菜汁制成匀浆,准确称取 5.0000 g 于 15 mL 顶空进样瓶中,加 1 g NaCl 混匀、密封。45℃条件下平衡 30 min 后,将老化的萃取头(250℃老化 1 h)插入进样瓶中萃取 30 min,然后取出插入 GC-MS 进样口解析 5 min。从发酵第 0 d 开始每隔 24 h 取样测定,测定到第 9 d。

1.3.3　GC-MS 分析条件

GC 条件:HP-FFAP 弹性石英毛细管柱(30 m×0.25 mm×0.25 μm);升温程序:起始温度45℃,保持 5 min,以 5℃/min 上升至240℃,保持 5 min;载气为 He,流速为 1 mL/min;进样口温度为250℃进样后,溶剂延迟时间 5.5 min,分流进样,分流比为 20:1。

MS 条件:电子电离源(EI);电子能量 70 eV;离子源温度250℃,四极杆温度150℃,质量扫描范围 50~550 u。

1.3.4　定性、定量分析

定性:检测的未知化合物与 NIST.11 library 相匹配,匹配度大于 800(最大值为 1000)的鉴定结果予以确认,同时采用 C_7~C_{30} 计算化合物的保留指数(R_1),

结合文献报道进行定性;定量:采用峰面积归一化法定量,以各组分峰面积与色谱图总峰面积之比值表示其相对含量。

2　结果与分析

2.1　萝卜泡菜发酵过程中挥发性成分分析

经 GC/MS 对萝卜泡菜的香味成分进行分析鉴定,萝卜泡菜第 0、3、5、7、9 d 的挥发性成分总离子流图见图 7.2.1,挥发性成分及相对含量见表 7.2.1。

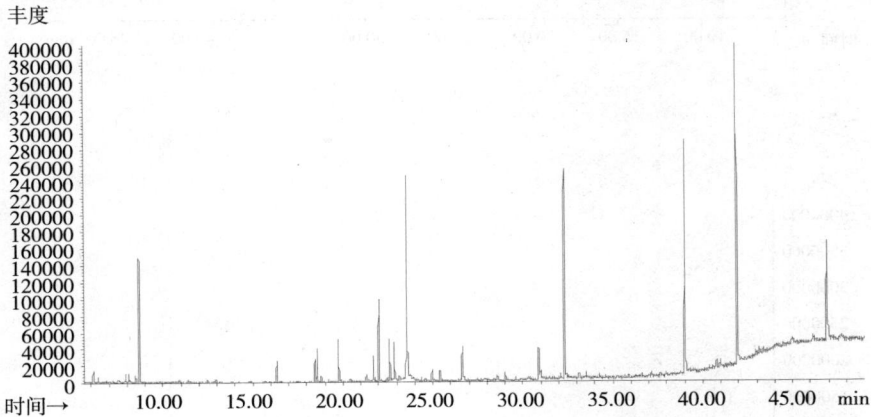

(a)第 0 d

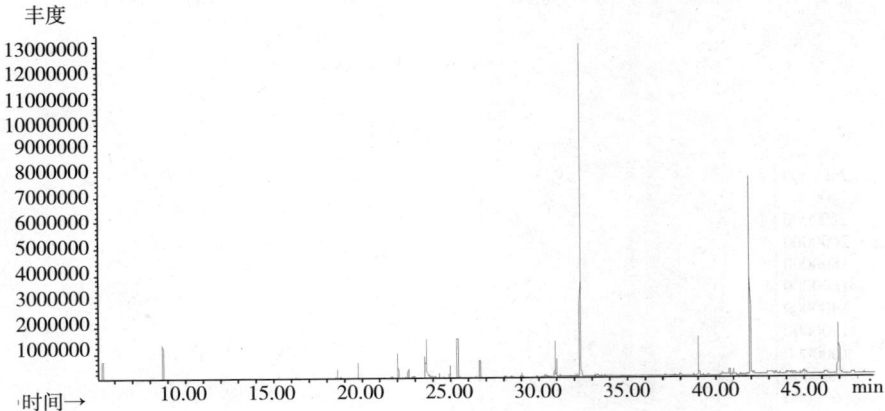

(b)第 3 d

图 7.2.1

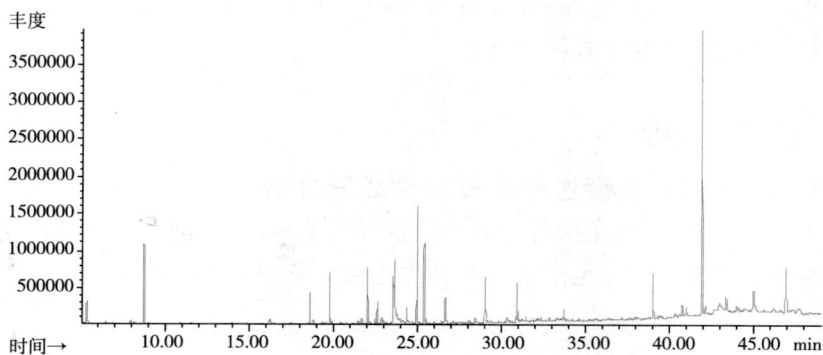

（c）第 5 d

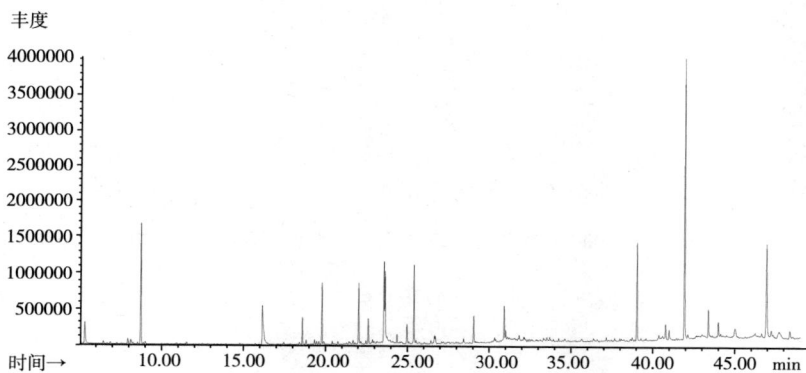

（d）第 7 d

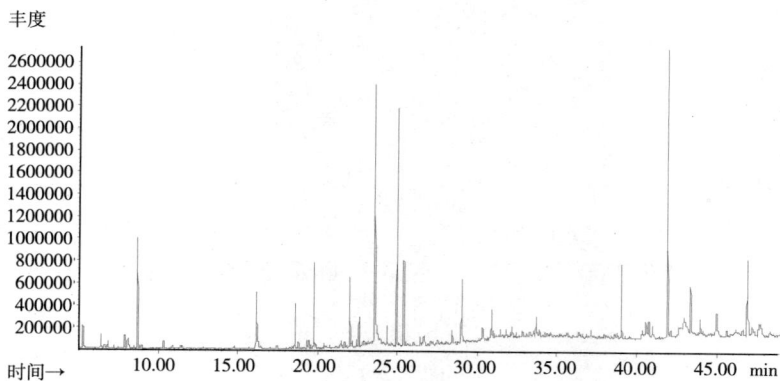

（e）第 9 d

图 7.2.1　萝卜泡菜发酵过程中香味成分的总离子流图

表 7.2.1　萝卜泡菜发酵过程中香味成分种类及相对含量

序号	化合物名称	相对含量(%)									
		0 d	1 d	2 d	3 d	4 d	5 d	6 d	7 d	8 d	9 d
	酯类										
1	1-异硫代氰酸丁酯	5.60	5.20	6.90	6.80	7.50	8.00	7.79	8.21	8.04	8.65
2	异硫氰酸乙酯	4.60	3.20	3.90	4.20	4.40	5.00	4.87	4.91	5.03	5.47
3	异硫代氰酸己酯	5.67	5.43	5.19	4.24	4.22	4.16	4.17	3.15	2.98	2.65
4	乙酸乙酯	—	—	—	—	2.61	2.52	1.09	1.33	1.19	0.92
5	琥珀酸二乙酯	—	—	—	—	0.91	0.74	1.28	1.55	1.76	1.37
6	乳酸乙酯	—	—	—	0.51	0.96	—	0.52	0.77	0.49	0.69
7	乙酰柠檬酸三乙酯	—	—	—	—	0.67	0.43	0.79	1.24	1.36	1.33
8	甲酸异丁酯	—	—	—	—	0.79	0.81	0.63	0.77	1.20	1.05
9	乙酸异戊酯	—	—	—	—	—	2.70	3.54	3.95	4.02	3.86
10	异硫氰酸戊酯	—	—	—	—	—	—	1.22	1.46	1.37	1.55
11	3-巯基丙酸乙酯	—	—	—	—	—	—	2.36	2.41	2.82	2.59
	含硫化合物										
12	二甲基二硫	1.87	0.75	2.34	2.65	2.42	1.67	1.15	1.37	0.56	0.28
13	二甲基三硫	1.48	0.98	0.65	0.82	1.27	1.15	0.96	1.05	1.17	0.65
	醇类										
14	桉叶油醇	2.90	2.44	2.58	2.16	1.25	0.98	1.29	1.19	1.16	1.60
15	乙醇	1.90	1.32	0.78	0.96	0.79	0.98	1.34	0.95	0.93	1.33
16	4-萜烯醇	1.07	1.31	0.52	0.24	1.02	0.75	0.63	0.39	0.47	0.58
17	苯乙醇	—	1.13	1.34	2.05	2.06	3.75	3.42	3.99	4.14	4.26
18	α-松油醇	0.69	0.84	0.47	0.37	0.29	0.31	0.27	0.25	0.57	0.38
19	芳樟醇	—	0.30	0.75	2.05	4.13	5.98	4.81	1.68	1.61	1.64
20	1-苯基乙醇	—	—	—	—	—	—	0.77	1.28	1.50	0.43
	酮类										
21	3,3-二甲基-2-丁酮	1.60	0.40	0.50	0.52	1.23	1.10	0.90	1.20	0.70	1.30
22	2-环己烯-1-酮	—	0.84	0.93	1.19	1.22	1.85	1.63	1.80	1.70	1.73
23	丙酮	—	0.65	0.86	0.49	0.92	1.28	1.77	1.69	1.51	1.32
	酸类										
24	醋酸	—	—	0.55	1.24	0.71	0.97	1.29	1.35	1.23	1.10

续表

序号	化合物名称	相对含量(%)									
		0 d	1 d	2 d	3 d	4 d	5 d	6 d	7 d	8 d	9 d
25	丁酸	—	—	—	0.47	0.99	2.60	2.77	2.98	3.04	2.65
26	十六酸	—	—	—	0.40	1.53	1.11	0.73	2.03	1.23	1.81
27	顺式十八碳-9-烯酸	—	—	—	—	—	—	0.27	0.59	0.46	0.66
烃类											
28	十八烷	—	0.44	0.33	0.49	0.66	0.56	0.43	0.50	0.53	0.44
29	十九烷	—	0.27	0.32	0.44	0.65	0.54	0.43	0.35	0.39	0.22
30	二十烷	—	0.31	0.45	0.39	0.47	0.44	0.45	0.54	0.72	0.63
31	3-蒈烯	—	2.90	3.50	3.54	4.33	4.76	5.97	6.88	6.41	6.75
32	反式角鲨烯	—	—	—	—	1.01	0.97	0.83	0.64	0.80	0.43
33	右旋萜二烯	0.74	0.83	1.09	1.12	1.25	1.33	1.50	1.21	1.13	1.08
醛类											
34	壬醛	—	2.41	2.45	2.12	2.27	2.78	2.15	2.32	1.93	2.17
35	癸醛	—	0.13	0.45	0.35	0.27	0.58	0.19	0.32	0.49	0.38
醚类											
36	4-烯丙基苯甲醚	—	3.22	2.89	2.44	2.76	2.31	2.20	2.11	1.94	0.62

由表7.2.1可知,萝卜泡菜在整个发酵过程共测出36种香味成分,一直存在的香味成分有:1-异硫代氰酸丁酯、异硫氰酸乙酯、异硫代氰酸己酯、二甲基二硫、二甲基三硫、桉叶油醇、4-萜烯醇、α-松油醇等,这些物质可能是萝卜泡菜的特征风味物质。

随着发酵的进行,香味成分的种类数量逐渐增加,相对含量在第0~7 d逐渐增加,第8~9 d趋于平稳,这说明自然发酵的泡菜在第7 d左右就可以食用,这与徐丹萍等对泡菜自然发酵过程中的品质及挥发性成分分析结果相似。

2.2 萝卜泡菜发酵过程中挥发性成分分类分析

2.2.1 萝卜泡菜发酵过程中各香味成分种类数量的变化分析

萝卜泡菜在自然发酵过程中第0~9 d的各香味成分种类及数量见表7.2.2。

表 7.2.2　萝卜泡菜发酵过程中第 0~9 d 各香味成分种类及数量

种类	0 d	1 d	2 d	3 d	4 d	5 d	6 d	7 d	8 d	9 d
酯类	3	3	3	4	8	8	11	11	11	11
含硫化合物	2	2	2	2	2	2	2	2	2	2
醇类	4	6	6	6	6	6	7	7	7	7
酮类	1	3	3	3	3	3	3	3	3	3
酸类	0	0	1	3	3	3	4	4	4	4
烃类	1	5	5	5	6	6	6	6	6	6
醛类	0	2	2	2	2	2	2	2	2	2
醚类	0	1	1	1	1	1	1	1	1	1
合计	11	22	23	26	31	31	36	36	36	36

由表 7.2.2 可知,整个发酵过程中,酯类香味成分种类数量最多,醇类、烃类次之,各类香味成分的种类数量随着发酵时间延长均呈上升趋势。

2.2.2　萝卜泡菜发酵过程中酯类香味成分变化分析(图 7.2.2)

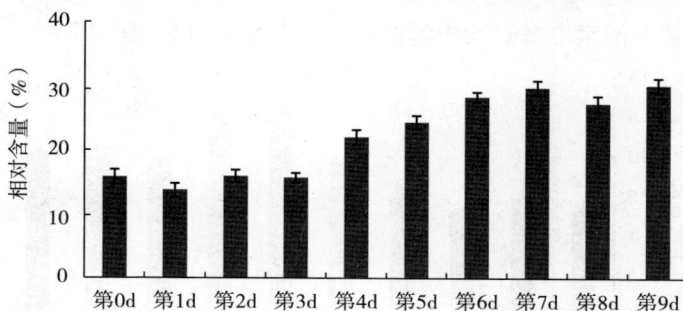

图 7.2.2　酯类物质在发酵过程中的相对含量

由图 7.2.2 可知,萝卜泡菜在第 0~9 d 的发酵过程中,酯类物质相对含量呈整体上升趋势,是相对含量最大的一类物质,是萝卜泡菜的主体风味物质。它一方面是由发酵过程中的酵母酶催化生成,另一方面是由有机酸和醇类物质发生酯化反应生成,相对含量较高的酯类物质为:1-异硫代氰酸丁酯(8.65%)、异硫氰酸乙酯(5.47%)、异硫代氰酸己酯(5.67%)等,这与刘春燕对泡萝卜风味物质分析的研究结果基本一致。在泡菜中主要以含硫酯类物质为主,一般具有辛香味且味道浓郁,例如异酸氰酸酯具有类似芥末的辛辣气味,是十字花科类植物萝卜及其泡菜成品的特征风味物质。

2.2.3 萝卜泡菜发酵过程中含硫化合物香味成分变化分析(图 7.2.3)

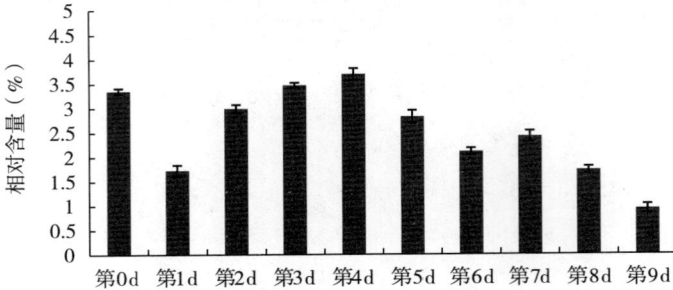

图 7.2.3　含硫化合物在发酵过程中的相对含量

　　由图 7.2.3 可知,在第 0~9 d 的发酵过程中,含硫化合物相对含量呈先下降后上升再下降趋势。在发酵过程中含硫化合物只有 2 种:二甲基二硫、二甲基三硫,两者相对含量虽然不高,但由于香气阈值极低,因此香味浓郁,是萝卜泡菜的重要风味物质,二甲基二硫具有刺激性的洋葱味,二甲基三硫具有肉样和洋葱蔬菜味香气。

2.2.4 萝卜泡菜发酵过程中醇类香味成分变化分析(图 7.2.4)

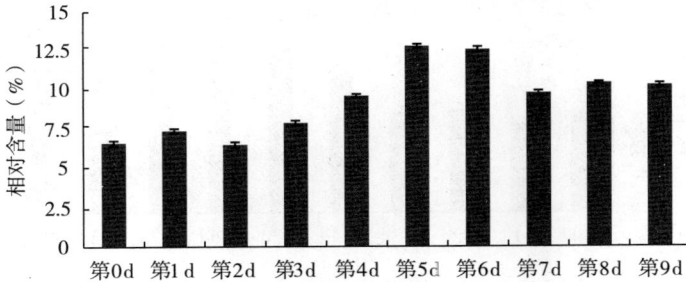

图 7.2.4　醇类物质在发酵过程中的相对含量

　　由图 7.2.4 可知,在第 0~9 d 的发酵过程中,醇类物质相对含量呈先上升后下降趋势,主要是在异型乳酸发酵和酵母菌作用下产生的,其含量较高,但阈值较大,因此对泡菜香味整体贡献不大。其中相对含量较高的醇类物质为:芳樟醇(5.98%)、苯乙醇(4.26%)、桉叶油醇(2.90%)等,其中桉叶油醇具有樟脑样香气和清凉味道,4-萜烯醇具有暖的胡椒香、较淡的泥土香,α-松油醇具有樟脑气味、辛辣味,这三者可能均为萝卜泡菜的特征性香气成分。

2.2.5　萝卜泡菜发酵过程中酮类香味成分变化分析(图 7.2.5)

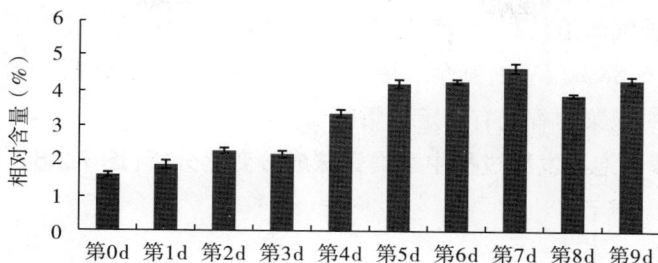

图 7.2.5　酮类物质在发酵过程中的相对含量

由图 7.2.5 可知,第 0~9 d 的发酵过程中,酮类物质相对含量呈先上升后下降趋势。在发酵过程中出现的酮类物质有 3 种:3,3-二甲基-2-丁酮(1.60%)、2-环己烯-1-酮(1.85%)、丙酮(1.77%),酮类多伴有果香味,其中 3,3-二甲基-2-丁酮具有薄荷气味,丙酮有特殊香气,具辛辣甜味。

2.2.6　萝卜泡菜发酵过程中酸类香味成分变化分析(图 7.2.6)

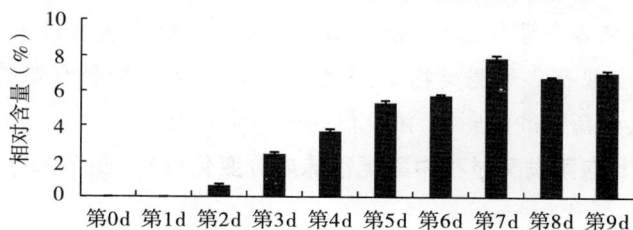

图 7.2.6　酸类物质在发酵过程中的相对含量

由图 7.2.6 可知,在 0~9 d 的发酵过程中,酸类物质相对含量呈先上升后下降趋势,相对含量较高的物质为:乙酸(1.35%)、丁酸(3.04%),这两种酸一方面可以在发酵过程中降低泡菜的 pH,另一方面还可以改善泡菜的风味并增加酸味,并能与醇类反应生成酯类化合物,为泡菜的风味做出一定贡献。

2.2.7　萝卜泡菜发酵过程中烃类香味成分变化分析(图 7.2.7)

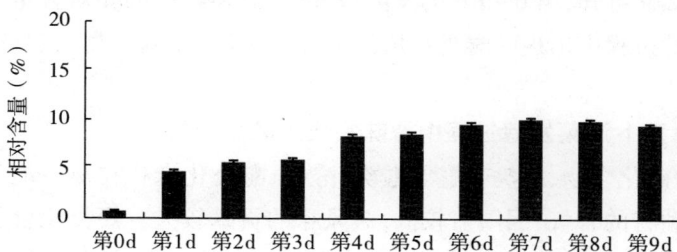

图 7.2.7　烃类物质的在发酵过程中的相对含量

从图 7.2.7 可知,第 0~9 d 的发酵过程中,烃类物质的相对含量呈先上升后下降趋势,其香气阈值较高,对泡菜的香气贡献不大。在发酵过程中相对含量较高是 3-蒈烯(6.88%)、3-右旋萜二烯(1.50%),其中 3-右旋萜二烯具有似鲜花的清淡香气,对泡菜的香气有一定的贡献。

2.2.8　萝卜泡菜发酵过程中醛类香味成分变化分析(图 7.2.8)

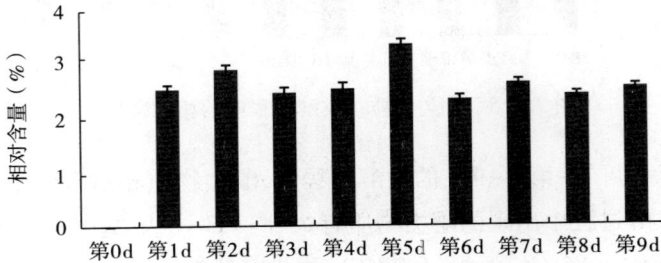

图 7.2.8　醛类物质在发酵过程中的相对含量

从图 7.2.8 可知,第 0~9 d 的发酵过程中,醛类物质相对含量呈先上升后下降趋势,它可能来源于脂肪酸的氧化,其阈值较低,能给泡菜带来清香和果香。在发酵过程中出现有 2 种醛类物质:壬醛、癸醛,其中壬醛具有蜡香、柑橘香、脂肪香味,癸醛具有新鲜的油脂香,浓度低时则有果味香。

2.2.9　萝卜泡菜发酵过程中醚类香味成分变化分析(图 7.2.9)

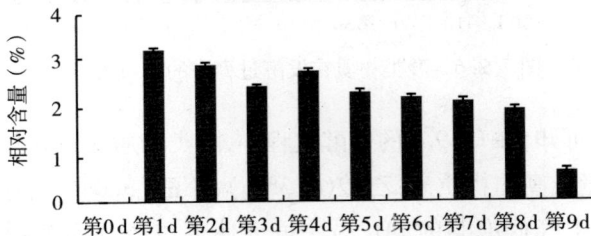

图 7.2.9　醚类物质在发酵过程中的相对含量

从图 7.2.9 可知,第 0~9 d 的发酵过程中,醚类物质的相对含量呈整体下降趋势。在发酵过程中出现的醚类物质仅 1 种:4-烯丙基苯甲醚,其具有茴香和草香的香气。

2.2.10　萝卜泡菜发酵过程中香味物质主成分分析

酯类、含硫化合物、醇类、酮类、酸类、醛类、醚类化合物在萝卜泡菜发酵过程中具有各自独特的香气,因阈值较低,对风味的贡献较大。烃类化合物因阈值较高,对风味影响不大。因此选择除烃类化合物外的其余 30 种化合物作为主成分变量,以相对含量多少为标准进行主成分分析,找出对风味影响较大的香味物质及对泡菜风味的影响。

按照表 7.2.1 化合物顺序,将除烃类化合物外的每种化合物分别命名为 V_1、V_2、V_3、$\cdots$、V_{30},利用 SPSS19 软件对 30 种香气成分进行主成分分析,得到主成分个数及累积方差贡献率见表 7.2.3。第一主成分的方差贡献率最大(55.484%),其次分别是第二主成分(16.255%)、第三主成分(10.446%)和第四主成分(6.136%)。前 4 个主成分的特征值均大于 1,且累积方差贡献率达到 88.321%,说明这 4 个主成分能够代表 30 个香气成分的绝大部分信息。

表 7.2.3　主成分累积方差贡献率

成分	特征值	方差贡献率(%)	累积方差贡献率(%)
1	16.645	55.484	55.484
2	4.877	16.255	71.739
3	3.134	10.446	82.185
4	1.841	6.136	88.321

萝卜泡菜在发酵过程中的 30 种香气成分主成分分析的散点图见图 7.2.10。

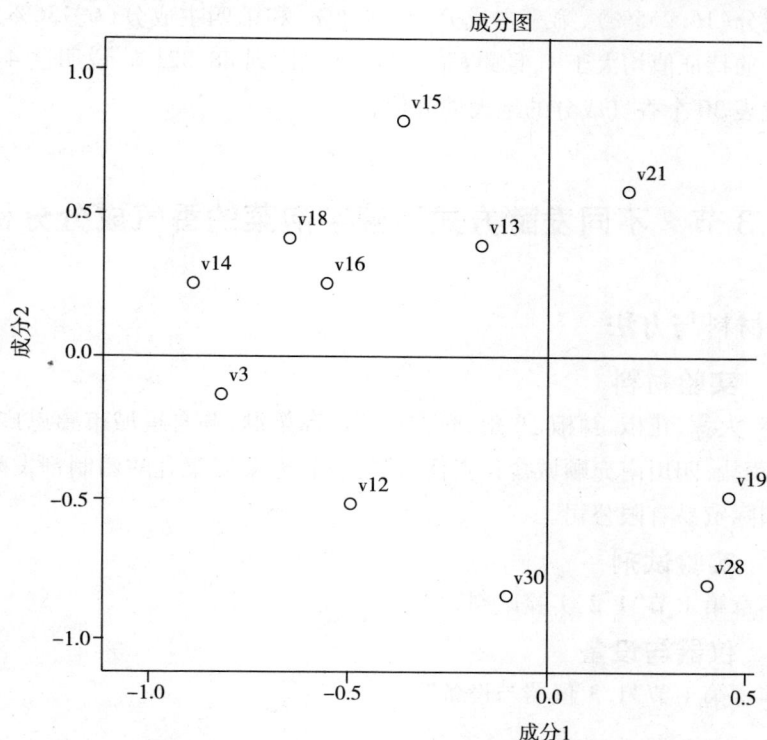

图 7.2.10　萝卜泡菜香气成分主成分散点图

由图 7.2.10 可知,第一主成分上的主要物质是异硫氰酸乙酯、琥珀酸二乙酯、乳酸己酯、乙酰柠檬酸三乙酯、甲酸异丁酯、乙酸异戊酯、3,3-二甲基-2-丁酮、顺式十八碳-9-烯酸、壬醛;第二主成分上的主要物质是二甲基三硫、桉叶油醇、乙醇、4-萜烯醇、α-松油醇;第一主成分方差贡献率最大,所以第一主成分上的物质对萝卜泡菜风味影响较大。

3 结论

采用顶空固相微萃取—气相色谱—质谱联用技术测定萝卜泡菜自然发酵过程中第 0~9 d 的香味成分,共检测出包括酯类、含硫化合物、醇类、酮类、酸类等共 36 种香味成分,在发酵过程中一直存在的香味成分有:1-异硫代氰酸丁酯、异硫氰酸乙酯、异硫代氰酸己酯、二甲基二硫、二甲基三硫、芳樟醇等,随着发酵的进行,香味成分的种类数量随之增多,相对含量变化差异较大,酯类呈整体上升趋势,含硫化合物呈先下降后上升再下降趋势,醇类、酮类、酸类、烃类、醛类呈先上升后下降趋势,醚类呈整体下降趋势;通过对除烃类化合物外的 30 种香气成分进行主成分分析,发现第一主成分的方差贡献率最大(55.484%),其次分别是第二主成分(16.255%)、第三主成分(10.446%)和第四主成分(6.136%)。前 4 个主成分的特征值均大于 1,且累积方差贡献率达到 88.321%,说明这 4 个主成分能够代表 30 个香气成分的绝大部分信息。

第 3 节   不同发酵方式下菊芋泡菜的香气成分分析

1 材料与方法

1.1 实验材料

菊芋、大蒜、花椒、辣椒、八角、茴香、生姜、高粱酒,购自运城市感恩广场佳缘超市;泡菜盐,四川南充顺城盐化责任有限公司;泡菜酸菜乳酸菌制剂发酵粉,北京川秀国际贸易有限公司。

1.2 实验试剂

同本章第 1 节"1.2 实验试剂"。

1.3 仪器与设备

同本章第 1 节"1.3 仪器与设备"。

1.4　方法

1.4.1　菊芋泡菜的制备

1.4.1.1　菊芋泡菜发酵工艺流程

菊芋→挑选→清洗→晾干→切片→装坛→封坛→发酵→成品

↑

配制卤水

1.4.1.2　操作要点

(1)配制卤水:每 1 kg 水中,加入泡菜盐 53 g、干辣椒 15 g、生姜 10 g、八角 5 g、花椒 10 g、白砂糖 20 g,加热,煮沸,冷却后备用。

(2)自然发酵:菊芋清洗、晾干、切片后,按菊芋:卤水为 1:3(质量比)的比例进行装坛,密封后,室温发酵 10 d。

(3)乳酸菌制剂发酵:将菊芋质量 3% 的乳酸菌粉用适量温水溶解,装坛时与菊芋、卤水一起加入,其他步骤同自然发酵。

(4)老泡菜水发酵:将自然发酵中卤水质量的 25% 替换为已发酵 15 d 的老泡菜水,其他步骤同自然发酵。

1.4.2　香气成分萃取

同本章第 1 节"1.4.2 甘蓝泡菜的香气成分的提取"。

1.4.3　香气成分测定

GC 条件:DB-FFAP 毛细管色谱柱(30 m×0.25 mm,0.25 μm);自动进样,进样量 1 μL;进样口温度 250℃;载气为 He;载气流量为 1.0 mL/min;升温程序:柱温初始温度 40℃,保持 3 min,再以 5℃/min 升温至 100℃ 保持 5 min,再以 5℃/min 升温至 180℃ 保持 5 min;分流进样,分流比为 5:1。

MS 条件:电子电离源(EI),电子能量 70 eV;离子源温度 230℃;MS 四极杆温度 150℃;质量扫描范围 50~550 u。

1.4.4　数据分析

定性:检测出的未知化合物与 NIST.11 library 相匹配,选择大于 80 匹配度的进行定性。

定量:采用峰面积归一化法得出不同香气成分的相对含量。

2　结果与分析

2.1　菊芋泡菜发酵过程中香气成分的总离子流图

采用二氯甲烷液液萃取法和气相色谱—质谱联用技术(GC/MS)测定菊芋泡

菜在自然发酵、老泡菜水发酵、乳酸菌制剂发酵方式过程中第 2、6、10 d 香气成分的总离子流图,见图 7.3.1~图 7.3.3。

由图 7.3.1~图 7.3.3 可知,随着发酵时间的延长,菊芋泡菜色谱峰的数量随之增加,各色谱峰的峰面积发生着动态变化,发酵至第 10 d 色谱峰数量达到最大值,表明菊芋泡菜发酵至第 10 d 时各种香气成分显现明显,香气更持久。

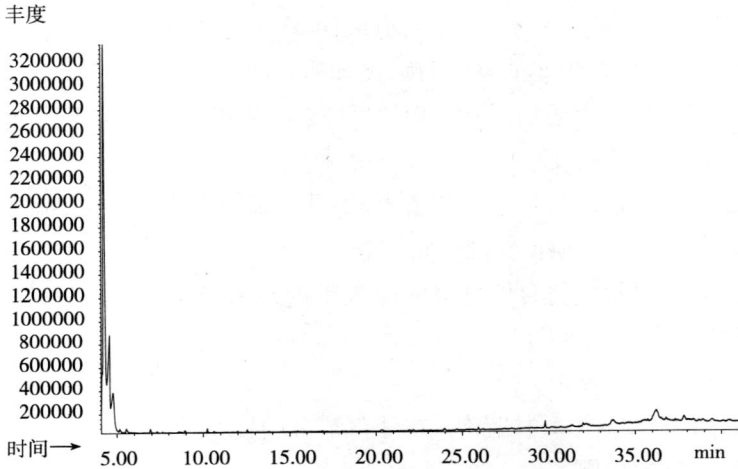

(a)自然发酵第 2 d

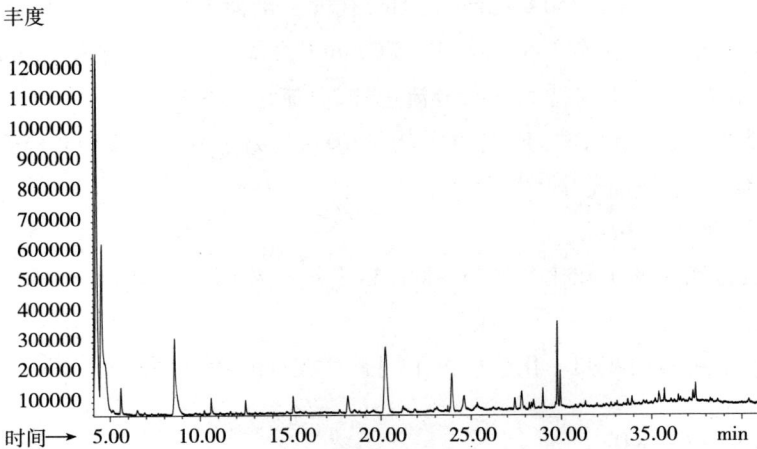

(b)自然发酵第 6 d

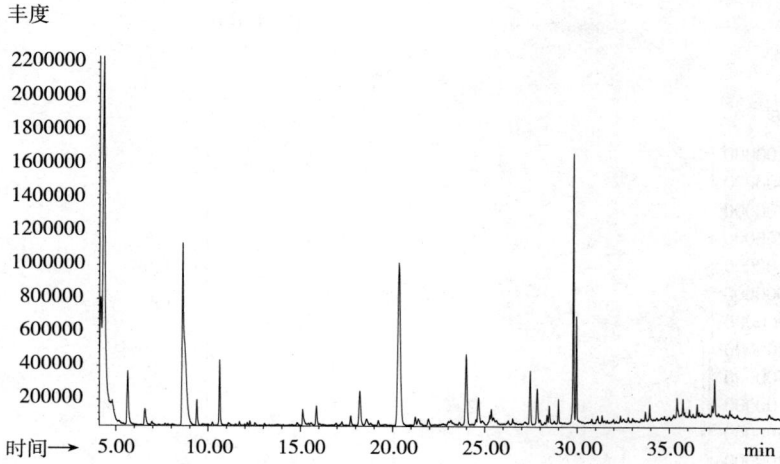

（c）自然发酵第 10 d

图 7.3.1　菊芋泡菜自然发酵过程中香气成分总离子流图

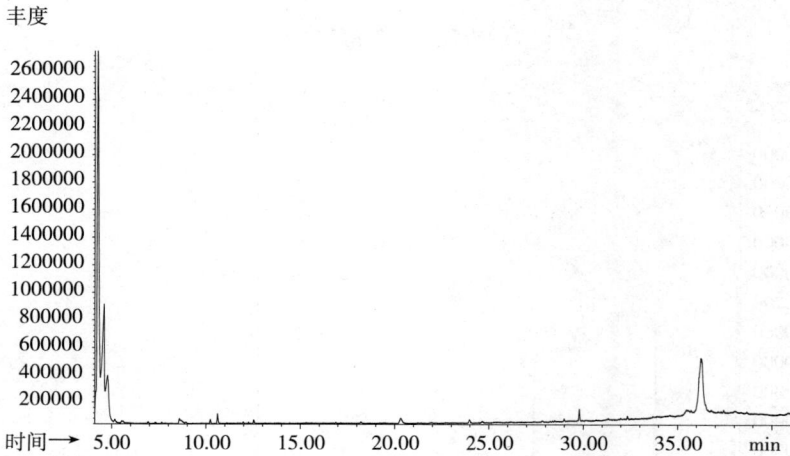

（a）老泡菜水发酵第 2 d

图 7.3.2

丰度

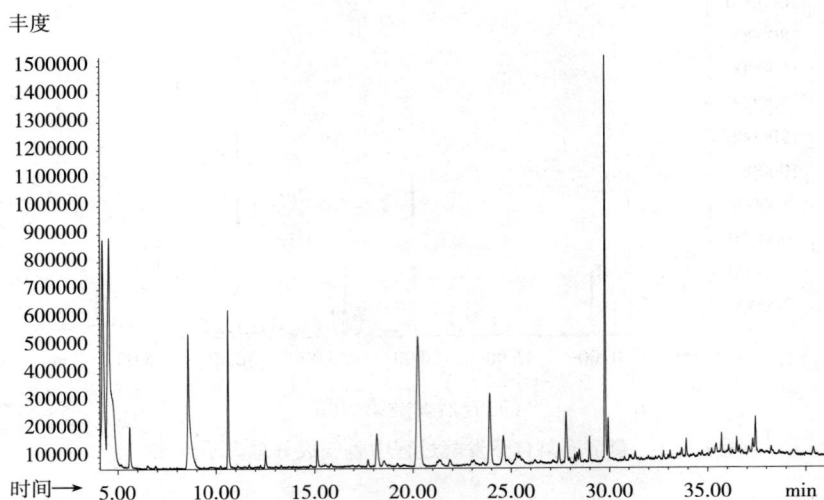

（b）老泡菜水发酵第 6 d

丰度

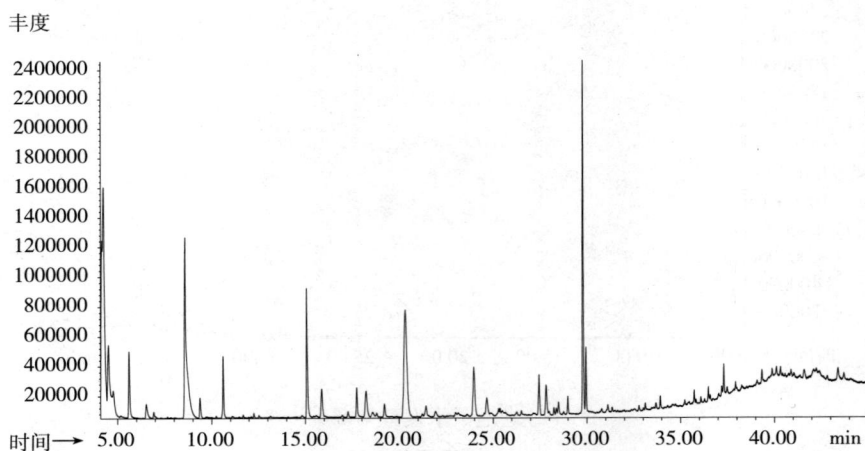

（c）老泡菜水发酵第 10 d

图 7.3.2　菊芋泡菜老泡菜水发酵过程中香气成分总离子流图

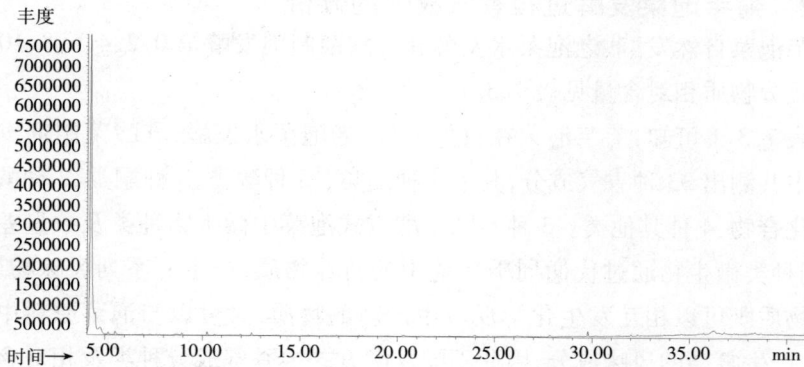

（a）乳酸菌制剂发酵第 2 d

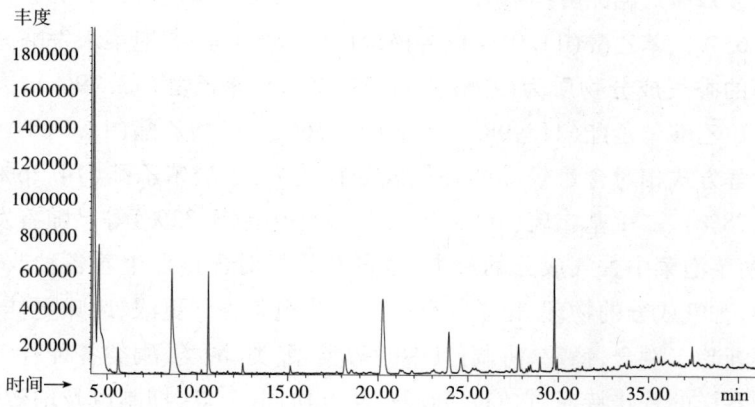

（b）乳酸菌制剂发酵第 6 d

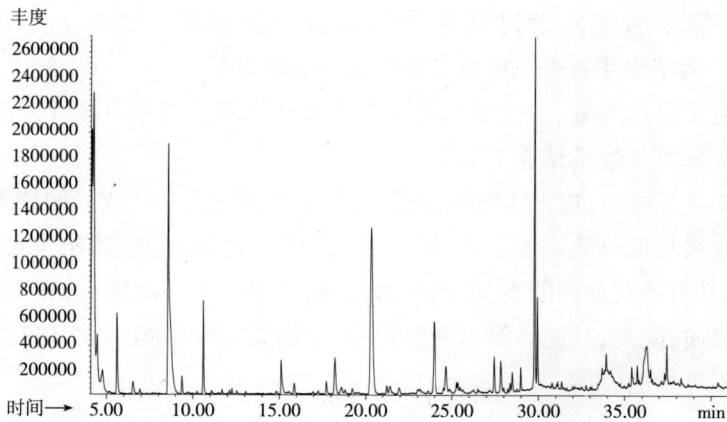

（c）乳酸菌制剂发酵第 10 d

图 7.3.3　菊芋泡菜乳酸菌制剂发酵过程中香气成分总离子流图

2.2 菊芋泡菜发酵过程香气成分的分析

菊芋泡菜自然发酵、老泡菜水发酵和乳酸菌制剂发酵第 0、2、4、6、8、10 d 的各香气成分物质相对含量见表 7.3.1。

由表 7.3.1 可知,菊芋泡菜在自然发酵、老泡菜水发酵、乳酸菌制剂发酵方式过程中共测出 33 种香气成分,其中 4 种酯类、15 种醇类、3 种酮类、2 种酸类、5 种含硫化合物、4 种其他类。3 种不同发酵方式泡菜中微生物种类及数量差异较大,不同种类微生物通过代谢周围环境中的营养物质,产生一系列风味物质,这些风味物质既可以相互发生化学反应生产新的物质,又可以与泡菜原料中的物质反应,产生复杂的风味成分,因此不同发酵方式中香气成分种类及相对含量差异较大。在整个发酵过程中,自然发酵方式相对含量较高的香气成分物质有:己酸乙酯(15.12%)、萜品醇(14.72%)、乙酸(15.01%)、异戊醇(14.49%)、乙酸苯乙酯(11.65%)、苯乙醇(11.01%)、芳樟醇(10.56%)等;老泡菜水发酵方式相对含量较高的香气成分物质为:乙酸乙酯(15.36%)、苯乙醇(13.79%)、肉豆蔻酸(14.55%)、乙酸苯乙酯(11.99%)、乙酸(11.56%)、己酸乙酯(11.04%)等;乳酸菌制剂发酵方式相对含量较高的香气成分物质为:乙酸苯乙酯(14.26%)、乙酸乙酯(12.78%)、二甲基二硫(10.51%)、亚油酸甲酯(8.32%)等。随着发酵时间的延长,菊芋泡菜中香气成分的种类、数量及其相对含量发生着各种改变,在发酵过程中,香气成分的物理、化学等反应使菊芋泡菜香气更浓、风味更佳;各种香气成分逐渐趋于融合、稳定、协调;其中的醇类、酯类、酸类、酮类各种香气成分呈现出各种各样的香味特征,它们之间通过相互协同、分离、抑制以及增效等作用,使菊芋泡菜香味更具有吸引力。

2.3 菊芋泡菜发酵过程中香气成分分类分析

2.3.1 菊芋泡菜各香气成分种类数量的变化分析

菊芋泡菜自然发酵、老泡菜水发酵和乳酸菌制剂发酵第 0、2、4、6、8、10 d 的各香气成分种类及数量见表 7.3.2。

由表 7.3.2 可知,在 3 种发酵方式下,菊芋泡菜醇类香气成分的种类最多,是泡菜特征性风味形成的重要物质,酯类次之,含硫化合物、酸类香气成分种类虽然不多,但具有各自独特的香气,因阈值较低,对风味的贡献较大,有助于提高菊芋泡菜的品质;酮类、其他类等引阈值较高,对泡菜风味影响不大,但在泡菜风味中也是必不可少的。

表 7.3.1　菊芋泡菜发酵过程中各香气物质的相对含量

相对含量（%）

序号	化合物名称	自然发酵						老泡菜水发酵						乳酸菌制剂发酵					
		0 d	2 d	4 d	6 d	8 d	10 d	0 d	2 d	4 d	6 d	8 d	10 d	0 d	2 d	4 d	6 d	8 d	10 d
1	乙酸苯乙酯	3.02	5.06	7.59	8.45	11.65	9.37	3.15	9.28	10.48	11.36	11.02	11.99	7.45	9.61	10.12	12.19	13.68	14.26
2	亚油酸甲酯	2.59	4.78	7.45	3.67	6.12	5.19	1.58	—	—	3.15	4.36	5.83	1.25	3.02	7.56	8.32	6.38	6.58
3	乙酸乙酯	1.02	3.06	7.65	7.38	—	8.36	2.02	7.93	8.47	10.62	9.78	15.36	2.16	5.18	7.58	8.98	12.42	12.78
4	己酸乙酯	2.65	6.19	8.69	8.37	15.12	10.03	1.45	4.36	5.69	7.96	10.79	11.04	2.39	7.63	7.32	8.10	5.23	10.14
	酯类合计	9.28	19.09	31.38	27.87	32.89	32.95	8.20	21.57	24.64	33.09	35.95	44.22	13.35	22.44	32.58	37.59	37.71	43.76
5	4-萜烯醇	5.17	6.17	9.91	10.47	—	6.21	6.15	6.24	2.51	1.52	—	—	4.15	4.31	6.58	6.90	2.41	1.08
6	桉叶油醇	0.69	2.36	6.77	7.14	—	1.05	0.98	—	—	0.78	8.91	—	0.23	—	4.28	5.56	3.12	0.62
7	4-甲氧基苄醇	—	—	—	—	—	1.56	1.30	—	—	—	0.85	1.05	0.48	0.56	0.12	—	1.58	1.37
8	异戊醇	5.26	3.56	1.67	—	14.49	5.80	—	4.13	10.56	10.92	—	5.13	3.12	4.10	4.25	2.10	3.75	2.86
9	异丁醇	3.01	2.10	—	—	2.56	2.12	2.10	2.15	—	1.80	1.63	3.05	3.26	2.15	1.10	1.60	2.39	2.86
10	松油醇	—	—	2.15	4.61	3.48	2.69	8.56	6.24	3.47	5.24	3.23	3.63	5.03	4.21	3.41	4.20	4.98	3.94
11	芳樟醇	10.56	7.34	4.12	—	1.93	1.37	6.38	6.82	—	2.37	—	2.06	7.19	5.36	—	2.03	2.12	2.00
12	萜品醇	—	—	—	14.72	11.75	12.72	—	—	8.86	—	10.66	2.94	—	—	7.79	—	5.11	3.88
13	苯乙醇	3.90	1.35	3.41	5.31	11.01	9.51	5.35	—	5.67	13.79	2.78	2.91	2.14	0.74	2.71	5.33	6.62	5.24
14	正己醇	—	—	3.86	—	—	0.83	—	—	2.28	—	—	—	1.56	—	3.97	—	—	—

续表

相对含量（%）

序号	化合物名称	自然发酵						老泡菜水发酵						乳酸菌制剂发酵					
		0 d	2 d	4 d	6 d	8 d	10 d	0 d	2 d	4 d	6 d	8 d	10 d	0 d	2 d	4 d	6 d	8 d	10 d
15	2,3-丁二醇	8.70	6.21	5.34	—	0.89	—	9.78	7.51	—	—	—	—	7.56	5.51	2.17	—	—	—
16	(2R,3R)-(-)-2,3-丁二醇	—	—	1.56	—	—	—	0.06	—	—	—	0.92	1.34	0.25	—	—	—	—	—
17	苯醇	2.13	1.21	—	—	0.62	0.80	—	1.32	—	—	0.75	0.63	2.55	0.85	0.08	—	0.81	0.63
18	对异丙基苯甲醇	1.58	—	—	—	—	0.32	2.03	—	—	—	—	—	1.01	0.62	0.21	—	0.53	—
19	叶绿醇	1.11	0.56	—	—	—	0.12	—	0.35	—	—	—	—	—	0.18	—	—	0.47	—
	醇类合计	42.11	30.86	38.79	42.25	46.73	45.10	42.69	32.61	33.35	36.42	29.73	22.74	38.53	28.59	36.67	27.72	33.89	24.48
20	3-羟基-2-丁酮	7.13	3.17	—	—	4.87	2.70	5.12	2.17	10.61	5.65	1.08	2.40	3.68	6.12	2.09	5.12	7.26	2.74
21	3甲基-6-(1-甲基乙基)-2-环己烯-1-酮	—	—	0.35	—	1.30	1.65	0.36	—	—	—	—	1.09	2.51	1.03	0.52	—	1.67	1.38
22	2-乙酰环戊酮	0.06	0.25	—	—	—	—	—	—	—	—	0.04	—	1.18	0.76	—	—	0.51	0.43
	酮类合计	7.13	3.42	0.35	0	6.17	4.35	5.54	2.17	10.61	5.65	1.12	3.49	7.37	7.91	2.61	5.12	9.44	4.55
23	肉豆蔻酸	0.45	2.34	1.35	2.36	—	—	14.55	9.44	4.36	3.01	2.15	—	0.23	5.46	4.66	2.10	1.59	4.29
24	乙酸	13.42	15.01	12.12	8.56	2.99	—	11.56	10.56	7.12	6.38	6.01	5.60	5.69	8.13	7.02	4.64	0.86	1.39
	酸类合计	13.87	17.35	13.47	10.92	2.99	0	26.11	20.00	11.48	9.39	8.16	5.60	5.92	13.59	11.68	6.74	2.45	5.68

续表

序号	化合物名称	相对含量（%）																	
		自然发酵						老泡菜水发酵						乳酸菌制剂发酵					
		0 d	2 d	4 d	6 d	8 d	10 d	0 d	2 d	4 d	6 d	8 d	10 d	0 d	2 d	4 d	6 d	8 d	10 d
25	二烯丙基二硫	—	0.25	—	—	—	0.98	—	—	0.36	—	—	1.65	—	—	0.15	—	—	—
26	二烯丙基硫醚	5.53	1.31	6.05	9.00	6.79	7.51	0.87	0.68	6.08	4.45	10.51	7.66	0.56	1.56	1.45	3.65	8.06	6.33
27	二甲基二硫	2.01	1.69	—	1.50	1.14	—	0.08	1.68	1.46	1.77	1.81	1.08	9.44	3.69	4.65	10.51	4.75	2.98
28	二甲基三硫	8.54	6.58	5.47	0.75	—	—	5.86	4.35	3.11	6.13	0.25	—	2.16	3.28	1.37	0.85	—	—
29	四甲基硫脲	—	0.05	—	—	—	—	1.02	—	—	—	2.09	—	—	—	—	—	—	2.47
	含硫化合物合计	11.08	9.88	11.52	11.25	7.93	8.49	7.83	6.71	11.01	12.35	14.66	10.39	12.16	8.53	7.62	15.01	12.81	11.78
30	茴香脑	8.79	6.34	2.18	1.38	1.10	1.78	1.37	5.21	2.85	2.72	1.86	1.62	1.28	3.58	2.30	2.10	1.88	1.28
31	乙偶姻	5.93	1.18	0.59	2.14	—	3.69	4.89	4.35	1.36	—	3.15	7.82	4.68	6.01	5.04	—	—	6.28
32	4-乙基苯酚	—	0.56	—	0.23	—	0.36	0.45	—	—	—	0.23	—	—	1.15	—	—	0.09	0.61
33	1,2-二乙酰基肼	—	—	1.09	0.15	—	1.18	0.12	0.37	0.12	—	—	0.95	0.02	0.26	0.38	—	—	0.61
	其他类合计	14.72	8.08	3.86	3.90	1.10	7.01	6.83	9.93	4.33	2.72	5.24	10.39	5.98	11.00	7.72	2.10	1.97	8.78

注　"—"表示未检。

表 7.3.2　菊芋泡菜发酵过程中各香气成分的种类及数量

种类	第0d			第2d			第4d			第6d			第8d			第10d		
	a	b	c	a	b	c	a	b	c	a	b	c	a	b	c	a	b	c
酯类	4	4	4	4	3	4	4	3	4	4	4	4	3	4	4	4	4	4
醇类	10	10	13	9	7	11	9	6	12	5	7	7	8	8	12	10	9	10
酮类	1	3	3	2	1	3	1	1	2	0	1	1	2	2	3	2	2	3
酸类	2	2	2	0	2	2	2	2	2	2	2	2	1	2	2	0	1	2
含硫化合物	3	4	3	5	3	3	2	4	4	3	3	3	2	4	2	2	3	3
其他类	2	4	3	3	3	4	3	3	3	4	1	1	1	3	2	4	3	4
合计	22	27	28	23	19	27	21	19	27	18	18	18	17	23	25	22	22	26

注　a 表示自然发酵；b 表示老泡菜发酵；c 表示乳酸菌发酵。

2.3.2　菊芋泡菜发酵过程中酯类物质的相对含量变化(图 7.3.4)

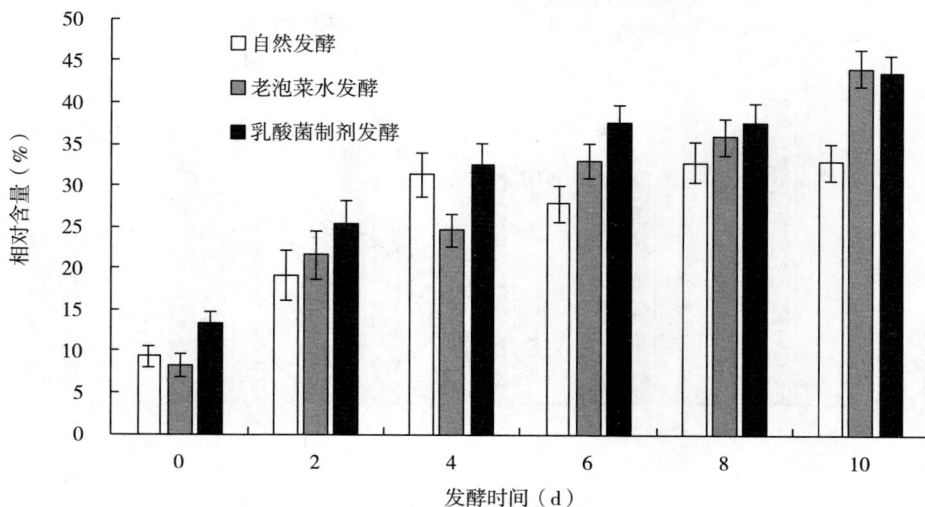

图 7.3.4　菊芋泡菜酯类物质的相对含量变化

　　由图 7.3.4 可知,在第 0~10 d 的发酵过程中,3 种发酵方式酯类物质的相对含量随发酵时间的延长基本上均呈逐渐上升的趋势,这可能是由于在发酵后期,发酵产生的醇类和酸类物质通过酯化反应形成酯类物质的缘故。在整个发酵过程中,3 种发酵方式相对含量较高的酯类物质为:乙酸乙酯(15.36%)、己酸乙酯(15.12%)、乙酸苯乙酯(14.26%);乙酸乙酯在老泡菜水发酵方式第 10 d 的相对含量最高,它具有清灵、微带果香的酒香;己酸乙酯在自然发酵方式第 8 d 的相对含量最高,有愉快的气味;乙酸苯乙酯在乳酸菌制剂发酵方式第 10 d 的相对含量最高,具有类似苹果样的甜蜜果香,这些酯类化合物可能是形成菊芋泡菜独特风味的重要物质。菊芋泡菜发酵至第 10 d 时,自然发酵、老泡菜水发酵、乳酸菌制剂发酵酯类物质的相对含量分别为 10.03%、11.04%、10.14%。

2.3.3　菊芋泡菜发酵过程中醇类物质的相对含量变化

　　由图 7.3.5 可知,在第 0~10 d 的发酵过程中,3 种发酵方式醇类物质的相对含量随发酵时间的延长呈不同的变化趋势,自然发酵、老泡菜水发酵呈先下降后上升再下降的变化趋势,乳酸菌制剂发酵呈不断波动的变化状态;3 种发酵方式醇类物质的种类数量及相对含量都是香味物质中最大的一类;其中相对含量较高的醇类物质为:萜品醇(14.72%)、异戊醇(14.49%)、苯乙醇(13.79%)、芳樟醇(10.56%)、4-萜烯醇(10.47%)。其中萜品醇在自然发酵方式第 6 d 的相对含量最高,它又名松油醇,具似海桐花的清香,甜的紫丁香、铃兰气息;异戊醇在

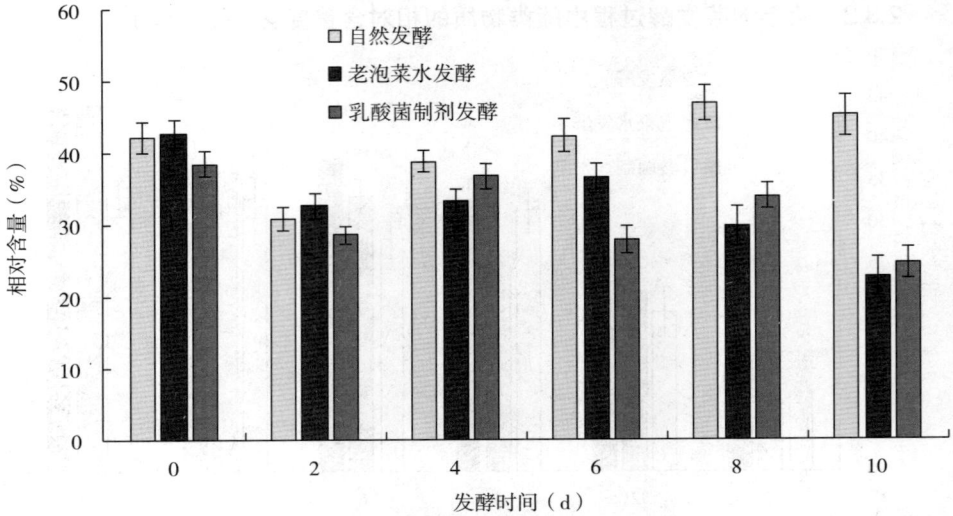

图 7.3.5　菊芋泡菜醇类物质的相对含量变化

自然发酵方式第 8 d 的相对含量最高,具有苹果白兰地香气和辛辣味;苯乙醇在老泡菜水发酵方式第 6 d 的相对含量最高,香味独特,具有清甜的玫瑰样花香;芳樟醇在自然发酵方式第 0 d 的相对含量最高,具有铃兰香气;4-萜烯醇在自然发酵方式第 6 d 的相对含量最高,又名 4-松油醇,呈暖的胡椒香、较淡的泥土香。这些醇类物质在菊芋泡菜中起呈香、呈味的作用,对泡菜风味形成具有重要作用;菊芋泡菜发酵至第 10 d 时,自然发酵、老泡菜水发酵、乳酸菌制剂发酵醇类物质的相对含量分别为 45.10%、22.74%、24.48%。

2.3.4　菊芋泡菜发酵过程中酮类物质的相对含量变化

由图 7.3.6 可知,在 3 种发酵方式下,菊芋泡菜酮类香气物质的相对含量呈不同的变化趋势,自然发酵呈先下降后上升再下降的变化趋势,老泡菜水发酵和乳酸菌制剂发酵呈不断波动的变化状态;3 种发酵方式在整个发酵过程中相对含量较高的酮类物质为:3-羟基-2-丁酮(10.61%)、3-甲基-6-(1-甲基乙基)-2-环己烯-1-酮(2.51%),3-羟基-2-丁酮在老泡菜水发酵方式第 4 d 的相对含量最高,具有令人愉快的奶香气,是构成菊芋泡菜特征香气成分重要的一种酮类物质;3-甲基-6-(1-甲基乙基)-2-环己烯-1-酮在乳酸菌制剂发酵方式第 0 d 的相对含量最高。菊芋泡菜发酵至第 10 d 时,自然发酵、老泡菜水发酵、乳酸菌制剂发酵酮类物质的相对含量分别为 4.35%、3.49%、4.55%。

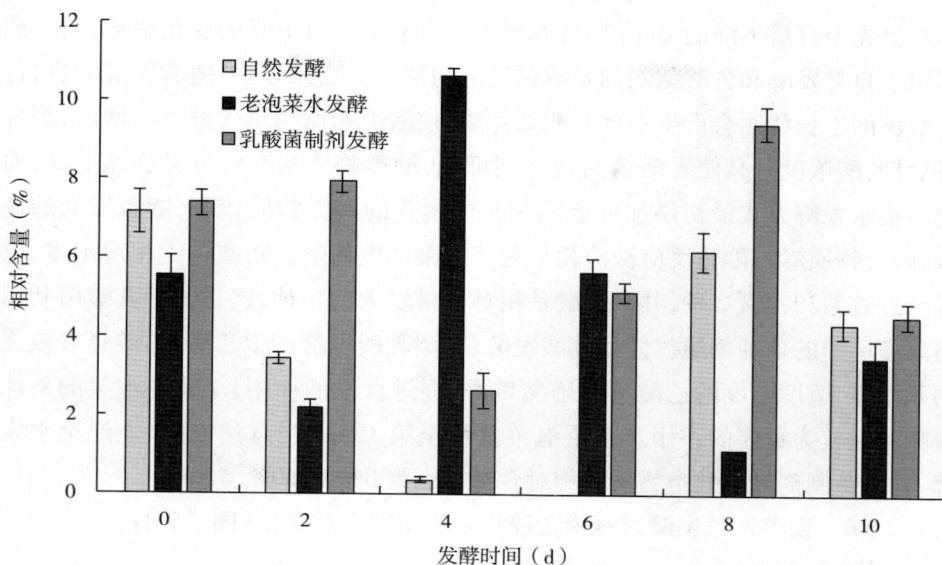

图 7.3.6　菊芋泡菜酮类物质的相对含量变化

2.3.5　菊芋泡菜发酵过程中酸类物质的相对含量变化（图 7.3.7）

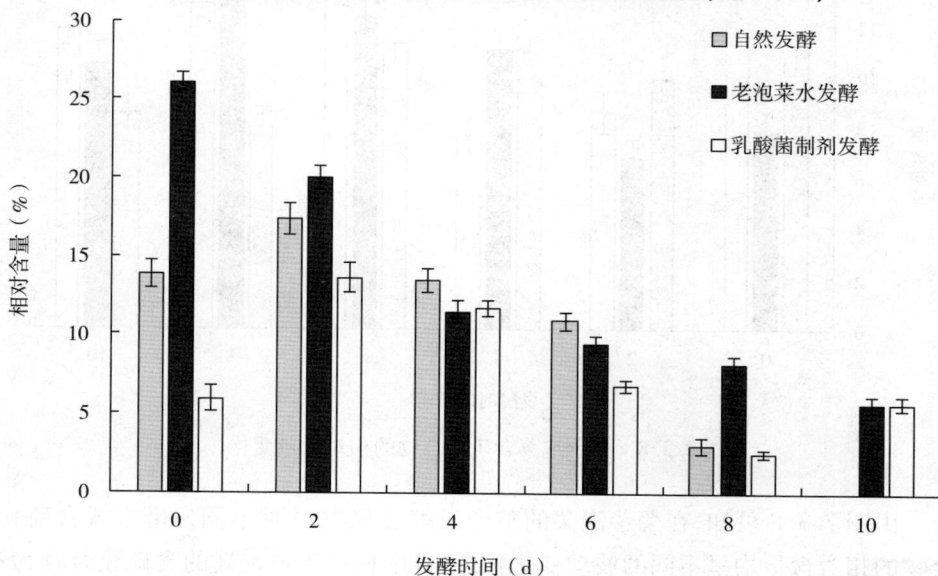

图 7.3.7　菊芋泡菜酸类物质的相对含量变化

　　由图 7.3.7 可知，在第 0~10 d 的发酵过程中，3 种发酵方式酸类物质的相对含量随发酵时间的延长呈不同的变化趋势，自然发酵和乳酸菌制剂发酵方式基本呈先上升后下降的变化趋势,老泡菜水发酵呈一直下降的变化趋势,这可能是由于自然发酵和乳酸菌制剂发酵在发酵初期酸类物质较少,随着发酵的进行,乳酸菌的生长代谢会产生一部分酸类物质,使酸类物质相对含量逐渐增加,到发酵后期,酸浓度升高使乳酸菌活动受到抑制,酸类物质相对含量又逐渐下降,而老泡菜水发酵方式最初添加的老泡菜水中所含的酸类物质较多,随着发酵的进行,酸类物质参与酯化反应被消耗。菊芋泡菜产生的酸类物质种类相对不多,仅有肉豆蔻酸和乙酸2种,其中乙酸是相对含量较大的一种,这是由于乳酸菌利用泡菜环境中的葡萄糖通过同型乳酸发酵、异型乳酸发酵产生乙酸,乙酸具有较强的刺激感,适度浓度的乙酸具有增酸增香、促进食欲的作用,对菊芋泡菜的整体香味具有较为重要的作用。菊芋泡菜发酵至第10 d时,自然发酵、老泡菜水发酵、乳酸菌制剂发酵酸类物质的相对含量分别为0%、5.60%、5.68%。

2.3.6 菊芋泡菜发酵过程中含硫化合物相对含量变化(图7.3.8)

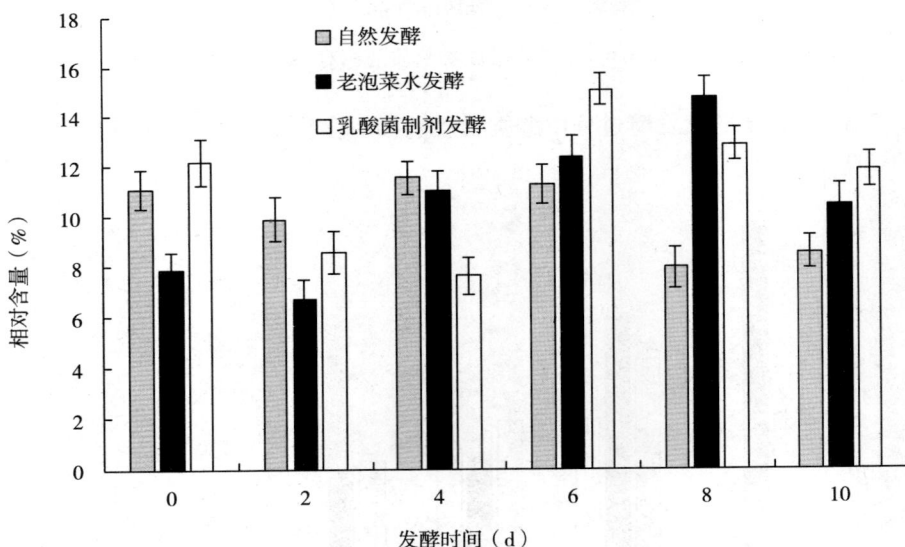

图7.3.8 菊芋泡菜含硫化合物的相对含量变化

由图7.3.8可知,在菊芋泡菜的整个发酵过程中,3种不同发酵方式含硫化合物的相对含量均呈不同的波动变化状态,其中相对含量较高的含硫化合物为:二烯丙基硫醚(10.51%)、二甲基二硫(10.51%)、二甲基三硫(8.54%),二烯丙基硫醚在老泡菜发酵方式的第8 d相对含量最高,具有大蒜的气味;二甲基二硫在乳酸菌制剂发酵方式的第6 d相对含量最高,二甲基三硫在自然发酵方式的第0 d相对含量最高;二烯丙基二硫、二烯丙基硫醚虽然在整个发酵过程中相对含量不高,但对菊芋泡菜的风味影响较大,它们均具有大蒜的气味。菊芋泡菜发酵至第10 d时,自然发酵、老泡菜水发酵、乳酸菌制剂发酵酸类物质的相对含量分别为8.49%、10.39%、11.78%。

2.3.7　菊芋泡菜发酵过程中其他类物质相对含量变化(图7.3.9)

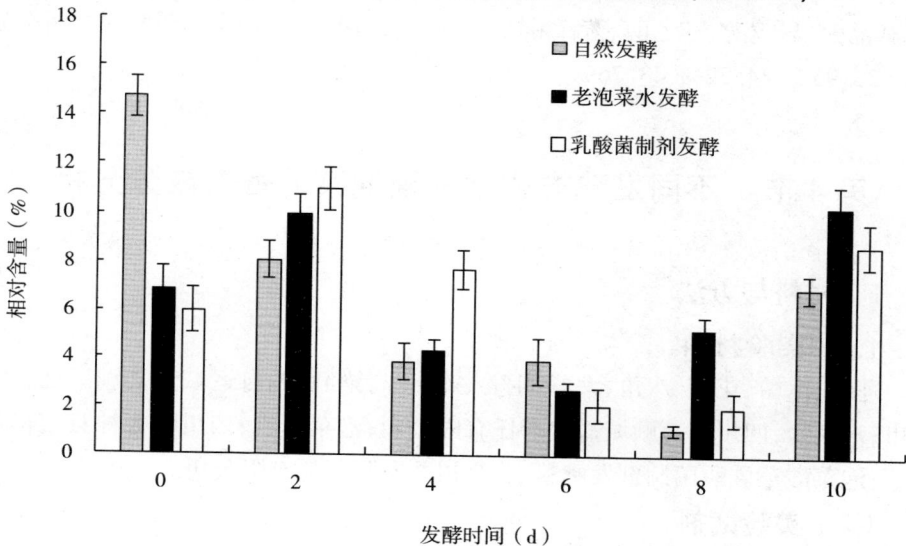

图7.3.9　菊芋泡菜其他类香气物质的相对含量变化

由图7.3.9可知,在菊芋泡菜的整个发酵过程中,3种不同发酵方式其他类香气物质的相对含量均呈不同变化趋势,自然发酵方式呈先下降后上升的变化趋势,老泡菜水发酵和乳酸菌制剂发酵方式呈先上升后下降再上升的变化趋势,其中相对含量较高的其他类香气物质为:茴香脑(8.79%)、乙偶姻(6.28%),茴香脑在自然发酵方式的第0 d相对含量最高,它带有甜味,具有茴香的特殊香气;乙偶姻在乳酸菌制剂发酵方式的第10 d相对含量最高,具有令人愉快的奶油香味。菊芋泡菜发酵至第10 d时,自然发酵、老泡菜水发酵、乳酸菌制剂发酵酸类物质的相对含量分别为7.01%、10.39%、8.78%。

3　结论

采用自然发酵、老泡菜水发酵、乳酸菌制剂发酵3种发酵方式制作菊芋泡菜,利用二氯甲烷液液萃取法和气相色谱—质谱联用技术(GC/MS)测定菊芋泡菜发酵过程中第0 d、2 d、4 d、6 d、8 d、10 d的香气成分,并进行变化分析,共得到酯类、醇类、酮类、酸类、含硫化合物等33种香气成分,其中自然发酵、老泡菜水发酵、乳酸菌制剂发酵泡菜中分别测出 23、27、28 种香气成分。在整个发酵过程中,3 种发酵方式的醇类物质的种类和相对含量最高,相对含量较高的酯类物质有:乙酸乙酯、已酸乙酯、乙酸苯乙酯,发酵至第 10 d 时,醇类物质相对含量分别达到 45.10%、22.74%、24.48%;酯类物质次之,其中相对含量较高的醇类物质有:萜品醇、异戊醇、苯乙醇、芳樟醇等,发酵至第 10 d 时,酯类物质相对含量分别达到 32.95%、44.22%、43.76%。

第 4 节　不同发酵方式下莲藕泡菜的香气成分分析

1　材料与方法

1.1　实验材料

莲藕、冰糖、花椒、八角、大蒜、生姜、辣椒、高粱酒,购自运城市盐湖区亿适家超市;泡菜盐,四川南充顺城盐化责任有限公司;泡菜母水,四川省青神县宏昌泡菜厂;泡菜酸菜乳酸菌制剂发酵粉,北京川秀国际贸易有限公司。

1.2　实验试剂

同本章第 1 节"1.2 实验试剂"。

1.3　仪器与设备

同本章第 1 节"1.3 仪器与设备"。

1.4　方法

1.4.1　莲藕泡菜的制备

1.4.1.1　莲藕泡菜发酵工艺流程

莲藕→挑选→清洗→晾干→切片→装坛→封坛→发酵→成品

↑

配制卤水

1.4.1.2　操作要点

(1)卤水配制:在 1000 mL 的纯净水中,加入泡菜盐 65 g、冰糖 32 g、花椒 12 g、八角 16 g、大蒜 40 g、生姜 20 g、辣椒 20 g,加热煮沸 15 min,冷却后备用。

(2)自然发酵:挑选外皮颜色微黄、藕节较粗且短、外形饱满、成熟度高的莲藕,自来水清洗表面的泥土后,再用纯净水清洗 2~3 遍,通风处晾干后,切成厚度均匀的薄片,按莲藕:卤水为 1:2(质量比)的比例进行装坛,密封后,在室温下发酵 12 d。

(3)老泡菜水发酵:将自然发酵中 20% 的卤水替换为等质量的泡菜母水,其他步骤同自然发酵。

（4）乳酸菌制剂发酵：将莲藕质量 2% 的乳酸菌粉用适量温水溶解，装坛时与莲藕、卤水一起入坛，其他步骤同自然发酵。

1.4.2　香气成分萃取

同本章第 1 节"1.4.2 甘蓝泡菜的香气成分的提取"。

1.4.3　香气成分测定

GC 条件：DB-17ms 毛细管色谱柱（30 m×0.25 mm，0.25 μm）；自动进样，进样量 1 μL；进样后，溶剂延迟时间为 5.50 min；进样口温度 250℃；载气为 He；载气流量为 1.0 mL/min；升温程序：柱温初始温度 45℃，保持 5 min，再以 5℃/min 升温至 240℃ 保持 5 min；分流进样，分流比为 10:1。

MS 条件：电子电离源（EI），电子能量 70 eV；离子源温度 230℃；MS 四极杆温度 150℃；质量扫描范围 50~550 u。

1.4.4　数据分析

定性：检测出的未知化合物与 NIST.11 library 相匹配，选择大于 80 匹配度的进行定性。

定量：采用峰面积归一化法得出不同香气成分的相对含量。

2　结果与分析

2.1　莲藕泡菜发酵过程中香气成分的总离子流图

莲藕泡菜在自然发酵、老泡菜水发酵、乳酸菌制剂发酵过程中第 0、6、12 d 的香气成分总离子流图，见图 7.4.1~图 7.4.3。

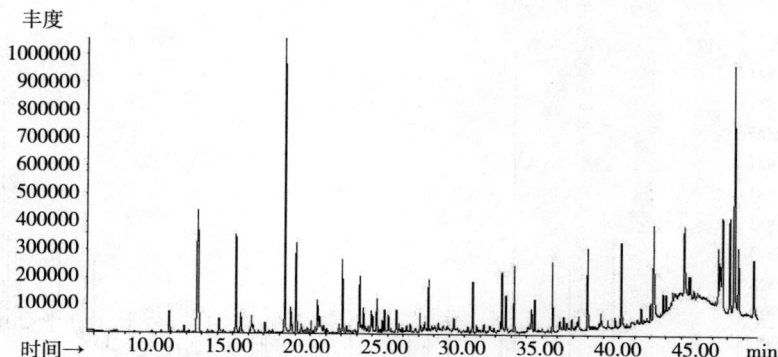

（a）第 0 d

图 7.4.1

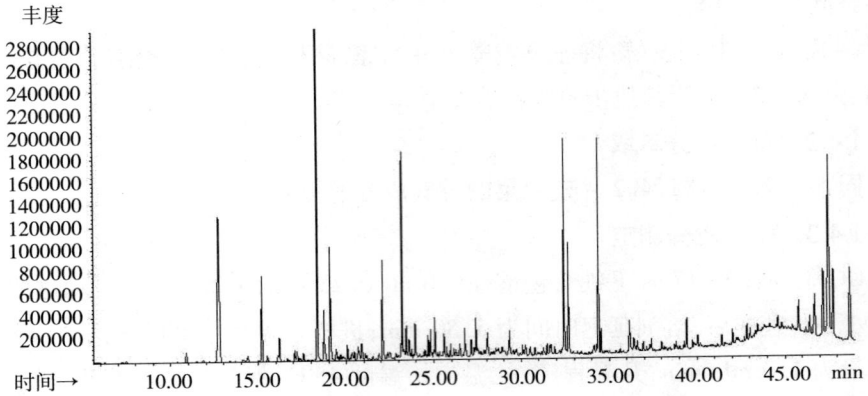

（b）第 6 d

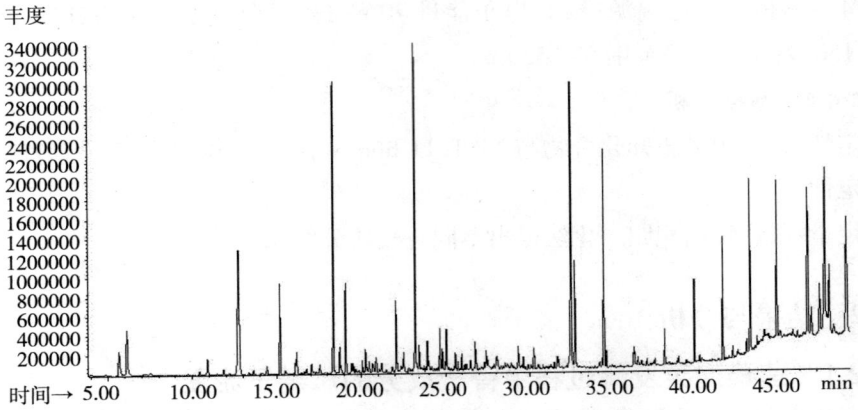

（c）第 12 d

图 7.4.1　莲藕泡菜自然发酵过程中香气成分总离子流图

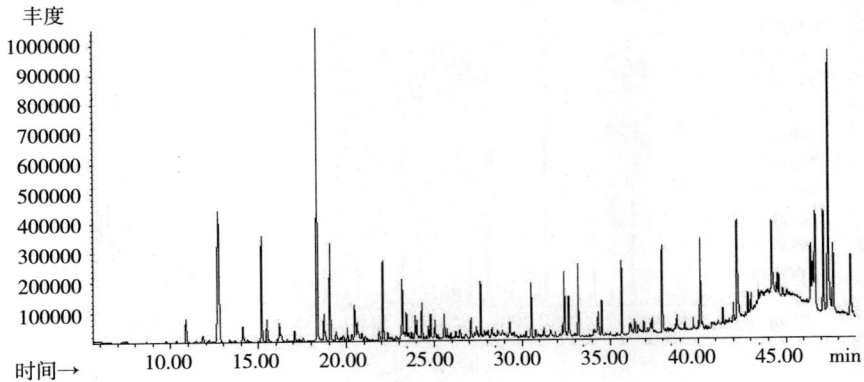

（a）第 0 d

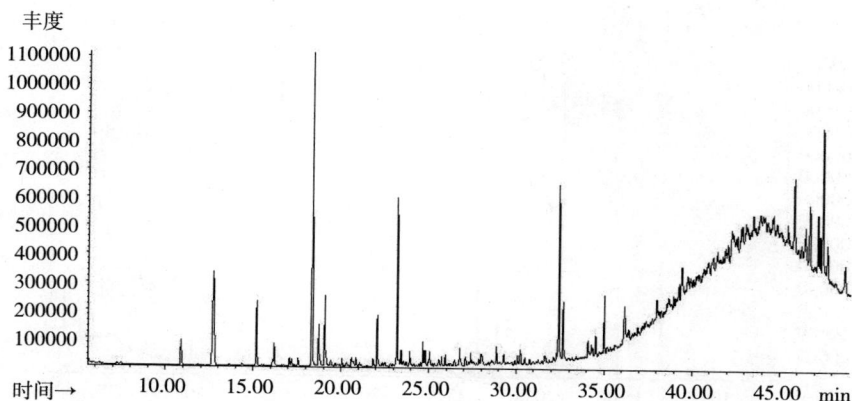

（b）第 6 d

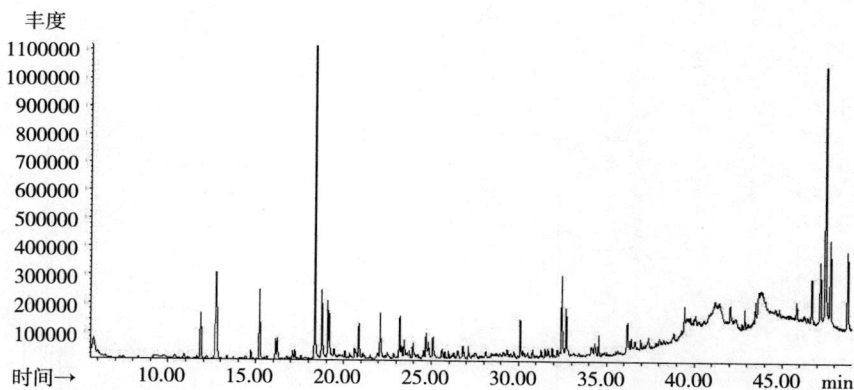

（c）第 12 d

图 7.4.2　莲藕泡菜老泡菜水发酵过程中香气成分总离子流图

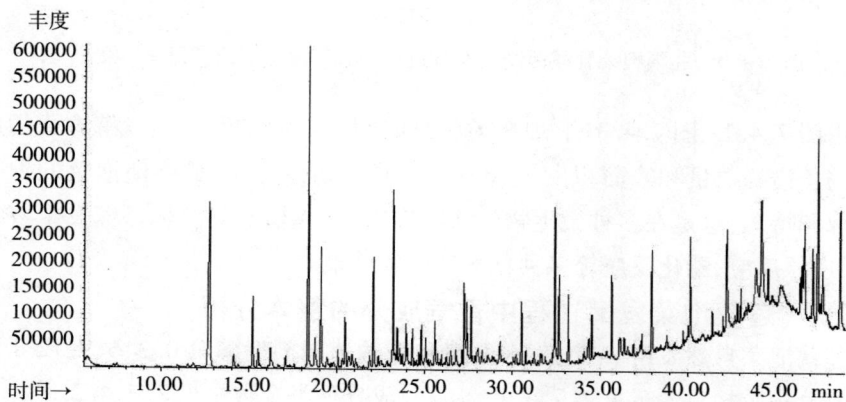

（a）第 0 d

图 7.4.3

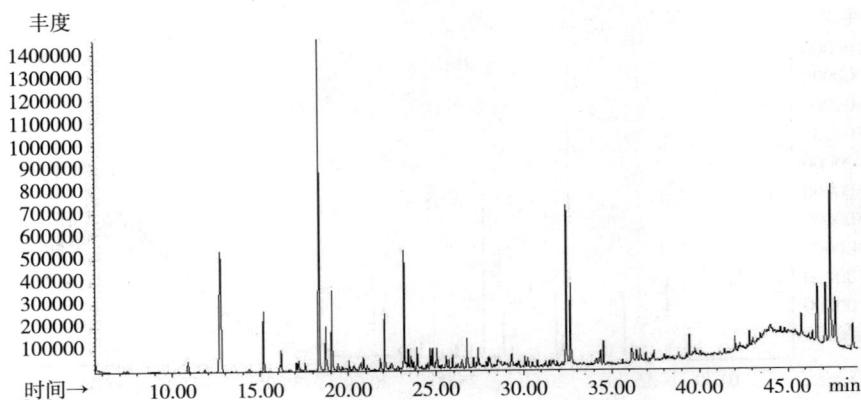

（b）第 6 d

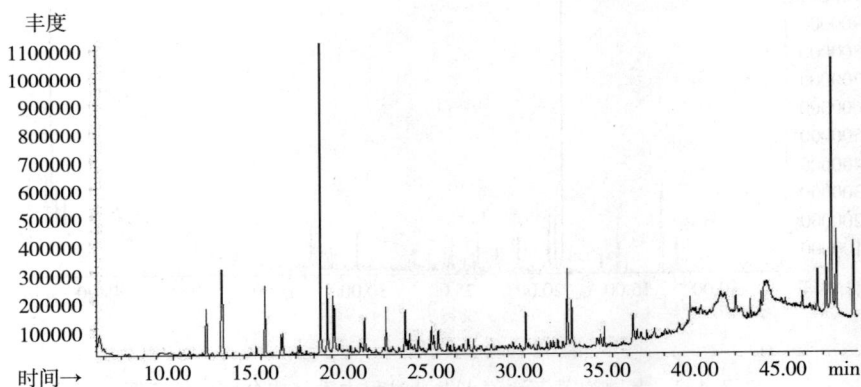

（c）第 12 d

图 7.4.3　莲藕泡菜乳酸菌制剂发酵过程中香气成分总离子流图

　　由图 7.4.1~图 7.4.3 可知,随着发酵时间的延长,3 种不同发酵方式的莲藕泡菜的色谱峰数量和峰面积发生着各种不同的动态变化,最终使泡菜的香味更加浓郁和持久,这是在多种微生物的共同作用下,莲藕泡菜内部环境发生着氧化反应、还原反应、酯化反应等多种化学反应的结果。

2.2　莲藕泡菜发酵过程中香气成分的整体分析

　　莲藕泡菜自然发酵、老泡菜水发酵和乳酸菌制剂发酵第 0、3、6、9、12 d 的各香气成分物质相对含量见表 7.4.1,各香气成分种类及数量见表 7.4.2。

　　由表 7.4.1 可知,莲藕泡菜在自然发酵、老泡菜水发酵、乳酸菌制剂发酵过程中共测出 79 种香味物质,其中 23 种醇类、4 种酯类、13 种酮类、4 种醛类、19 种烃类、4 种酸类、3 种酚类、3 种胺类、6 种其他类。由于 3 种不同发酵的莲藕泡菜中微生物种类及数量差异较大,各种不同微生物通过发酵产生不同的香味物质,这些香味物质既可以相互发生反应,又可以与泡菜原料中的香味物质发生反应,产生新的香味物质,因此不同发酵方式中香气成分种类及相对含量差异较大。在整个发酵过程中,自然发酵方式相对含量较高的香气成分物质有:O,O-二乙基-O-吡嗪基硫代磷酸酯(8.74%)、桉叶油醇(8.30%)、(−)-4-萜品醇(8.29%)、2-羟基-4,6-二甲氧基苯乙酮(7.31%)、十八烷(7.05%)、茴香脑(5.77%)等;老泡菜水发酵方式相对含量较高的香气成分物质为:(−)-4-萜品醇(11.60%)、O,O-二乙基-O-吡嗪基硫代磷酸酯(10.36%)、桉叶油醇(7.80%)、茴香脑(7.56%)、2-羟基-4,6-二甲氧基苯乙酮(5.43%)、亚甲基-环戊烷羧酸(4.98%)、十七烷(3.49%)等;乳酸菌制剂发酵方式相对含量较高的香气成分物质为:5-甲氧基-2-甲基苯胺(14.93%)、(−)-4-萜品醇(13.35%)、桉叶油醇(11.07%)、O,O-二乙基-O-吡嗪基硫代磷酸酯(10.37%)、茴香脑(8.81%)、2-羟基-4,6-二甲氧基苯乙酮(5.76%)等。其中 O,O-二乙基-O-吡嗪基硫代磷酸酯、桉叶油醇、(−)-4-萜品醇、茴香脑、2-羟基-4,6-二甲氧基苯乙酮等在莲藕泡菜的 3 种发酵方式中均产生并且含量均较高,表明这些香气物质是莲藕泡菜的主要特征香气成分。

由表 7.4.2 可知,在 3 种发酵方式下,莲藕泡菜醇类香气成分的种类数量最多,烃类、酮类次之,酯类香气物质种类数量虽然不多,且部分香气物质的相对含量不高,但因其阈值较低,对泡菜风味的贡献较大,因此有助于提高莲藕泡菜的品质;烃类物质虽然种类数量较多,并且部分烃类物质的相对含量较高,但因其阈值较高,对泡菜风味影响不大,但在泡菜风味中也是必不可少的;在自然发酵、老泡菜水发酵、乳酸菌制剂发酵在整个发酵过程中分别检测出 78、57、56 种香气成分。

表 7.4.1 莲藕泡菜 3 种发酵过程中香气物质的种类与数量

相对含量（%）

序号	香气物质	自然发酵					老泡菜水发酵					乳酸菌制剂发酵				
		0 d	3 d	6 d	9 d	12 d	0 d	3 d	6 d	9 d	12 d	0 d	3 d	6 d	9 d	12 d
	醇类															
1	桉叶油醇	8.30	4.72	8.06	—	5.52	7.80	6.74	0.26	1.60	6.89	9.21	10.27	11.07	6.53	4.89
2	4-甲氧基苄醇	—	0.64	0.61	1.62	0.79	0.38	1.27	0.26	2.55	1.18	—	0.74	0.91	1.62	0.59
3	顺式-1-甲基-4-(1-甲基乙烯基)环己醇	0.72	—	—	—	—	0.68	—	—	—	—	—	—	—	—	—
4	松油醇	0.72	1.70	3.06	1.47	1.74	2.60	2.54	0.82	2.46	1.88	3.04	3.60	3.37	2.27	2.10
5	顺式-β-松油醇	0.70	—	0.20	—	—	0.69	—	—	—	—	—	—	—	—	—
6	顺式-哌啶醇	0.33	—	0.45	—	0.25	—	—	—	—	—	—	—	—	—	—
7	α-松油醇	—	1.69	—	1.47	—	2.60	—	—	—	—	—	—	—	2.27	—
8	苯甲醇	0.24	—	0.87	0.31	0.50	—	0.74	0.27	1.12	0.93	—	0.86	1.08	0.65	1.27
9	苯乙醇	0.99	1.05	1.45	0.53	0.63	0.89	1.29	0.50	1.24	2.87	1.04	1.71	2.14	0.37	1.42
10	对异丙基苯甲醇	1.22	0.54	0.92	0.72	0.59	0.77	0.77	0.18	0.88	0.56	1.97	0.89	0.90	0.88	0.63
11	芳樟醇	2.13	1.03	2.33	0.58	1.94	3.14	3.03	0.76	2.11	2.81	2.05	2.38	2.73	3.33	1.44
12	(-)-4-萜品醇	5.12	5.11	8.29	2.04	5.67	8.21	9.06	3.11	5.71	11.6	7.87	12.20	13.35	6.39	8.16
13	对甲基苯异丙醇	0.34	0.25	0.38	0.27	0.21	0.30	0.28	—	0.32	—	—	0.36	0.36	0.34	0.22
14	2-羟基桉树脑	0.53	—	0.66	0.60	0.43	—	—	—	0.92	1.13	—	—	0.69	—	0.50
15	1-(4-甲氧基苯基)-1-丙醇	0.33	—	0.35	—	—	—	—	—	0.60	—	—	0.42	—	—	—

续表

序号	香气物质	相对含量（%）														
		自然发酵					老泡菜水发酵					乳酸菌制剂发酵				
		0 d	3 d	6 d	9 d	12 d	0 d	3 d	6 d	9 d	12 d	0 d	3 d	6 d	9 d	12 d
16	4-甲氧基苄醇	—	0.64	0.61	1.62	0.79	0.38	1.27	0.26	2.54	1.18	—	0.72	0.91	1.62	0.59
17	4-羟基-3-甲氧基苯乙醇	—	—	0.29	0.22	0.11	—	—	—	0.32	—	—	—	—	0.30	0.24
18	2,3-丁二醇	—	—	—	1.54	0.88	—	—	—	—	—	—	—	—	—	—
19	肉桂醇	—	—	—	—	0.16	—	—	—	—	—	—	—	—	0.46	—
20	(E)-2,6-二甲基-3,7-辛二烯-2,6-二醇	—	—	—	0.34	—	—	—	—	0.42	—	—	—	—	0.42	—
21	4-异丙基环己醇	—	—	0.26	0.23	—	—	—	—	0.39	—	—	—	0.48	0.21	0.26
22	柠檬烯-1,2-二醇	0.83	0.67	0.77	0.96	0.48	0.62	0.73	—	0.98	0.74	0.99	0.92	0.95	0.97	0.66
23	3-脱氧雌二醇	—	0.99	—	1.22	—	—	—	1.03	—	—	—	—	—	—	—
	醇类合计	22.5	19.03	29.56	15.74	20.69	29.06	27.72	7.45	24.16	31.77	26.17	34.71	38.94	28.63	22.97
	酯类															
24	O,O-二乙基-O-吡嗪基硫代磷酸酯	—	—	8.74	—	—	10.35	—	—	—	—	—	—	10.37	5.41	—
25	邻苯二甲酸二丁酯	—	—	0.22	—	0.07	—	—	—	—	—	—	—	—	—	—
26	香草酸甲酯	—	—	0.25	—	—	—	0.26	—	—	—	—	—	—	—	0.26

序号	香气物质	相对含量（%）														
		自然发酵					老泡菜水发酵					乳酸菌制剂发酵				
		0 d	3 d	6 d	9 d	12 d	0 d	3 d	6 d	9 d	12 d	0 d	3 d	6 d	9 d	12 d
27	2,4-双[(三甲基甲基硅烷基)氧基]苯甲酸三甲基甲硅烷基酯	1.81	1.79	—	—	—	1.60	—	—	—	—	1.42	—	—	—	1.80
	酯类合计	1.81	1.79	9.21	—	0.07	11.95	0.26	—	—	—	1.42	—	10.37	5.41	2.06
	酮类															
28	4-(1-甲基乙基)-2-环己烯-1-酮	1.86	—	0.22	—	0.22	1.45	—	—	—	—	1.61	—	—	0.34	—
29	2-异丙基-5-甲基-3-环己烯-1-酮	2.91	—	2.50	—	1.45	1.98	1.89	0.51	—	1.69	2.64	—	2.38	1.80	1.18
30	右旋香芹酮	0.53	—	0.31	—	0.20	—	—	—	—	—	—	—	—	—	—
31	2-乙酰环戊酮	1.14	0.78	1.12	1.16	0.63	0.66	0.75	—	0.84	—	1.16	1.16	1.09	1.12	0.61
32	对甲氧基苯基丙酮	1.04	0.63	1.13	0.67	0.48	—	0.42	—	0.71	—	1.97	1.05	0.93	0.59	0.50
33	6-(乙基氨基)-2(1H)-嘧啶酮	—	—	0.92	—	—	—	—	—	—	—	—	—	—	0.85	—
34	2,6-二甲基-3,5-庚二酮	—	0.39	—	—	0.31	—	—	—	—	—	—	0.61	0.47	—	0.17

续表

序号	香气物质	相对含量（%）														
		自然发酵					老泡菜水发酵					乳酸菌制剂发酵				
		0 d	3 d	6 d	9 d	12 d	0 d	3 d	6 d	9 d	12 d	0 d	3 d	6 d	9 d	12 d
35	崖柏酮	0.76	—	—	—	—	—	0.54	—	—	1.16	—	—	—	—	—
36	2-哌嗪酮	0.54	—	—	0.59	—	—	—	—	—	—	—	—	—	0.48	—
37	环己酮	—	0.97	0.35	—	0.44	0.88	0.77	0.35	—	—	—	—	0.65	0.40	—
38	胡椒酮	—	1.43	—	1.43	—	—	—	1.84	—	—	—	2.50	—	—	—
39	7-羟基-6-甲氧基-2H-1-苯并吡喃-2-酮	—	—	—	—	—	—	0.63	—	0.83	—	—	—	—	0.64	—
40	2-羟基-4,6-二甲氧基苯乙酮	5.84	—	5.05	7.31	3.61	—	—	—	5.43	—	—	—	—	5.76	5.02
	酮类合计	14.62	4.20	11.60	11.16	7.34	4.97	5.00	2.70	7.81	2.85	7.38	5.32	5.52	11.98	7.48
	醛类															
41	2-乙基丁醛	0.58	—	—	0.53	—	—	—	—	—	—	—	—	—	—	—
42	4-甲氧基苯甲醛	—	0.62	—	—	0.22	0.52	—	—	—	—	—	—	—	0.49	—
43	3-噻吩甲醛	—	0.57	—	—	—	—	—	—	—	—	1.22	—	—	—	—
44	2,6,6-三甲基-3-环己烯-1-甲醛	—	—	0.28	—	—	—	—	—	—	—	—	—	—	—	0.42

续表

序号	香气物质	相对含量(%)														
		自然发酵					老泡菜水发酵					乳酸菌菌剂发酵				
		0 d	3 d	6 d	9 d	12 d	0 d	3 d	6 d	9 d	12 d	0 d	3 d	6 d	9 d	12 d
	醛类合计	0.58	1.19	0.28	0.53	0.22	0.52	—	—	—	—	1.22	—	—	0.49	0.42
	烃类															
45	双戊烯	—	3.96	—	—	0.15	—	—	—	—	2.40	—	—	—	—	—
46	右旋萜二烯	—	—	—	1.08	—	—	—	—	—	—	—	—	—	0.22	0.41
47	十六烷	0.25	—	0.26	0.25	0.16	—	0.24	—	—	0.30	—	—	—	—	—
48	角鲨烯	—	1.73	—	—	—	—	—	—	—	—	—	—	—	—	—
49	β-律草烯	—	—	—	0.50	0.15	—	—	—	—	—	—	—	—	—	—
50	1-二十二烯	—	—	—	0.38	0.45	—	0.48	0.99	—	—	—	—	—	—	—
51	1-二十烯	—	—	—	0.14	0.25	2.06	2.58	3.25	—	—	—	—	—	—	—
52	二十烷	0.70	0.63	—	0.27	0.17	0.46	0.50	—	0.36	—	—	—	—	0.19	0.23
53	二十四烷	1.01	1.33	0.28	0.99	1.99	—	—	—	—	—	—	—	—	0.21	—
54	二十五烷	—	2.14	0.28	1.36	0.61	—	1.14	—	—	—	0.72	—	—	0.25	—
55	十七烷	1.44	0.94	—	0.69	3.17	—	3.49	—	—	—	0.57	—	—	—	—
56	十八烷	2.83	7.05	0.39	1.34	0.64	—	—	—	—	—	—	—	—	—	—
57	二十一烷	—	3.24	0.35	1.29	1.29	—	—	—	—	—	—	—	—	—	—
58	6-溴-1,4-环辛二烯	1.59	—	—	—	—	—	—	—	—	3.31	—	—	—	—	—
59	丙烷-2-亚烷基环己烷	—	—	0.20	—	0.21	—	—	—	—	—	—	—	—	—	—

相对含量（%）

序号	香气物质	自然发酵					老泡菜水发酵					乳酸菌制剂发酵				
		0 d	3 d	6 d	9 d	12 d	0 d	3 d	6 d	9 d	12 d	0 d	3 d	6 d	9 d	12 d
60	4,6-壬二酮	—	—	0.34	0.72	—	—	—	—	—	—	—	—	—	—	—
61	[[4-[1,2-双[(三甲基甲硅烷基)氧基]乙基]-1,2-亚苯基]-双(氧基)]双(三甲基硅烷)	1.38	1.81	—	—	—	1.03	—	—	—	—	1.02	—	—	—	1.59
62	十八碳甲基环壬基硅氧烷	1.58	1.69	—	0.39	—	1.42	—	—	—	0.42	1.32	—	—	—	2.39
63	十四甲基六硅氧烷	3.29	—	—	—	—	—	—	—	—	—	2.91	—	—	—	—
	烃类合计	14.07	24.52	2.10	8.11	9.24	4.97	8.43	4.24	0.36	6.43	6.54	—	—	0.87	4.62
	酸类															
64	对甲氧基苯甲酸	0.35	—	1.12	1.35	0.62	—	0.12	—	1.36	0.62	—	1.34	0.20	1.16	0.38
65	3-乙烯基-2-亚甲基-环戊烷羧酸	1.42	2.16	2.59	—	2.25	4.20	2.16	4.98	1.75	2.25	—	2.39	3.84	1.75	—
66	棕榈酸	0.90	—	1.37	—	—	—	2.72	—	—	—	—	—	—	1.46	1.58

续表

序号	香气物质	相对含量(%)														
		自然发酵					老泡菜水发酵					乳酸菌制剂发酵				
		0 d	3 d	6 d	9 d	12 d	0 d	3 d	6 d	9 d	12 d	0 d	3 d	6 d	9 d	12 d
67	对甲氧基苯乙酸	—	—	—	1.14	—	—	—	0.26	1.62	—	—	0.97	—	1.11	—
	酸类合计	2.67	2.16	5.08	2.49	2.87	4.20	5.00	5.24	4.73	—	—	4.70	4.04	5.48	1.96
	酚类															
68	苯酚	—	0.40	—	—	0.11	—	—	—	—	—	—	—	—	—	—
69	2,2'-亚甲基双-(4-甲基-6-叔丁基苯酚)	—	2.31	2.46	3.45	—	2.52	3.57	0.58	1.50	4.03	4.74	1.77	1.57	1.61	2.46
70	顺式香芹酚	0.36	—	0.35	—	—	—	—	—	—	—	—	—	—	0.24	—
	酚类总计	0.36	2.71	2.81	3.45	0.11	2.52	3.57	0.58	1.50	4.03	4.74	1.77	1.57	1.85	2.46
	胺类															
71	油酸酰胺	—	1.26	1.39	0.96	0.74	—	1.69	2.81	—	—	—	—	1.20	0.79	0.63
72	5-甲氧基-2-甲基苯胺	2.90	—	—	—	—	—	—	0.90	—	—	—	—	6.71	14.93	4.01
73	4-氯-N-甲基苯磺酰胺	—	—	—	0.35	0.27	—	—	1.73	0.62	—	—	—	—	—	—

续表

序号	香气物质	相对含量（%）														
		自然发酵					老泡菜水发酵					乳酸菌制剂发酵				
		0 d	3 d	6 d	9 d	12 d	0 d	3 d	6 d	9 d	12 d	0 d	3 d	6 d	9 d	12 d
	胺类合计	2.90	1.26	1.39	1.31	0.27	—	1.69	5.44	0.62	0.74	—	—	7.91	15.72	4.64
	其他类															
74	3,5-二甲氧基-4-羟基苯甲酰肼	0.32	0.83	0.32	0.27	0.13	—	0.37	—	0.29	—	—	—	0.44	0.20	0.37
75	4-二甲氨基吡啶	0.38	—	—	—	—	—	0.46	—	—	—	—	—	—	—	1.05
76	2,5-二甲氧基甲基苯	1.81	—	5.75	—	—	1.25	2.68	—	—	—	2.58	—	—	0.33	—
77	1,1-二甲基-2-亚甲基肼	—	—	0.64	—	0.33	—	—	—	—	—	—	—	—	—	—
78	异丁香酚甲醚	—	—	—	0.77	0.23	—	—	—	—	—	—	—	—	—	—
79	茴香脑	2.78	1.81	5.09	4.26	5.77	2.12	4.83	1.58	7.56	1.56	4.34	8.31	4.81	8.81	2.99
	其他类合计	5.29	2.64	11.8	5.30	6.46	3.37	8.34	1.58	7.85	1.56	6.92	8.31	5.25	9.34	4.41

注："—"表示未检。

表 7.4.2 莲藕泡菜发酵过程中各香气成分的种类及数量

种类	第 0 d			第 3 d			第 6 d			第 9 d			第 12 d		
	自然发酵	老泡菜水发酵	乳酸菌制剂发酵	自然发酵	老泡菜水发酵	乳酸菌制剂发酵	自然发酵	老泡菜水发酵	乳酸菌制剂发酵	自然发酵	老泡菜水发酵	乳酸菌制剂发酵	自然发酵	老泡菜水发酵	乳酸菌制剂发酵
醇类	14	13	7	12	11	11	17	10	13	17	16	16	16	11	14
酯类	1	2	1	1	0	1	3	0	1	0	0	1	1	0	2
酮类	8	4	4	5	4	6	8	3	5	5	4	9	8	2	5
醛类	1	1	1	2	0	0	1	0	0	1	0	1	1	0	1
烃类	9	4	5	10	0	6	7	2	0	12	1	4	8	4	12
酸类	3	1	0	1	3	3	3	2	2	2	3	4	2	0	2
酚类	1	1	1	2	1	1	2	1	1	1	1	2	1	1	1
胺类	1	0	0	1	0	1	1	3	2	2	1	2	2	1	2
其他类	4	2	2	2	1	2	4	1	2	3	2	3	4	1	3
合计	42	28	21	36	20	31	46	22	26	43	28	42	43	28	42

2.3　莲藕泡菜发酵过程中香气成分分类分析

2.3.1　莲藕泡菜发酵过程中醇类物质的相对含量变化(图 7.4.4)

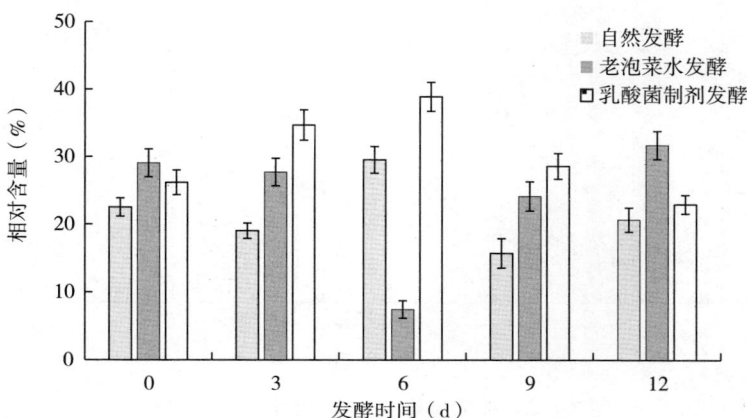

图 7.4.4　莲藕泡菜醇类物质的相对含量变化

由图 7.4.4 可知,莲藕泡菜在第 0~12 d 的发酵过程中,3 种发酵方式醇类物质的种类数量及相对含量都是香味物质中最大的一类,随发酵时间的延长呈不同的变化趋势,自然发酵呈先降后升再降再升的波动变化趋势,老泡菜水发酵呈先下降后上升的变化趋势,乳酸菌制剂发酵呈先上升后下降的变化状态;相对含量较高的醇类物质为:(-)4-萜烯醇(13.35%)、桉叶油醇(11.07%)、松油醇(3.60%)、芳樟醇(3.33%)、4-甲氧基苄醇(2.55%)。其中(-)4-萜烯醇在乳酸菌制剂发酵方式第 6 d 的相对含量最高,又名 4-松油醇,呈暖的胡椒香、较淡的泥土香;桉叶油醇在乳酸菌制剂发酵方式第 6 d 的相对含量最高,又名桉叶醇、桉树脑、桉叶油醇等,具有樟脑气息和清凉的草药味道;松油醇在乳酸菌制剂发酵方式第 3 d 的相对含量最高,具有紫丁香花香,稀释后呈榜子香味;芳樟醇在乳酸菌制剂发酵方式第 9 d 的相对含量最高,又名沉香醇、芫荽醇,具有浓青带甜的木青气息,似玫瑰木香气,香气柔和;4-甲氧基苄醇在老泡菜水发酵方式第 9 d 的相对含量最高,具有略带甜味的茴香香气,这些醇类物质对莲藕泡菜风味形成具有重要作用;莲藕泡菜发酵至第 12 d 时,自然发酵、老泡菜水发酵、乳酸菌制剂发酵醇类物质的相对含量分别为 20.69%、31.77%、22.97%。

2.3.2　莲藕泡菜发酵过程中酯类物质的相对含量变化

由图 7.4.5 可知,莲藕在第 0~12 d 的发酵过程中,自然发酵、乳酸菌制剂发酵方式酯类物质的相对含量呈先上升后下降的趋势,老泡菜水发酵呈下降的变化趋

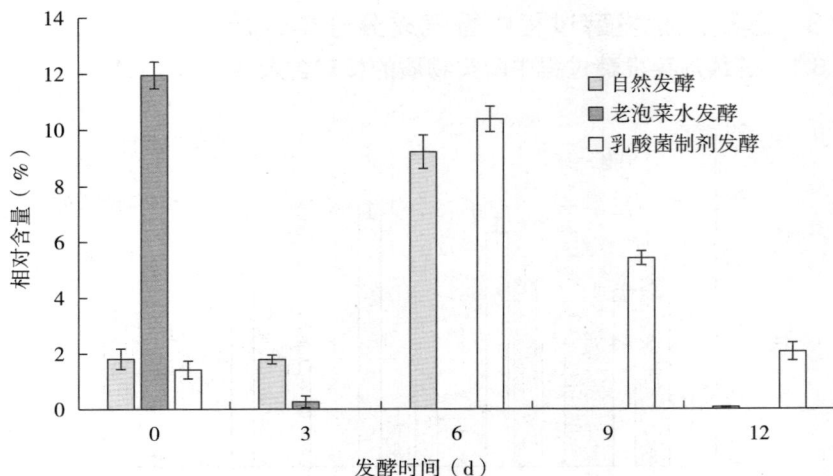

图 7.4.5　莲藕泡菜酯类物质的相对含量变化

势,这可能是由于在发酵后期,莲藕泡菜中的醇类和酸类物质通过酯化反应形成酯类物质导致相对含量下降的缘故。在整个发酵过程中,3 种发酵方式仅产生 4 种酯类物质,O,O-二乙基-O-吡嗪基硫代磷酸酯在老泡菜水发酵方式第 6 d 的相对含量最高,为 10.37%;2,4-双[(三甲基甲硅烷基)氧基]苯甲酸三甲基甲硅烷基酯在自然发酵方式第 0 d 的相对含量最高,为 1.81%。莲藕泡菜发酵至第 12 d 时,自然发酵、老泡菜水发酵、乳酸菌制剂发酵酯类物质的相对含量分别为 0.07%、0、2.06%。

2.3.3　莲藕泡菜发酵过程中酮类物质的相对含量变化(图 7.4.6)

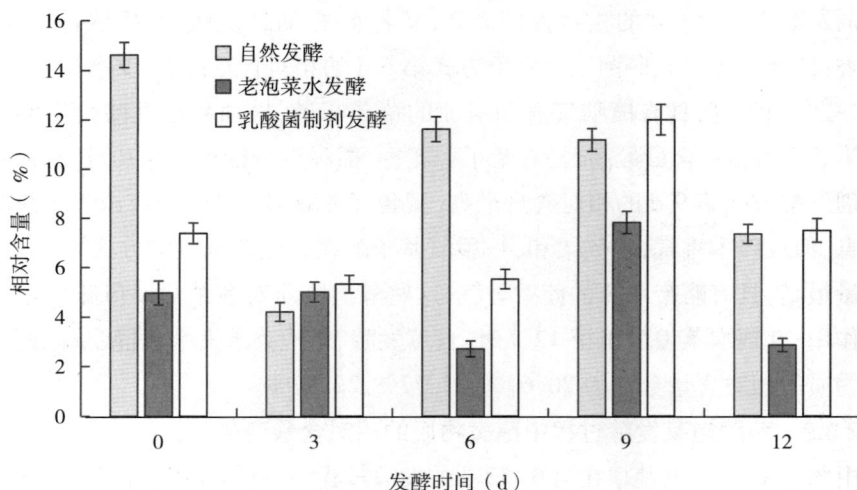

图 7.4.6　莲藕泡菜酮类物质的相对含量变化

由图 7.4.6 可知,在第 0~12 d 的发酵过程中,3 种发酵方式酮类物质的相对含量随发酵时间的延长均呈先下降后上升再下降的变化趋势,相对含量较高的酮类物质为:2-羟基-4,6-二甲氧基苯乙酮(7.31%)、2-异丙基-5-甲基-3-环己烯-1-酮(2.91%)、胡椒酮(2.50%)、4-(1-甲基乙基)-2-环己烯-1-酮(1.86%)。其中胡椒酮在乳酸菌制剂发酵方式第 3 d 的相对含量最高,具有樟脑气味;莲藕泡菜发酵至第 12 d 时,自然发酵、老泡菜水发酵、乳酸菌制剂发酵醇类物质的相对含量分别为 7.34%、2.85%、7.48%。

2.3.4　莲藕泡菜发酵过程中醛类物质的相对含量变化(图 7.4.7)

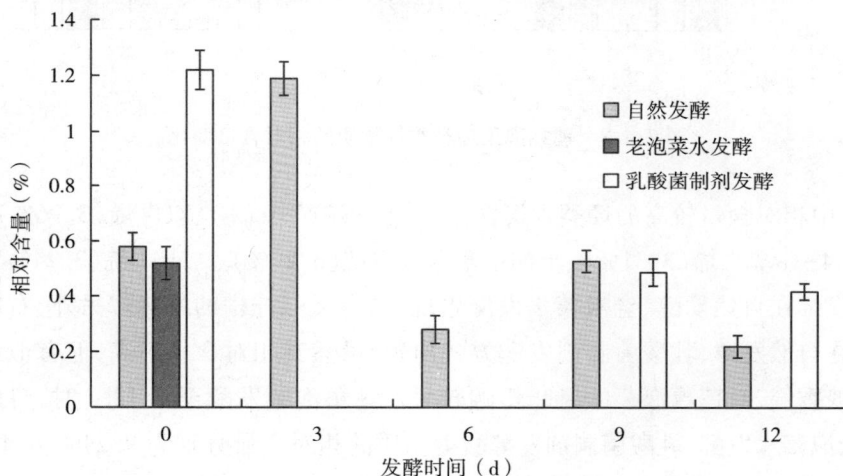

图 7.4.7　莲藕泡菜醛类物质的相对含量变化

由图 7.4.7 可知,在 3 种发酵方式下,莲藕泡菜醛类香气物质的相对含量呈不同的变化趋势,自然发酵呈先升后降再升再降的曲折变化趋势,老泡菜水发酵和乳酸菌制剂发酵呈下降的变化趋势;3 种发酵方式在整个发酵过程中产生了 4 种醛类物质:2-乙基丁醛、4-甲氧基苯甲醛、3-噻吩甲醛、2,6,6-三甲基-3-环己烯-1-甲醛,其中 4-甲氧基苯甲醛在 3 种发酵方式中均出现,具有类似山楂的气味;莲藕泡菜发酵至第 12 d 时,自然发酵、老泡菜水发酵、乳酸菌制剂发酵醛类物质的相对含量分别为 0.22%、0、0.42%。

2.3.5　莲藕泡菜发酵过程中烃类物质相对含量变化

由图 7.4.8 可知,在莲藕泡菜的整个发酵过程中,3 种不同发酵方式烃类香气物质的相对含量均呈不同变化趋势,自然发酵、老泡菜水发酵方式呈先上升后下降再上升的变化趋势,乳酸菌制剂发酵方式呈先下降后上升再下降的变化趋

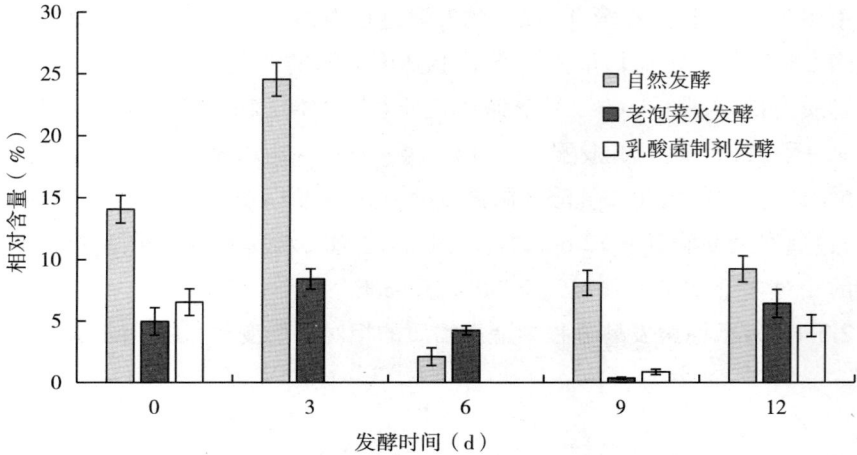

图 7.4.8　莲藕泡菜烃类香气物质的相对含量变化

势,其中相对含量较高的烃类香气物质为:十八烷(7.05%)、双戊烯(3.96%)、6-溴-1,4-环辛二烯(3.31%)、十四甲基六硅氧烷(3.29%)、二十一烷(3.24%),其中双戊烯在自然发酵、老泡菜水发酵出现,具有类似柠檬的香味。另外,右旋萜二烯在自然发酵、乳酸菌制剂发酵方式出现,虽然其相对含量不高,但有似鲜花的清淡香气,对莲藕泡菜的风味影响较大。莲藕泡菜发酵至第 12 d 时,自然发酵、老泡菜水发酵、乳酸菌制剂发酵酸类物质的相对含量分别为 9.24%、6.43%、4.62%。

2.3.6　莲藕泡菜发酵过程中酸类物质的相对含量变化(图 7.4.9)

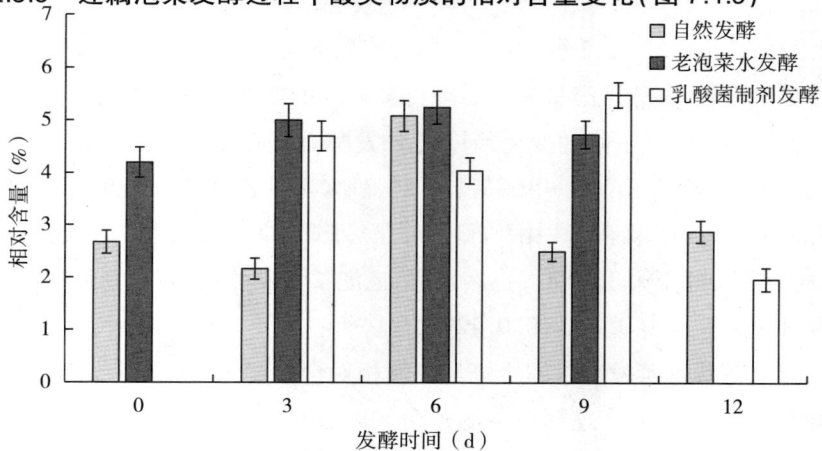

图 7.4.9　莲藕泡菜酸类物质的相对含量变化

由图 7.4.9 可知,在第 0~12 d 的发酵过程中,3 种发酵方式酸类物质的相对含量随发酵时间的延长呈不同的变化趋势,自然发酵呈先降后升再降再升的波动变化趋势,老泡菜水发酵呈先上升后下降的变化趋势,乳酸菌制剂发酵呈先升后降再升再降的变化趋势。莲藕泡菜产生的酸类物质有 4 种:对甲氧基苯甲酸、3-乙烯基-2-亚甲基-环戊烷羧酸、棕榈酸、对甲氧基苯乙酸。莲藕泡菜发酵至第 12 d 时,自然发酵、老泡菜水发酵、乳酸菌制剂发酵酸类物质的相对含量分别为 2.87%、0、1.96%。

2.3.7　莲藕泡菜发酵过程中酚类物质相对含量变化(图 7.4.10)

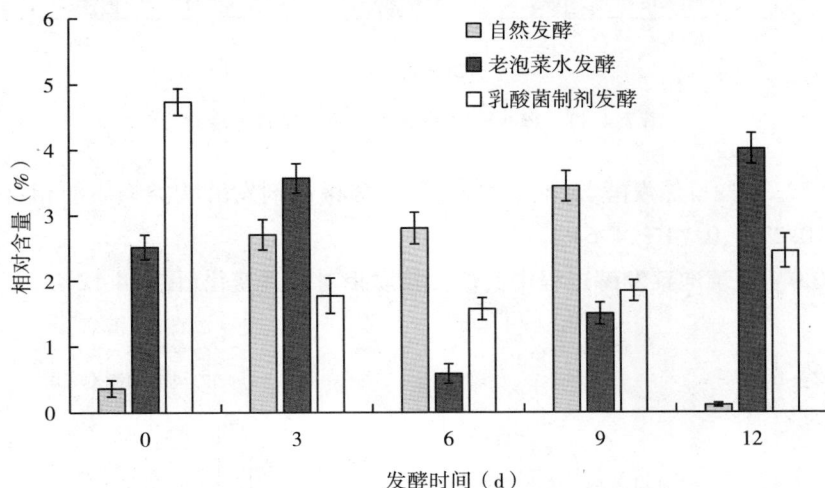

图 7.4.10　莲藕泡菜酚类物质的相对含量变化

由图 7.4.10 可知,在莲藕泡菜的整个发酵过程中,3 种不同发酵方式酚类物质的相对含量均呈不同的变化状态,自然发酵呈先上升后下降的变化趋势,老泡菜水发酵呈先升后降再升的变化趋势,乳酸菌制剂发酵呈先下降后上升的变化趋势。酚类物质无论是种类数量还是相对含量均不高,对泡菜的风味影响也不大;莲藕泡菜发酵至第 12 d 时,自然发酵、老泡菜水发酵、乳酸菌制剂发酵酸类物质的相对含量分别为 0.11%、4.03%、2.46%。

2.3.8　莲藕泡菜发酵过程中胺类物质相对含量变化

由图 7.4.11 可知,在莲藕泡菜的整个发酵过程中,3 种不同发酵方式胺类香气物质的相对含量均呈不同变化趋势,自然发酵方式呈先下降后上升再下降的变化趋势,老泡菜水发酵和乳酸菌制剂发酵方式呈先上升后下降的变化趋势,其中相对含量较高的香气物质为:5-甲氧基-2-甲基苯胺(14.93%)。莲藕泡菜发

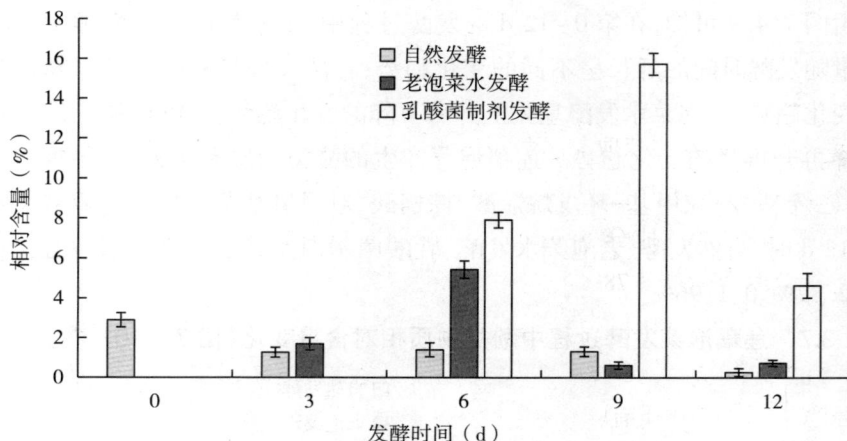

图 7.4.11　莲藕泡菜胺类物质的相对含量变化

酵至第 12 d 时,自然发酵、老泡菜水发酵、乳酸菌制剂发酵酸类物质的相对含量分别为 0.27%、0.74%、4.64%。

2.3.9　莲藕泡菜发酵过程中其他类物质相对含量变化(图 7.4.12)

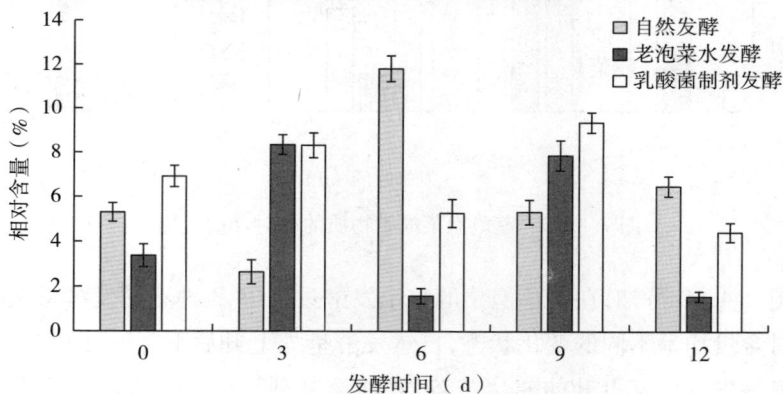

图 7.4.12　莲藕泡菜其他类香气物质的相对含量变化

由图 7.4.12 可知,在莲藕泡菜的整个发酵过程中,3 种不同发酵方式其他类香气物质的相对含量均呈不同波折变化状态,其中相对含量较高的其他类香气物质为:茴香脑(8.81%)、2,5-二甲氧基甲苯(5.75%),茴香脑在乳酸菌制剂发酵方式的第 9 d 相对含量最高,它带有甜味,具有茴香的特殊香气;虽然异丁香酚甲醚相对含量不高,但具有丁香酚气味。莲藕泡菜发酵至第 12 d 时,自然发酵、老泡菜水发酵、乳酸菌制剂发酵酸类物质的相对含量分别为 6.46%、1.56%、4.41%。

3　结论

本实验采用自然发酵、老泡菜水发酵、乳酸菌制剂发酵 3 种发酵方式制作莲藕泡菜，利用二氯甲烷萃取法和气相色谱—质谱联用技术（GC/MS）测定莲藕泡菜发酵过程中第 0 d、3 d、6 d、9 d、12 d 共 5 天的香气成分，共测得醇类、酯类、酮类、醛类等 79 种香气成分，其中自然发酵、老泡菜水发酵、乳酸菌制剂发酵在整个发酵过程中分别测出 78、57、56 种香气成分。在整个发酵过程中，3 种发酵方式的醇类物质的种类和相对含量最高，相对含量较高的醇类物质有：(−)4−萜烯醇、桉叶油醇、松油醇、芳樟醇等；酮类和其他类香味物质次之，其中相对含量较高的酮类和其他类物质有：2−羟基−4,6−二甲氧基苯乙酮、2−异丙基−5−甲基−3−环己烯−1−酮、胡椒酮、茴香脑（8.81%）、2,5−二甲氧基甲苯等。

参考文献

[1] 周相玲，胡安胜，王彬，等. 人工接种泡菜与自然发酵泡菜风味物质的对比分析[J]. 中国酿造，2011(1)：159-160.

[2] 张晓，夏延斌. 泡菜风味及其影响因素进展[J]. 中国调味品，2012(3)：32-35.

[3] 张金凤. 传统四川泡菜挥发性成分的萃取条件优化及发酵过程中的变化研究[D]. 成都：四川农业大学，2014.

[4] 曹东，曹琳，范林川，等. 泡菜发酵过程挥发性风味成分的变化[J]. 粮食与油脂，2017，30(3)：45-49.

[5] LEE J H, KANG J H, MIN D B. Optimization of solid-phase microextraction for the analysis of the headspace volatile compounds in Kimchi, a traditional Korean I fermented vegetable product [J]. Journal of Food Science, 2003, 68(3)：844-848.

[6] 黄盛蓝，杜木英，周先容，等. 发软泡菜品质及风味物质主成分分析[J]. 食品与机械，2017，33(12)：36-44.

[7] 徐丹萍，蒲彪，罗松明，等. 泡菜自然发酵过程中品质及挥发性成分分析[J]. 食品工业科技，2015，36(13)：288-297.

[8] 黄道梅，李咏富，孟繁博，等. 泡菜微生物与风味品质研究进展[J]. 中国调味品，2017，42(3)：176-180.

［9］刘春燕. 传统四川泡萝卜发酵过程中酵母菌的分离鉴定及其对泡菜风味的影响［D］. 成都：四川农业大学，2015.

［10］林丽钦. 十字花科植物的风味物质及其在调味品的应用［J］. 中国调味品，2000（7）：2-4.

［11］刘树文. 合成香料技术手册［M］. 北京：中国轻工业出版社，2000：68-91.

［12］陈安特，张文娟，张羲，等. 酿酒酵母对萝卜泡菜发酵过程的影响［J］. 食品与发酵工业，2017，43（6）：129-133.

［13］陈功，张其圣，余文华，等. 四川泡菜挥发性成分及主体风味物质的研究（二）［J］. 中国酿造，2010（12）：19-23.

［14］欧阳晶，苏悟，陶湘林，等. 辣椒发酵过程中挥发性成分变化研究［J］. 食品与机械，2012，28（6）：55-58.

［15］JUNG J Y, LEE S H, LEE H J, et al. Effects of Leuconostoc mesenteroidesstarter cultures on microbial communities and metabolites during Kimchi fermentation［J］. International Journal of Food Microbiology, 2012, 153（3）：378-387.

［16］WISSELINK H, WEUSTHUIS R, EGGINK G, et al. Mannitol production by lactic acid bacteria：a review［J］. International Dairy Journal, 2002, 12（3）：151-161.

［17］李啸. 我国传统泡菜自然发酵与单菌发酵微生物及代谢特性研究［D］. 南昌：南昌大学，2014.

［18］唐晓伟，何洪巨，宋曙辉，等. 有机胡萝卜风味品质分析［J］. 北方园艺，2010（14）：9-12.

［19］王瑜，邢效娟，景浩. 大蒜含硫化合物及风味研究进展［J］. 食品安全质量检测学报，2014，（10）：3092-3097.

［20］SHIKAWA K, KATO T, KOMIYA T. Development of mixed lactic starter cultures for hyposalt pickles and their aging mechanisms［J］. Journal of the Japanese Society for Food Science and Technology（Japan），2003，50（9）：411-418.

［21］刘春燕. 传统四川泡萝卜发酵过程中酵母菌分离鉴定及其对泡菜风味的影响［D］. 雅安：四川农业大学，2015.

［22］吴曲阳. 不同品种宽皮柑橘果汁特征香气成分研究［D］. 上海：上海应用技术大学，2017.

［23］FENG S, SUH J H, GMITTER F G, et al. Differentiation between flavors of sweet orange(Citrus sinensis) and mandarin(Citrus reticulata)［J］. Journal of Agricultural and Food Chemistry, 2017, 66(1)：203-211.

［24］张弦, 张雁, 陈于陇, 等. 发酵蔬菜风味形成机制及其分析技术的研究进展［J］. 中国食品学报, 2014, 14(2)：217-221.

［25］蒋丽, 王雪莹, 杨洲, 等. 自然发酵与接种发酵泡菜香气成分分析［J］. 食品科学, 2011, 32(22)：276-279.

［26］JEONG S H, LEE H J, JUNG J Y, et al. Effects of red pepper powder on microbial communities and metabolites during kimchi fermentation［J］. International Journal of Food Microbiology, 2013, 160(3)：252-259.

［27］张晓, 夏延斌. 泡菜风味及其影响因素研究进展［J］. 中国调味品, 2012(3)：32-35.

［28］寒江雪, 丁筑红, 李仲军, 等. 不同乳酸菌强化接种发酵辣椒挥发性风味成分分析［J］. 食品科学, 2012, 33(10)：179-183.

［29］赵建新, 陈洁, 田丰伟, 等. 中温发酵酸乳的挥发性风味成分与感官特性的研究［J］. 食品工业科技, 2008, 29(12)：69-72.

［30］ZHANG R, WU Q, XU Y. Aroma characteristics of Moutai flavour liquor produced with Bacillus licheniformis by solid state fermentation［J］. Letters in Applied Microbiology, 2013, 57(1)：11-18.

［31］HU W, ZHANG L X, LI P W, et al. Characterization of volatile components in four vegetable oils by headspace two dimensional comprehensive chromatography time of flight mass spectrometry［J］. Talanta, 2014, 129：629-635.

［32］KIM J H, SOHN K H. Flavor compounds of dongchimi soup by different fermentation temperature and salt concentration［J］. Food Science & Biotechnology, 2001, 10(3)：236-240.

［33］RADOMIR P, JAN V, HELENA H. Decomposition products of allyl isothiocyanate in aqueous solutions［J］. J Agric Food Chem, 1997, 45(12)：4584-4588.

［34］RATHNA J, BAKKIYARAJ D, PANDIAN S K. Anti-biofilm mechanisms of 3, 5-di-tert-butylphenol against clinically relevant fungal pathogens［J］. Biofouling, 2016, 32(9)：979-993.

［35］孙宝国. 食用调香术［M］. 北京：化学工业出版社, 2003.

[36]章献, 赵勇, 刘源, 等. 2 种韩国泡菜挥发性风味物质分析研究[J]. 食品与发酵工业, 2009, 35(1): 150-156.

[37]徐丹萍, 蒲彪, 刘书亮, 等. 不同发酵方式的泡菜挥发性成分分析[J]. 食品科学, 2015, 36(16): 94-100.

[38]四川泡菜大全编写组. 四川泡菜大全[M]. 成都: 四川科学技术出版社, 2007: 1-7.

[39]杜书. 酸菜自然发酵过程中风味及质地变化规律研究[D]. 沈阳: 沈阳农业大学, 2013: 42-43.

[40]姜小青, 宋江峰, 李大婧, 等. 不同品种毛豆脆粒挥发性物质组成及差异分析[J]. 核农学报, 2014, 28(7): 1246-1252.

[41]LIU S N, HAN Y, ZHOU Z J. Lactic acid bacteria in traditional fermented Chinese foods[J]. Food Research International, 2011, 44(3): 643-651.

[42]徐丹萍, 蒲彪, 卓志航. 传统泡菜中乳酸菌对风味的影响[J]. 食品与发酵工业, 2014, 40(2): 170-172.

[43]ADAMS T B, LUCAS G C, TAYLOR S C, et al. The FEMA GRAS assessment of α, β-unsaturated aldehydes and related substances used as flavor ingredients [J]. Food and Chemical Toxicology, 2008, 46(9): 2935-2967.

[44]GANZLE M G, VERMEULEN N, VOGEL R F. Carbohydrate, peptide and lipid metabolism of lactic acid bacteria in sourdough[J]. Food Microbiology, 2007(24): 128-138.

[45]GANZLE M, GOBBETTI M. Physiology and biochemistry of lactic acid bacteria [M]. New York US: Springer, 2013: 194-198.

[46]张冬梅. 接种发酵萝卜及挥发性风味物质的研究[D]. 武汉: 华中农业大学, 2011: 8.

[47]DEIGADO F J, GONZÁLEZ-CRESPO J, CAVA R, et al. Characterization by SPME-GC-MS of the volatile profile of a Spanish soft cheese P. D. O. Torta del Casar during ripening[J]. Food Chemistry, 2010, 118(1): 182-189.

[48]XIONG T, GUAN Q Q, SONG S H, et al. Dynamic changes of lactic acid bacteria flora during Chinese sauerkraut fermentation[J]. Food Control, 2012, 26(1): 178-181.

[49]王金菊, 崔保宁, 张志洲. 泡菜风味形成的原理[J]. 食品研究与开发, 2008, 29(12): 163-166.

[50]刘春燕，戴明福，夏姣，等. 不同乳酸菌接种发酵泡菜风味的研究[J]. 食品工业科技，2015，36(7)：154-158.

[51]KANG J H, LEE J H, MIN S, et al. Changes of volatile compounds, lactic acid bacteria, pH, and headspace gases in Kimchi, a traditional Korean fermented vegetable product [J]. Journal of Food Science, 2003, 68(3)：849-854.

[52]邱俊，王建刚，柳杰，等. 分蘖葱头挥发成分的提取工艺研究[J]. 食品研究与开发，2013，34(10)：95-98.

[53]辛广，张博，李书倩，等. 3 种水果韭花酱的香气成分分析[J]. 食品科学，2010，31(18)：308-311.

[54]经斌，王栋，徐岩，等. 中国黄酒中若干重要风味物质嗅觉阈值的研究[J]. 食品工业科技，2012，33(6)：135-138.

[55]DUAN Y, ZHENG F, YANG M, et al. Analysis on volatile flavor compounds in Dezhou Braised Chicken by ASE-SAFE/GC-MS/GC-O [J]. Journal of Chinese Institute of Food Science & Technology, 2014, 14(4)：222-230.

[56]JING L U, LIU P, ZHANG L Z, et al. Changes in volatile flavor compounds in sufu during fermentation [J]. Food Science, 2014, 35(16)：175-179.

[57]OLIVEIRA R P D S, PEREGO P, OLIVEIRA M N D, et al. Growth, organic acids profile and sugar metabolism of Bifidobacterium lactis in co-culture with Streptococcus thermophiles：The inulin effect [J]. Food Research International, 2012, 48(1)：21-27.

[58]李炳超，蒋才武. 茴香脑合成茴香醛的研究进展[J]. 广西中医药大学学报，2007，10(1)：84-86.